缝洞型油藏开发知识管理
方法与技术

张允　任爽 ● 著

中国石化出版社

图书在版编目(CIP)数据

缝洞型油藏开发知识管理方法与技术／张允，任爽
著 . —北京：中国石化出版社，2021.7
ISBN 978-7-5114-6379-1

Ⅰ. ①缝… Ⅱ. ①张… ②任… Ⅲ. ①油田开发-研
究 Ⅳ. ①TE349

中国版本图书馆 CIP 数据核字(2021)第 138664 号

中国石化出版社出版发行

地址:北京市东城区安定门外大街 58 号
邮编:100011　电话:(010)57512500
发行部电话:(010)57512575
http://www.sinopec-press.com
E-mail:press@sinopec.com
北京富泰印刷有限责任公司印刷
全国各地新华书店经销
*
787×1092 毫米 16 开本 14 印张 302 千字
2022 年 2 月第 1 版　2022 年 2 月第 1 次印刷
定价:128.00 元

我国陆上海相碳酸盐岩油气资源丰富，国家新一轮油气资源评价石油地质资源量达 $358 \times 10^8 t$，多为缝洞型，主要分布在塔里木盆地，是目前油气接替的重要领域，也是我国能源安全战略和石油工业可持续发展的重要保障。在国家及中国石化科技项目的支持下，经过"十一五"到"十三五"持续技术攻关，在油藏描述、地质建模、数值模拟、注水注气开发和配套工程等技术方面取得了重要进展，形成了缝洞型碳酸盐岩油藏开发关键技术，大量的知识需要运用信息技术进行有效管理，为此攻关形成了缝洞型油藏开发知识管理方法与技术，实现了零散知识的系统化和多学科知识的集成化。

本书共分为6章：第1章介绍了缝洞型油藏开发的相关内容，从开发背景、开发知识类型及特点等方面进行展开，分析缝洞型油藏开发知识管理的主要流程和挑战；第2章介绍了缝洞型油藏开发知识管理中的人工智能技术，包括知识管理相关基础内容，结合人工智能技术的应用领域，建立人工智能下的知识管理体系，形成具有人工智能技术特征的缝洞型油藏一体化、有形化和流程化的知识管理方式；第3章介绍了缝洞型油藏开发知识管理中的知识挖掘技术，结合现有的统计分析、通用的数据挖掘等算法，辅助开展缝洞型油藏开发知识管理；第4章介绍了缝洞型油藏开发知识管理中的区块链技术，结合区块链技术与知识管理的关系分析，形成了基于区块链技术的安全共享知识管理架构；第5章介绍了缝洞型油藏开发知识管理中的大数据技术，主要是大数据知识获取、大数据知识存储、大数据知识挖掘以及大数据知识治理等方面的内容；第6章介绍了缝洞型油藏开发知识管理中的数字孪生技术，分析数字孪生技术和其发展现状，展望数字孪生技术在知识管理中的应用。

本书编写过程中得到了中国石化科技部、石油勘探开发研究院、西北油田分公司及石油物探技术研究院领导和专家的大力支持和帮助，中国石油化工集团有限公司首席专家计秉玉和高级专家康志江等对本书的编写给予了悉心指导和鼎力帮助，在此一并表示感谢。

本书由张允、任爽统稿，第 1 章由张允、李许增执笔，第 2 章由张允、韩冰执笔，第 3 章由韩冰、张允执笔，第 4 章由李许增、郑松青执笔；第 5 章由任爽、张鑫云、解丽慧执笔；第 6 章张鑫云、赵艳艳、李红凯执笔。

由于编者水平有限，文中如有不妥之处，敬请批评指正。

CONTENTS 目　录

1 缝洞型油藏开发知识组织与管理

提要 本章主要介绍缝洞型油藏开发的相关内容，从开发背景、缝洞型油藏开发知识类型以及特点等方面展开，最后分析了缝洞型油藏开发知识管理的主要流程和面临的挑战。

1.1 缝洞型油藏开发技术背景

海相碳酸盐岩油气资源是我国重要的油气资源，其分布面积广、资源含量多，对我国的油气资源可持续发展起着至关重要的作用。但是我国的碳酸盐岩储层处于比较深的位置，形成时间比较长，构造复杂，这造成了我国缺少对于碳酸盐岩油气资源高效开发的成熟技术与理论。

中国石化石油勘探开发研究院在国家"973"计划、国家重大专项、中国石化科技部和油田事业部项目的支持下，着力开展碳酸盐岩的基础理论研究与技术攻关，形成了众多的核心理论与关键技术。其中核心理论包括溶岩储集体形成机制、缝洞型油藏多相流动机理、多尺度复合介质油藏数值模拟理论、缝洞型油藏高效注水注气驱油机理四大部分，关键技术包括缝洞储集体地球物理预测技术、岩溶相控分类分级地质建模技术、缝洞型油藏开发实验技术、缝洞型油藏数值模拟技术、缝洞型油藏剩余油评价技术、井间连通程度定量评价技术、注水开发优化技术、注气提高采收率技术八大部分。

基础理论和关键技术的发展不仅解决了碳酸盐岩缝洞体精细描述、开发过程模拟预测、高效注水注气等关键技术难题，还有效支撑了塔河油田示范区的建设，实现了我国油田开发由陆相碎屑岩油藏向海相碳酸盐岩油藏的重大跨越。

1.1.1 开发技术发展历程

1) 开发技术形成阶段(2006—2010年)

在2006年，中国石化石油勘探开发研究院成功申请了开发基础类国家重点基础研究发展计划("973"计划)"碳酸盐岩缝洞型油藏开发基础研究"项目，缝洞系统形成机制与流体流动机理是项目需要攻克的两个核心科学问题。在本项目中，形成了一系列的关键技术以及知识理论。在关键技术方面，项目团队将野外露头与地下油藏研究相结合以揭示岩溶规律，结合地震成像技术与地质学建立了缝洞体的表征方法，为了进行实体油藏应用，项目团队将油藏工程与采油工程方法进行开创性结合。在缝洞系统形成机制研究方法、缝洞型油藏流体流动机理认识、超深层缝洞体成像技术、多尺度离散缝洞体数学表征方法、缝洞介质数值模拟方法、缝洞型油藏高效开发方法等方面形成了具有原创性的技术创新。

"碳酸盐岩缝洞型油藏开发基础研究"项目的开展推动了塔河油田的产能建设和开发进度，提高了塔河油田试验研究区的采收率，与此同时孵化了产学研结合的研究队伍，积累了大量的知识资料，初步形成了严格的资料管理制度与信息共享途径。

2008年，中国石化石油勘探开发研究院首次成功申请开发类国家科技重大专项"碳酸盐岩油田开发关键技术"项目，主要针对塔河碳酸盐岩缝洞型油藏和胜利复杂裂缝性油藏展开相关研究，形成了储集体识别与描述、裂缝网络描述、三维地质建模、复杂介质数值模拟、注水开发、高效酸压改造等技术相关的研究成果。项目主要对地震成像、识别与描述技术进行创新使其适用于缝洞型储层，形成了缝洞型油藏地质建模技术，开发了三套针对缝洞型和裂缝性油藏的数值模拟软件，建立了缝洞型油藏注水开发技术政策，研发了五套酸压工作液体系，并且配套形成了高效酸压改造技术。项目成果应用于塔河油田的开发过程，取得了显著的效果。

2) 开发技术发展阶段(2011—2015年)

2011年，国家继续推进发展缝洞型油藏开发技术，研究开发机理的同时提升开发效率，中国石化石油勘探开发研究院再次成功申请了国家重点基础研究发展计划（"973"计划）"碳酸盐岩缝洞型油藏开采机理及提高采收率基础研究"项目。项目主要为了解决碳酸盐岩缝洞型油藏缝洞单元形成机制与模式、碳酸盐岩缝洞型油藏缝洞单元地球物理表征和碳酸盐岩缝洞型油藏开采及提高采收率机理三个重要的科学问题，过程中形成了一系列在国内具有开创性的成果。项目将现代岩溶与古代岩溶相结合，研究缝洞单元形成机制与模式；将地球物理与地质学相结合，研究缝洞单元表征与建模；将物理模拟与数值模拟相结合，研究缝洞型油藏开采与提高采收率机理；将理论研究与现场实践相结合，研究缝洞型油藏注水与注气开发技术。项目研究揭示了岩溶缝洞型成机制及充填模式，形成了支持不同区带缝洞单元合理划分的岩溶储层物性与缝洞单元表征与评价方法；研究建立了缝洞单元地震属性综合识别方法，形成了缝洞单元形态描述、物性参数表征及充填识别技术；深化了缝洞型油藏注水及提高采收率机理认识，研究建立了注采井网、注采方式及注采参数优化技术，形成了注水、注气两类补充能量的方式。

同年，中国石化石油勘探开发研究院继续完成国家科技重大专项"碳酸盐岩油田开发关键技术(二期)"项目，此次二期项目形成了众多具有代表性的关键技术，促进了我国碳酸盐岩油田快速发展，形成的核心技术如下：

(1) 通过平面波角度滤波与预测反演相结合的绕射波分离与成像技术研究，形成了碳酸盐岩缝洞储集体的高精度地震成像技术、多属性识别与预测技术。

（2）形成了碳酸盐岩储集体内部结构表征方法及三维地质建模技术，细化了油藏储量构成。

（3）形成了缝洞型油藏提高开发效果技术，深化了注水开发技术政策，形成了单井注气工艺技术。

（4）形成了裂缝性油藏有效裂缝预测及开发优化技术。

（5）建立了多尺度复合介质油藏数值模拟技术，研发了具有自主知识产权的软件平台。

（6）通过碳酸盐岩油藏注气开发、注气优化调控及复合酸压工艺技术研究，形成了缝洞型油藏深穿透复合酸压技术，实现了145m以内缝洞储集体的有效沟通。

3）提高采收率技术发展阶段（2016—2020年）

2016年，在之前缝洞型碳酸盐岩油藏提高采收率基础研究的铺垫下，国家着力推进缝洞型碳酸盐岩油藏提高采收率关键技术的研究，中国石化石油勘探开发研究院承担国家科技重大专项"缝洞型碳酸盐岩油藏提高采收率关键技术"项目的研究。项目取得了一系列提高采收率关键技术创新成果，首先建立了高精度成像及多属性缝洞内部结构预测方法；形成了岩溶地质知识库构建、储集体精细描述和多元控制建模技术；在揭示水驱后剩余油类型及改善水驱机理的基础上，建立了井网设计及注采参数优化方法；形成了基于相似准则的3D打印模型制作技术及注气数值模拟技术，并且开展注气参数优化；形成了复杂缝酸压用酸液体系、高封堵压力暂堵剂体系。

1.1.2　开发技术知识体系

缝洞型油藏的知识体系和其需要解决的关键问题密切相关，前文说到我国缝洞型油藏具有埋藏深入、时代久远、结构复杂、类型众多的特点，因此我国碳酸盐岩缝洞型油藏开发遇到了一系列难题，可以归结为以下几方面：

（1）缝洞储集体埋藏深、类型多样，储集体空间尺度差异大，非均质性强，地球物理响应特征复杂，多解性强，有效储集体预测困难。

（2）岩溶控制因素多样，多期叠加分布规律复杂，充填类型多样，井间储集体形态及展布描述困难。

（3）缝洞储集体受古地貌、构造及岩溶作用控制，空间分布规律复杂，具有不连续性，传统连续性建模方法难以套用。

（4）缝洞储集体尺度差异大，流态复杂，现有商业数值模拟软件难以描述以"大洞大缝"为主体的多尺度复合介质流动特征。

（5）缝洞储集体结构及油水关系复杂，注水易沿大型裂缝水窜，剩余油分类定量描述难，传统砂岩油藏规则井网及注水方式难以简单借用。

（6）注气波及体积及驱油效率认识难度大，合理注气方式及注气量需要深化研究。

（7）深层、超深层油藏酸压复杂，需要形成大型酸压与靶向酸压工艺技术；油藏高压高温高盐，需要形成配套堵水调剖措施技术。

为了解决上述难题，中国石化石油勘探开发研究院在项目研发过程中形成了一系列的知识内容和关键技术，主要包括缝洞储集体地震成像与预测技术、缝洞型油藏描述技术、缝洞型油藏地质建模、缝洞型油藏数值模拟技术、缝洞型油藏注水开发技术、缝洞型油藏注气开发技术、缝洞型油藏配套工艺技术七个方面，具体内容划分如图1-1所示。

图1-1 缝洞型油藏开发关键技术概述图

缝洞型油藏开发关键技术的发展主要从野外测量、资料处理、物理实验、数值模拟、现场研究等基础方式出发，先后攻关形成了缝洞储集体地球物理预测技术、三维地质建模技术、改善注水开发技术、注气开发技术以及调堵酸压工艺技术五项关键技术，整理攻关成果形成岩溶型油藏描述理论及表征技术、缝洞型碳酸盐岩油藏开发理论与方法、超深井调堵及酸压工艺技术系列，最后将成果转化，开展原始储量和动用地质储量评价，提高新井减产率，实现水驱气驱有效开发(图1-2)。

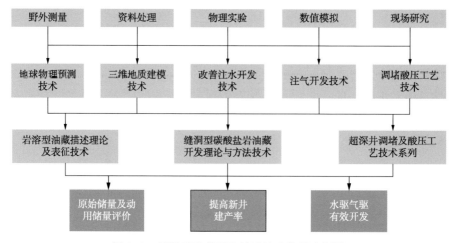

图1-2 缝洞型油藏开发关键技术发展流程图

在技术攻关过程中形成了相应的研究思路，对于地球物理预测技术，可以通过岩心实验、地震处理等基础研究，形成不同缝洞体识别与预测技术；对于三维地质建模技术，首先通过野外缝洞露头信息采集、资料处理结合油藏多学科信息，形成油藏地质知识库构建、储集体精细描述等技术，然后解剖缝洞体内部结构，建立缝洞系统三维地质模型；对于改善注水开发技术，需要通过物模和数模实验，结合生产动态分析，揭示不同水驱方式作用机理，形成井间连通性定量评价、注采参数优化等技术，明确剩余油分布、水驱潜力及改善水驱技术政策，制定不同单元注水开发调整方案，形成改善水驱提高采收率技术；对于注气开发技术，首先进行综合物理模拟、油藏动静态分析及矿场试验，开展缝洞型油藏注气数值模拟技术、注气开发技术政策、泡沫辅助气驱预防气窜及注气效果评价技术研究，最终形成注气提高采收率技术；对于调堵酸压工艺技术可以通过开展选择性堵水与深部调流技术攻关，改善水驱开发效果；通过开展长裸眼井分段酸压、靶点酸压及复杂缝体积酸压技术攻关，增大人工裂缝波及范围。

过程中形成了大型缝洞体内部结构预测、小缝洞体地震预测、缝洞体分类分级地质建模、多尺度复合介质油藏数值模拟、结构井网设计与注水参数优化、注气选井和靶向酸压等特色技术。

1.2 缝洞型油藏开发知识类型及特点

1.2.1 知识与知识管理

知识，无论是作为日常交流用词，还是作为概念定义，应该是当今人们最容易接触到的事物，人的生活状态中处处充满知识。对于知识，人们一直致力于形成一个统一的、公认的定义，尽管目前人们已在不同层面初步达成了一些共识，但是知识的定义工作仍在继续。关于知识的定义有成百上千个，这些定义的现存共同缺陷就在于它们是定义在一个可随意动态变化的区域之内，从本质上来讲这些定义就没有很好地划分知识与非知识的界限。在这样的定义之下，人们会产生万事万物都可以成为"知识"的想法。

将知识归纳为四个"W"这个概念起源于 20 世纪 60 年代的西方，四个"W"即 Know-what、Know-why、Know-how 和 Know-who。根据这个流传的说法，1996 年国际经济合作组织组编的《Knowledge Based Economy》中将知识界定为知道了什么(Know-what)、知道为什么(Know-why)、知道怎么做(Know-how)、知道是谁(Know-who)。四个"W"概念在国内也被人们广泛认同。四个"W"概念本质上是对知识外延内容的定义，划分了知识外延的范畴，并不是对知识本身的直接定义。四个"W"概念表明知识覆盖面极其广泛，但是没有说明知识是什么，没有从知识的本质属性出发描绘出知识的内涵。

当今是互联网时代，在互联网时代数据、信息、知识是高频词汇，互联网时代本质上就是数据、信息和知识构成的时代，互联网的出现加速了这些内容的传递。前文提到人类社会中知识无处不在，同样的数据、信息也是我们随时随地能接触到的事物。为了理清数据、信息、知识和智慧之间的关系，人们在 20 世纪 80 年代提出了 DIKW（Data，

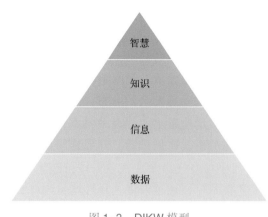

图 1-3　DIKW 模型

Information，Knowledge，Wisdom）金字塔结构(图1-3)。通常人们讲的数据是对生产生活事物进行记录的符号表示，信息论的创始人香农认为信息是用于消除事物之间差距或者随机不确定性的东西，柏拉图对于知识的定义描述了知识的三个本质属性：被检验性、正确性和被人们相信的特性，智慧指的是运用知识的能力。

在计算机领域，数据主要指的是计算机中所有存在的、能够被特定程序处理的符号，它是可以在计算机之间、计算机与程序之间、程序与程序之间相互传递的，表现形式上计算机领域的数据是对具有特定意义的符号、数字、字母等的总称。随着计算机的发展，计算机处理的对象越来越广泛，而对这些对象的表述也变得越来越复杂。

信息与数据之间联系和区别是共同存在的。数据包含的意义是一种信息，数据可以产生信息，换句话说信息的表达依赖于数据，而信息是数据的内在表示，因此信息与数据是不可分离的。从差异性上来看数据是对客观事物的符号表示，而信息是用来消除随机不定性的东西，包含在事物的差异中，而不是事物的本身，数据是具体事物，而信息是具有概念性和逻辑性的。

信息与知识之间同样存在联系和区别。如果信息被验证过、是正确的、被人们相信，那么这类信息就可以称得上知识，知识来源于信息，任何的知识都是由信息经过验证等程序产生的。信息具有时效性，但是知识一般没有时效性，知识的产生需要满足柏拉图定义中的三个性质，但是信息的产生不用满足。

数据管理、数据分析、信息管理、知识工程、知识管理等是在计算机理论研究和应用领域被广泛提及的概念。事实上这些概念并未明确划分数据、信息和知识，在实际操作过程中一般涉及数据、信息和知识三方面内容。从本质上讲数据管理为信息管理和知识管理提供基础支撑。数据管理的核心在于对数据的范围规定、质量把控、安全管理、数据管理体系的构建及系统实现。信息管理的主要目的是让人们快速获取有价值的内容，提高信息的可得性。知识管理出现的原因主要是因为隐性知识的存在，隐性知识与显性知识不同，是需要挖掘的，知识管理在对知识进行统一管理的同时，会将隐性知识尽可能直观地呈现给人们，促进隐性知识的流动。未来，人类社会将会越来越重视数据、信息、知识与其管理。

1.2.2　知识来源

由上文可知缝洞型油藏开发技术经历了近二十年的发展，整个过程中产生了众多知识，缝洞型油藏开发知识主要从基础理论研究和技术实践中得来，缝洞型油藏开发技术体系庞大，知识主要涉及油田开发数据体、专家建议、油田开发经验、技术研究成果等方面。其中油田开发数据体包括地震、地质、生产动态、工程等各方面的数据体；专家建议包含了专家针对不同问题提出的上千条建议，其中有立项、年度检查、瓶颈问题讨论、结题等产生的意见和建议；油田开发经验包含了众多内容，总共分为油藏描述、地质、建模、数模、注水、注气、工艺七个方面，形式主要为开发流程、开发设备、开发措施等细节；技术研究成果包括地震物理识别技术、缝洞型油藏描述技术、缝洞型油藏地质建模技术、缝洞型油藏数值模拟技术、注水开发技术、注气开发技术、工程工艺技术的研究报告、多媒体、实验数据等。

1.2.3 知识分类

中国石化石油勘探开发研究院对缝洞型油藏开发技术有着近二十年的积累，形成了大量的专著、专利、软件、论文、报告、标准与标准包、数据库、知识库等，知识总量庞大、知识结构繁杂，类型众多。

其中专著共计 12 部，包括地震识别、地质建模、试井、油藏渗流、数值模拟、酸压等；拥有发明专利 216 件，其中授权专利 121 件，涵盖了 132 个技术领域；计算机软件著作权登记 36 项，主要包括地震、描述、数模、油藏工程等软件；发表论文 520 篇，基本涵盖缝洞型油藏开发技术研究的方方面面；形成报告 158 本，包括"十一五""十二五""十三五"国家科技重大专项报告；制定标准与标准包 16 个，包括地震、描述、建模、注水、注气、工艺等方面；项目过程形成的数据库主要为生产数据库，存储了 1.2TB 的生产数据及井史资料；相关知识库主要为地质露头知识库、岩心知识库，大小约 600GB。

1.2.4 知识体系架构

经过对现有的缝洞型油藏开发关键技术、工作流程及案例的梳理，总结得出缝洞型油藏的知识体系架构从横向上来讲包含地震成像与预测技术、油藏描述技术、地质建模技术、数值模拟技术、注水技术、注气技术和配套工艺七部分。

继续纵深，地震成像与预测技术包括地震物理模型实验、地震成像技术、小尺度缝洞储集体预测、裂缝分级预测、缝洞结构预测和断溶体预测六个核心模块。油藏描述技术包括测井、岩溶知识库、储集体描述和储量计算与评价四个核心模块。地质建模技术核心模块分别为属性建模和断溶体建模。数值模拟技术包括耦合数值模拟、离散裂缝数值模拟、多重介质数值模拟和数值模拟软件平台建立四个核心模块。注水技术主要分为机理实验和剩余油评价(注水方式)两块核心工作。注气技术包括剩余油评价(注气方式)、注气优井、注气参数优化和注气效果评价四个核心模块。配套工艺分为大型酸压、堵水、调剖和靶向酸压四个核心部分。

从类型方面对缝洞型油藏开发关键技术核心知识进行划分，其基本结构如图 1-4 所示。

缝洞型油藏开发关键技术主要核心知识主要包括期刊库数据、博硕文献数据、内部资料库数据、搜索引擎内容数据、研究报告数据、专家意见数据和项目信息数据，每种数据的知识内容描述如表 1-1 所示。

7

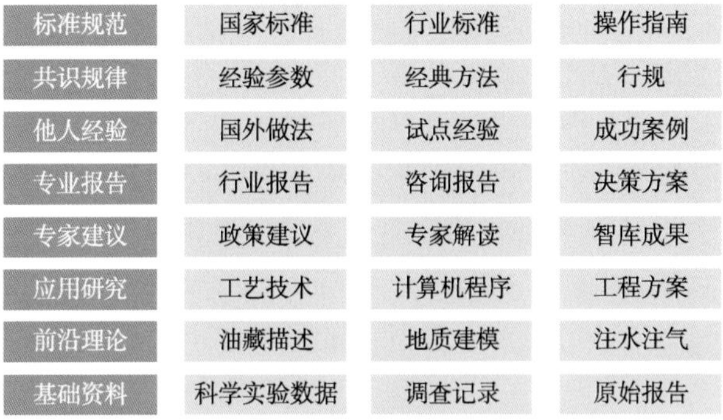

标准规范	国家标准	行业标准	操作指南
共识规律	经验参数	经典方法	行规
他人经验	国外做法	试点经验	成功案例
专业报告	行业报告	咨询报告	决策方案
专家建议	政策建议	专家解读	智库成果
应用研究	工艺技术	计算机程序	工程方案
前沿理论	油藏描述	地质建模	注水注气
基础资料	科学实验数据	调查记录	原始报告

图 1-4　缝洞型油藏开发关键技术核心知识类型层级结构

表 1-1　缝洞型油藏开发技术知识内容描述

知识类型	知识内容
期刊库数据	包括期刊库中的论文
博硕文献数据	博硕士论文
内部资料库数据	公司内部资料库文本资料
搜索引擎内容数据	互联网相关内容
研究报告数据	研究报告中的图、表以及研究报告本身
专家意见数据	专家对项目提出的意见、形成的文件等数据
项目信息数据	有关项目介绍的文件，相关的政策性文件等数据

1.2.5　知识特点

缝洞型油藏开发关键技术知识的首要特点是知识体量大，经过长期攻关，在油藏描述、地质建模、数值模拟、注水注气提高采收率和配套工程技术方面均取得重要进展，在众多技术环节形成了重要的知识内容，由于技术本身基数大，加之单个技术形成的知识内容众多，因此导致了缝洞型油藏开发关键技术知识体量大的特点。

缝洞型油藏开发关键技术知识具有碎片化的特点，缝洞型油藏开发技术涉及众多学科，知识分布不是高度集中的，知识和知识之间尚未建立显著的联系。

缝洞型油藏开发关键技术知识有形化、流程化欠缺，因其经历了近二十年的发展，加之技术更新迭代速率快，导致知识难以形成统一的流程，知识也难以进行有形化处理。

1.3　缝洞型油藏开发知识管理流程

1.3.1　知识管理架构

知识管理在国内外在各个领域都有较深的应用，主要应用领域有互联网领域、咨询公司领域、IT 公司领域、石油公司领域等。

知识图谱在 2012 年由谷歌进行命名，国内阿里、百度、腾讯等众多企业基于知识图谱实现了众多应用，涉及金融、互联网、政企、汽车、智能终端、医药等众多领域。国外谷歌、Palantir、IBM 等公司将知识图谱应用于金融、互联网等众多领域。

知识管理不仅在互联网领域应用广泛，在石油公司领域也有应用案例。T 形管理被英国 BP 石油公司应用在企业内部，通过建立虚拟团队提升工作效率。建立知识共享平台的形式被美孚石油公司应用，以提升企业内部的信息、知识、经验的传递效率和可得性，知识的共享和应用效率明显提升。美国 C&C 公司为石油天然气上游企业客户提供勘探开发类比决策专家知识库系统和相关专业服务，以欧美资深石油地球科学家为核心，以油气藏类比研究为特长。

缝洞型油藏开发知识管理需要首先对缝洞型油藏开发关键技术的知识成果进行梳理，然后构建知识体系，分析建模方式形成知识利用流程体系，然后研究知识挖掘技术，为后续的知识联系构建基础。对于缝洞型油藏开发知识的管理需要构建统一的知识管理平台，在对知识管理需求进行全面的分析之后，设计知识管理平台的架构，专门集中突破知识提取核心算法研发，并需要对现有的知识进行平台集成测试(图 1-5)。

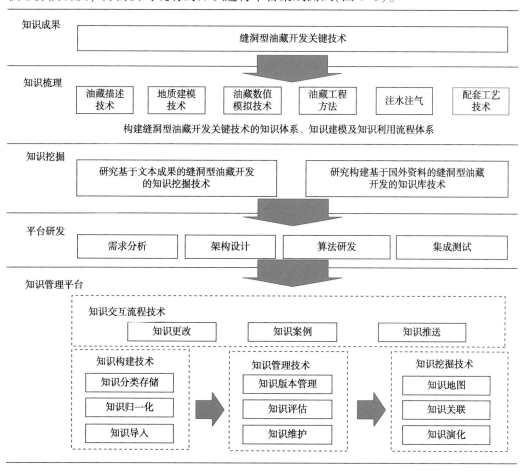

图 1-5　缝洞型油藏开发技术知识管理架构图

缝洞型油藏开发知识管理平台需要实现知识流程交互、知识构建、知识管理和知识挖掘功能。知识流程交互包括对知识的更改、知识案例形成和知识推送。因为知识是在不断更新的，知识管理首先需要对知识版本形成管理，其次系统需要具备对知识的辨别能力，判断相关内容的对错，另外知识的形成是一个发展的过程，这就需要平台对知识全生命周期形成管理，需要具备知识维护的功能。上文提到缝洞型油藏开发知识具有碎片化的特点，缺少知识的有形化和流程化，所以对于其知识管理需要进行知识挖掘，形成知识关联建立知识网络，掌控知识演化趋势。

知识管理层次架构如图1-6所示，利用知识挖掘技术对原始知识载体进行数据标签，提取知识特征，将所有知识进行管理，构建知识网络，实现知识推理。缝洞型油藏开发关键技术知识体系包括缝洞体地球物理预测知识库、缝洞油藏地质建模知识库、缝洞型油藏数值模拟知识库、缝洞型油藏油藏工程知识库、缝洞型油藏工艺知识库等部分，每个部分详细分类如图1-6所示。

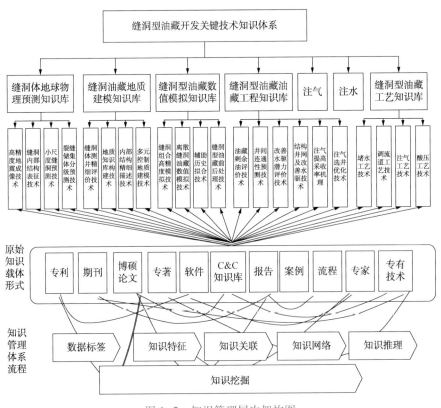

图1-6 知识管理层次架构图

构建知识体系所用的知识处理流程包括知识采集、知识分析、知识挖掘、知识关联、知识导航、知识融合、知识发现和知识呈现技术。在知识采集环节需要对缝洞型油藏开发所有知识类型进行采集，对于用户需求的知识、技术形成的过程知识以及成果知识进行全方位采集。同时加上对用户需求进行分析，在此基础上实现知识的语义关联，实现知识的个性化、专题化、智能化的知识创新服务。知识的主要来源分为文献材料和人两方面，对文献资料等显性知识文本挖掘技术，对人承载的隐性知识与用户进行协作创新实现显性知识与隐性知识的交融转化。最终实现知识的融合和发现实现知识的组织化、结构化、体系化等，构建知识网络与知识链并利用可视化技术实现知识的呈现和导航，为用户提供服务。

对期刊库、博硕、资料库、综述报告等数据进行数据挖掘，得出知识特征及关联性，知识分类与挖掘的基本流程如图1-7所示，需要首先对原始文本集进行归一化处理然后利用随机森林模型、XGBoost模型等算法进行分类与回归处理得出实验数据集，最后利用CART（Classification and Regression Tree）模型、KNN（K-Nearest Neighbor）模型、SVM（Support Vector Machine）模型等对实验数据集进行处理得到知识特征并将知识进行关联。

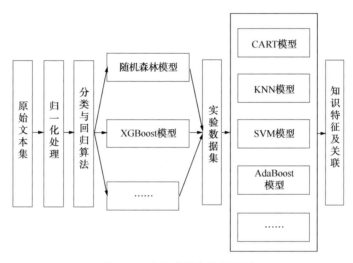

图1-7　知识分类与挖掘程图

1.3.2　知识管理流程

缝洞型油藏开发知识管理流程主要分为数据存储层、数据获取层、应用支撑层、核心应用层和预测与分析层五个层次。在数据存储层，不只需要对缝洞型油藏开发关键技术信息进行存储管理，还需要对缝洞型油藏开发相关的最新进展报告和相关的知识资源进行存储管理，另外需要对知识管理的用户权限进行明确划分，设置专职管理人员。在数据获取层需要对基础库、业务数据库和数据仓库进行统一管理。在应用支撑层，由于实现知识的全生命周期管理需要众多基础功能支持，因此需要实现对权限、操作文档、数据模型和内部数据的管理。知识管理系统基础架构的核心应用层为对缝洞型油藏开发知识管理的主要功能，包括关键技术管理、系统用户管理、知识资源管理、标准与规范管理、知识最新进展管理、培训课件管理和其他信息管理。知识管理系统基础架构的最高层次为对知识进行的处理操作包括知识数量预测、相关知识分析和知识标签提取。

知识管理系统的基础流程如图1-8所示，从元数据层面开始，首先需要建立专门存储元数据的数据库，然后将元数据一方面输送至业务系统，另一方面进行加工转换，同时业务系统产生的数据也传递至元数据库，在对数据进行完转换加载、加工处理等整合工作之后，利用相关的知识分析工具，进行知识的进一步处理。

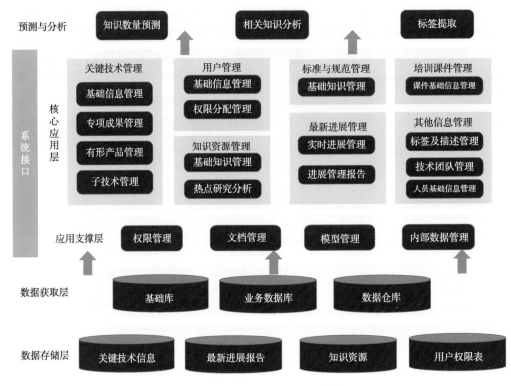

图1-8 知识管理系统基础架构图

1.3.3 知识管理挑战

对于缝洞型油藏开发知识进行有效管理便于后续知识的延续传承，充分激发知识的自身价值。需要在项目层面建立集数据、知识、业务过程一体的缝洞型油藏提高采收率关键技术知识管理平台，实现业务流程的控制、经验知识的存储和管理，促进各项目之间的沟通协作和知识共享，达到无形知识有形化、碎片知识一体化、分散知识流程化。通过知识工程技术实现油藏描述、地质建模、数值模拟等一体化；通过搜索引擎为主导的极简应用、智能呈现，实现对隐性知识的表示、存储、管理、挖掘与展示；运用大数据、人工智能等前沿技术，实现不同学科间的研究方法、流程和案例的集成，达到不同技术间的无缝连接；使得缝洞型油藏开发关键技术知识得到有效管理。

对缝洞型油藏开发知识进行管理的主要挑战分为知识组织、知识体系构建、知识挖掘和知识利用四个方面。

首先是知识组织方面，缝洞型油藏开发在组织方面的挑战主要有时间线漫长、人员结

12

构复杂、知识版本众多以及不同技术之间的孤岛现象。缝洞型油藏开发关键技术项目研发历时近二十年，整个项目时间周期时间漫长，项目推进初期网络尚不发达，项目信息存储困难，种种原因导致知识难以组织。在漫长的项目研发时间中，项目组成员经历了众多次调整，项目组结构也不断变化，每逢新的研究方向就会产生新的组织结构，因此形成了复杂的人员结构。缝洞型油藏开发项目知识的形成经历了不断打磨的过程，这个过程中知识经历了不断更新的过程，形成了众多版本的知识。缝洞型油藏开发项目本身包含众多子项目，每个项目之间多以独立方式运行，极大地阻断了知识的流通，因此知识之间存在孤岛现象。为了解决应对以上挑战，需要从以下三个方面着手：

（1）加强对缝洞型油藏开发关键技术知识组织、挖掘、管理和利用。

在组织层面建立缝洞型油藏开发关键技术知识的横向及纵向知识体系；在挖掘层面上建立知识标签体系、知识关联体系、知识预测模块对知识进行充分挖掘，增强知识的可利用性；在管理层面上实现各类知识编辑功能、快捷体系管理功能达到知识的高效管理；在利用层面上项目将近15年实际业务知识进行上传利用。

（2）建立集数据、知识、业务过程一体的缝洞型油藏开发关键技术知识管理平台，达到知识有形化、一体化、流程化。

根据缝洞型油藏开发"十一五""十二五""十三五"国家重大专项成果，提取项目中的知识，建立统一的知识管理平台，建立知识组织流程、确立知识传输规范，实现项目知识数据化，利用图表形式对知识进行展示达到知识有形化、一体化、流程化管理。

（3）实现经验知识和业务流程的集中存储、标准管理、高效利用和价值提升。

根据知识实例，充分研究缝洞型油藏开发知识特点，建立标准的知识存储、管理和利用体系，融合知识，以提升知识的本身价值。

参 考 文 献

［1］李阳.碳酸盐岩缝洞型油藏开发理论与方法［M］.北京：中国石化出版社，2014.

［2］康志江，鲁新便，张允.碳酸盐岩缝洞型油藏提高采收率基础理论［M］.北京：中国石化出版社，2020.

［3］李阳，康志江，薛兆杰，等.中国碳酸盐岩油气藏开发理论与实践［J］.石油勘探与开发，2018，45（4）：10.

［4］吕可夫.知识管理在互联网信息搜索行业的应用［J］.知识管理论坛，2018，3(04)：49-58.

［5］忻子焕.知识管理在咨询服务业的应用研究［D］.上海：同济大学，2008.

［6］何霖，李杨，姚世峰，等.城市轨道交通企业知识管理的思考与实践［J］.都市快轨交通，2019，32（01）：25-30.

［7］韦艳玲.知识管理在交通科技档案工作中的应用［J］.城建档案，2017(12)：62-63.

［8］代涛，钱庆，王小万，等.医疗卫生领域知识服务与知识管理的理论和实践［J］.医学信息学，2008，29(4)：1-10.

［9］姜赢，张婧，朱玲萱.基于本体的医疗卫生政策法律知识管理系统［J］.中华医学图书情报杂志，2016（12）.

[10] 张景忠，唐天，林向义. 基于知识管理的石油企业自主创新能力提升对策研究[J]. 商场现代化，2009(02)：57.

[11] 贾文远. 知识管理在石油企业管理中的应用[J]. 油气田地面工程，2008(06)：80.

[12] 汪映春. 探析知识管理在石油企业管理中的应用[J]. 中外企业家，2013(01)：24-25.

[13] 张威. 知识管理在石油企业技术创新中的应用[J]. 现代经济信息，2019(23)：85.

[14] 中国电子技术标准化研究院. 知识图谱标准化白皮书[R]. 2019.

[15] 廖胜姣，肖仙桃. 科学知识图谱应用研究概述[J]. 情报理论与实践，2009(01)：126-129.

[16] 杨思洛，韩瑞珍. 国外知识图谱的应用研究现状分析[J]. 情报资料工作，2013(06)：16-21.

油藏开发知识管理与人工智能技术

提要 本章主要通过介绍知识管理相关基础内容，结合人工智能技术的应用领域，进而形成人工智能时代下的缝洞型油藏开发关键技术知识管理体系，包括搭建知识图谱，分析知识挖掘技术，进行相关知识的推荐和交流共享，最终形成具有人工智能技术特征的一体化、有形化和流程化的知识管理方式。

2.1 人工智能与知识管理

本节内容通过介绍人工智能技术的相关概念和应用领域，引出人工智能时代下的知识管理相关研究内容，为之后的各个小节提供理论基础。

2.1.1 人工智能的基本概念

近年来，在大数据和机器学习等前沿技术的推动下，人工智能（AI, Artificial Intelligence）正在飞速发展，人人都在畅想人工智能时代已经到来，同时人工智能技术作为一种极具创造性的技术，给经济发展、社会进步等方方面面都带来了巨大改变，进而也深刻影响着人类生产生活方式和思维方式。

所谓人工智能技术，其实早在1950年就已经被提出了，这个"50后"的技术之所以到现在还是众多研究学者前赴后继的研究热点，是因为它随着计算机等技术的发展，展现出了更加蓬勃的生机，但也谈不上是"新生"的技术。人工智能技术的本质就是让机器模拟并扩展人类的智能，从而具有类似人类的智力和行为并能够做出相应的决策、执行特定的任务。通过模拟并扩展人类的各种能力，从而形成了人工智能的各个应用领域，比如图像识别，就是"模拟并扩展人类在看图方面的智能"，再比如自然语言处理，就是"模拟并扩展人类在识字方面的智能"，等等。具体框架结构如图2-1所示。

人工智能技术所用到的基础设备主要包括 GPU 服务器与高性能芯片等加速硬件用于支撑高效的运算能力，以及互联网等用于提供相应的数据资源，其中，互联网、物联网直接提供文字、图像、视频等原始的结构化与非结构化数据，而传感器主要用于对环境、动作、图像、视频等内容进行智能感知并获得数据。

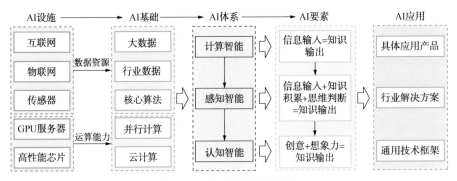

图 2-1　人工智能技术框架

人工智能技术的核心便是算法部分，所属领域包括计算机视觉、机器学习、自然语言处理、语音识别、知识工程、计算机图形学、多媒体技术、人机交互、机器人、数据库技术、可视化、数据挖掘、信息检索与推荐等，各个领域有交叉的内容也有自己独特的内容，相互联系相互作用，共同构成整个人工智能技术体系，下面简要介绍几个较为常见的领域。

（1）计算机视觉（CV，Computer Vision）：之前所说的图像识别即为计算机视觉的一个基础且重要的内容，套用人工智能技术的说法，计算机视觉就是模拟并扩展人类的视觉方面的智能。众所周知，人们认识世界90%通过视觉来实现，视觉是人类生产生活各个领域的不可分割的一部分，如机器制造、医疗诊断、军事探测等。同时，计算机视觉不仅是工程领域也是科学领域中的一个富有挑战性的研究领域，主要通过图像分类、目标跟踪、语义分割等技术对图像、视频进行识别分析，最终目标就是让机器能够像人类一样通过视觉来认识和了解世界，这也就吸引了各个学科的研究者参加到对它的研究之中，包括计算机科学、信号处理、医学、神经生理学、认知科学等。综上所述，计算机视觉研究范围之广、应用领域之大，是目前人工智能最热门且最具挑战性的研究领域之一。

（2）机器学习（ML，Machine Learning）：随着世界的不断变迁，人们所探索的科学领域逐渐扩大，对计算机的期望也随之提高，要求它能够解决的问题也越来越复杂，即使是同一个问题，所面对的场景也越来越庞杂。于是，在不断的探索中研究人员又有了一个新的思路，让机器自己去学习解决问题的能力，也就衍生出了机器学习这一人工智能的核心技术。套用人工智能技术的说法，机器学习专门来研究机器是如何模拟且延伸人类的学习行为，从而获取新的知识和技能，并通过对海量数据的不断学习来提升机器的自身性能，具体可分为监督学习、无监督学习、半监督学习，还有一个新兴领域即强化学习，它们可以用来解决目前数据处理领域中的预测、聚类、分类和降维等重要问题。同时因为机器学习要处理的是海量数据，所以大数据技术（详见第五章）也尤为重要，二者的关系是机器学习属于大数据技术上的一个应用。

（3）自然语言处理（NLP，Natural Language Processing）：套用人工智能技术的说法，自然语言处理就是模拟并扩展人类在文本识别方面的智能，使得机器拥有理解文本语言的能力，具体可分为语法语义分析、信息抽取、文本挖掘、信息检索、机器翻译、问答系统和对话系统等研究方向，涉及的主要技术包括文本分类、文本匹配、结构预测及序列决策等。

（4）知识工程（KE，Knowledge Engineering）：人工智能技术中的符号表示的典型代表之一，也是人工智能技术与知识管理结合的产物。近年来研究中越来越热门的知识图谱，就属于新一代的知识工程技术（详见 2.2 节）。

通过以上这些人工智能的核心算法的不断发展，人工智能时代的也随之发展壮大，在这个过程中，经历了多个阶段的变迁，从计算智能（Computing Intelligence）到感知智能（Perception of Intelligence），再到认知智能（Cognitive Intelligence），在各个阶段中都需要机器能够具备一定的能力，实现不同的价值：

（1）在计算智能阶段，以数值数据计算为基础，需要机器掌握快速计算和记忆存储能力。自从 1996 年 IBM 的深蓝计算机战胜了当时的国际象棋冠军，人类在这样大型运算能力方面就无法再战胜具有超强运算能力和存储能力的机器了。

（2）在感知智能阶段，以模仿人类感知环境信息为基础，需要机器掌握视觉、听觉、触觉等感知能力，比如之前提到的语音识别、文本识别、图像识别等，它们的区别在于其所针对的输入数据类型不同。众所周知，我们人类能够通过各种智能感知能力（包括触觉、味觉、视觉、听觉和嗅觉）来与自然界进行交互，而机器在感知世界这一方面，比人类还有相当大的优势，这就具体体现在人类都是被动接受感知的，但机器可以主动感知，如采用一些外接设备，如激光雷达、红外雷达、扫描仪、RGBD 相机等来获取感知到的数据。

（3）在认知智能阶段，需要机器能够像人一样，具备能理解、会思考的能力。人类正是因为有了数据和语言，继而才具备了对数据和语言的认知、意识、思维及推理、解释、归纳、演绎等能力，这些都是人类认知智能的表现，同时这些能力也是人类所独有的区别于普通动物的认知能力。而在这一阶段的机器就是以人类的这些认知能力体系为基础，以信息的理解与应用为研究方向，以模仿人类核心认知能力为目标，进而来开展进一步的研究。

而在整个计算机相关的人工智能体系中，认知智能并不是最终阶段，人工智能发展的下一阶段是通用智能，也称为强人工智能，需要机器以全方位模仿人类智慧等能力为基础来进行发展，这是人工智能时代发展的最终目标。

由于不同行业会有不同的特点，显然人工智能尚且不能做各个行业的一切事情，当然也不能够代替所有人类来完成这些事情，根据以上三个阶段，可以对应的将涉及人工智能技术的行业应用分成三种主要的类型：

（1）最初的计算智能阶段，在所对应的行业应用中，信息输入即为知识输出。即机器获得信息输入就可以通过算法充分准确地得到相应的知识输出，在这一领域机器将来可以完全替代人工，例如计算器，严格意义上也属于人工智能技术，它主要模拟并扩展了人在计算方面的智能，模拟即仿照人类的计算方式来进行计算，扩展即使得机器计算的能力和速度高于人类大脑。

（2）接下来的感知智能阶段，仅有信息输入还不足够，还需要知识积累和思维判断。在这一领域的行业应用中，人类和机器是相互耦合的，但机器还无法完全替代人工而是辅助人类进行工作。

（3）最后的认知智能阶段，最主要的特征是没有信息的输入，而是主要靠创意和想象力。现如今的技术越来越发展壮大，很多机器可以画图、作曲、写诗，但这些都属于工艺而非艺术，都是带有一定规则的编码生成的，真正的艺术目前机器仍然无法完全替代，因此在这一类似的领域中的工作是人工智能未来的发展趋势，正在展现着蓬勃的生机。

我们都知道，任何的技术只有找到其相应的落地应用才能让理想照进现实，才是技术被研究出来的最终目的。人工智能技术经过这么多年的沉淀和发展，其涉及多个跨学科、跨行业的产业链也受到了人们的强烈关注，越来越多的在金融、安防、医疗、零售、物流、军事等各个领域的落地应用，也说明着人工智能技术的不断完善和发展，在对人类生产生活的各个行业进行助力，例如，在制造业应用人工智能的多项技术，不仅可以优化生产结构，还可以提高生产效率，这就驱动了生产发展，进而可以挖掘出更大的产业价值、经济价值和社会价值，造福人类社会的各个方面。

2.1.2 人工智能时代下的知识管理

在人工智能时代，创新驱动的数字化转型是各个行业进化的必经之路，在数字化背景下的缝洞型油藏开发知识管理需要融合各个环节的业务数据，需要完备的知识体系为支撑，将数据流、知识流、业务流相结合实现"三流合一"，实现数据和知识的自动汇聚，并渗透到研究和开发的各个环节，提供技术支撑，人工智能时代下的知识管理体系可以按照如图2-2所示构建。

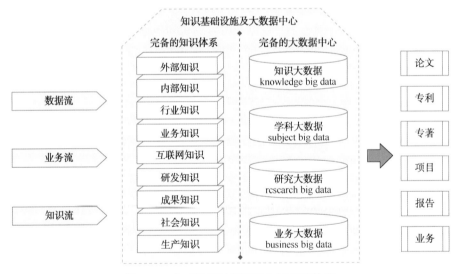

图 2-2　人工智能时代下的知识管理体系

但是，仅仅研究人工智能技术还远远不够，现如今多种交叉学科的兴起，也助力了人工智能技术的落地应用与基础研究，例如人工智能技术同时还与更广泛的数据挖掘(DM，Data Mining)技术、模式识别(PR，Pattern Recognition)技术、数据库(Databases)技术、知识发现(KDD，Knowledge Discovery in Database)技术、知识管理(KM，Knowledge Management)技术等所处领域相互融合相互交叉，他们之间的关系如图2-3所示，本章内容也就是重点研究人工智能技术和知识管理领域所交叉融合的一部分，即图中的红色区域。

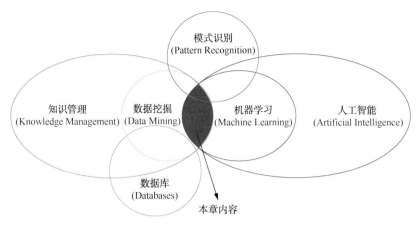

图 2-3　人工智能、机器学习与各领域之间的相关关系

　　因此，结合 1.2.1 节与 2.1.1 节，我们要思考的是，人工智能与知识管理是什么关系？人工智能时代下的知识管理将何去何从？人工智能技术如何在知识管理领域进行应用呢？知识管理技术又将如何影响未来人工智能领域的发展呢？其实，通过这些思考，我们可以知道，实现人工智能技术与知识管理的融合并非轻而易举，还有很多关键问题等待我们发掘与研究。

　　目前，人工智能的三个发展阶段中，以快速计算、高效存储为目标的计算智能已经基本实现。近几年，在深度学习等机器学习的算法推动下，以模拟及拓展人类的视觉、听觉等感知能力的识别技术为目标的感知智能也取得了一些可观的研究成果。这也就表明，机器可以模仿人类的视觉、听觉等感知能力，但这种感知能力不是人类的专属能力，动物也具备这样的感知能力，甚至某些动物的某种能力比人类更强，比如狗的嗅觉。而相比之下，认知能力则是人类独有的区别于其他动物的能力，因此认知智能阶段的实现难度较大。

　　而知识在认知智能阶段对于人工智能的价值就在于，用来训练机器使得机器具备一些人类所独有的认知能力。换句话说，知识是人工智能技术的基石，知识管理更是认知智能的核心，有了知识的人工智能会变得更强大更具有生命力，甚至可以像人类一样进行思考、决策、推理等活动。反过来，机器也可以通过更强大的人工智能技术来获取数据和知识，优化相关的算法，构建和完善知识管理体系，解决人工智能时代下的知识管理所衍生出来的一些精准分析、智慧搜索、自然人机交互、深层关系推理等实际问题，更好地认知和理解人类所处的客观世界，进而帮我们更好地从客观世界中去挖掘、获取和管理知识，这些知识和人工智能技术形成正循环，两者共同进步。

2.2　知识图谱

　　从 2.1 节可以看出，随着互联网和人工智能技术的迅速发展，各种数据呈现爆炸式增长的态势，随之也产生了大数据(BD，Big Data)技术(详见第 4 章)。大数据技术使得机器能够大规模地获取海量数据，服务于机器学习等技术，但同时，由于直接从生产生活中获取到的原始数据存在规模庞大、异构多元、分布松散等的特点，给人们从海量数据中进行有效且高效地获取有用信息和知识提出了挑战，知识图谱（KG，Knowledge Graph）应运而生，作为一种大规模的语义网络，知识图谱以其强大的语义处理能力和开放组织能力，为互联网时代和人工智能时代的知识组织管理和智能应用奠定了基础，二者结合使得知识从规模上到效用上产生了量变到质变的结果，这也是机器能够继续实现思考、推理、判断、预测等类似人类独有的认知能力的关键。

自 2012 年谷歌在提出知识图谱概念以来，国内外关于知识图谱的研究就在持续不断地深入，涉及了知识融合、语义搜索和推荐、问答和对话系统、大数据分析与决策等多个方面，覆盖了金融、制造、政府、电信、电商、客服、零售、医疗、农业、保险、教育、军事等各个行业。

本质上，知识图谱是结构化的语义知识库，旨在以符号形式描述真实世界中存在的各种实体或概念及其相互关系，进而搭建语义数据模型和语义网络图。知识图谱根据所面向的领域和面对的目标群体的不同可以简单分为通用型知识图谱和行业型知识图谱。通用型知识图谱面向的领域较为普遍，主要处理一些常识性的大众熟知的知识，强调横向的广度，因此面对的目标用户是普通用户。而相比之下，行业型知识图谱主要面向专业领域，多用于处理一些专业性知识，强调纵向的深度，因此面对的目标用户是某一类专业的用户。

要研究知识图谱，首先要清楚知识图谱是如何进行构造的，构造过程中会涉及哪些技术体系。带着这些问题，我们总结了搭建一个知识图谱的主要流程和主要技术，如图 2-4 所示。

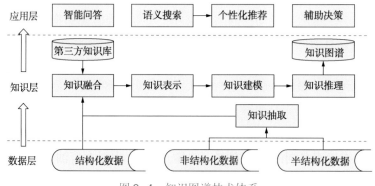

图 2-4　知识图谱技术体系

首先在底层的数据层面，我们通过知识获取（Knowledge Acquisition）技术得到了海量的结构化数据、半结构化数据、非结构化数据、多模态数据等多源分布异构数据（详见 1.2.2 节）。然后从原始数据，再到知识图谱，经历了知识抽取（Knowledge Extraction）（详见 2.2.1 节）、知识融合（Knowledge Fusion）（详见 2.2.2 节）、知识表示（Knowledge Representation）（详见 2.2.3 节）、知识建模（Knowledge Modeling）（详见 2.2.4 节）、知识推理（Knowledge Reasoning）（详见 2.2.5 节）等技术，将知识通过建模得到的数值模型组织在一起，使得知识具有更规范有序的数据表达方式、更紧密相关的数据关联信息，也可以帮助机器进一步具备更强的理解和解释的能力。最后，有了知识图谱，就可以利用其去支持一些顶层的知识赋能(详见 2.2.6 节)和知识挖掘(详见 3.1 节)相关技术应用了，此外还有一些例如智能问答、语义搜索、个性化推荐、辅助决策等行业应用(详见 3.2 节)。

接下来我们会在每一小节详细介绍知识层相关的各个技术，同时根据各个技术扩展在缝洞型油藏开发上的应用实例，深入研究在缝洞型油藏开发业务上的知识交叉与结合。

2.2.1 知识抽取

根据 1.2.2 节我们知道，直接获取到的数据往往是一些零散的信息，距离它们成为有用的知识还很远，因此需要通过知识抽取技术，将构成知识所必需的包括实体、关系及属性等在内的多种类型的信息从这些原始的多源异构数据中提取出来，构建一个基本组成单位是"实体—关系—实体"三元组的语义网络图，再进行知识图谱构建流程中的下一步的操作。在语义网络图中，节点采用实体来表示，边则由属性或关系构成，实体间通过关系相互联结，从而构成网状的知识结构。通过解读这一知识抽取的流程，我们可以提取出其中涉及的主要技术，包括实体抽取、关系抽取以及实体与关系之间的相关事件抽取。

1) 实体抽取/命名实体识别

实体抽取(Entity Extraction)，是知识抽取中最基础且最关键的一部分，也可以称为命名实体识别(NER，Name Entity Recognition)，是指从原始数据集中自动识别出实体并对其进行提取，其目的就是建立知识图谱所必需的语义网络图中的"节点"这一元素。

实体可以理解为某一个概念的实例，例如，"油藏"是一种概念，或者说是实体类型，那么"缝洞型油藏"就是一种"油藏"实体了；"油藏工艺"是一种概念，或者说是实体类型，那么"注汽工艺"或者"堵水工艺"就是一种"油藏工艺"实体了。可以将所有实体划分为以下三大类：

① 实体类(包括人名、组织机构名、地名等专有名词)。
② 时间类(包括日期、具体时间等表示时间的名词)。
③ 数字类(包括货币、百分比等表示数字的名词)。

所谓的实体识别，就是根据输入的一个句子或一个文本数据中获取到我们想要的实体类型的过程，主要关注人名(PER，Person)、地名(LOC，Location)和组织机构名(ORG，Organization)这三类专有名词的识别方法，例如，句子"小明在石油大学的报告厅参加了一场石油工程学院组织的关于缝洞型油藏关键技术的报告"，通过 NER 模型，将 PER 实体"小明"、LOC 实体"石油大学的报告厅"、ORG 实体"石油工程学院"分别提取出来，这就是一个简单的实体抽取的过程。

实体抽取的质量可以采用准确率和召回率等评价指标来评判，这对于后续的知识获取效率和质量影响极大。实体抽取的方式最初兴起时采用的是人工预定义实体分类体系的方式，需要为各种领域的各个实体类别建立单独的知识库，这就导致在建立知识图谱之前要耗费大量人工和时间来进行，耗时且费力。随着人工智能技术的革新，削弱了人工在其中扮演的分量，不需要为实体类别建立单独的语料库作为训练集，转向了面向开放领域的实体识别和分类研究中，主要的方法有以下几种。

（1）基于规则和词典的方法。

基于规则和词典的方法多采用语言学专家构造的规则模板，构建规则或词典的特征主要包括关键词、指示词、方向词、位置词、中心词等，主要以模式和字符串相匹配为主要抽取手段。这类方法是知识抽取中最早使用的方法，且相关研究已经达到了较高的水平，例如：张小衡等采用基于规则的方法来完成对中文机构名称的识别与抽取。Kiyotaka 等采用基于最大熵的转移规则对相关领域的知识进行了研究。王宁等采用基于规则的方法进行金融新闻中的公司名称的识别与抽取。这一类方法的主要步骤总结如下：

① 分词：将训练文本中的实体取出来，对于每一个实体进行分词，取最后一个词，存入特征词词典，最后去重。

② 标注词性：这是一项重要的基础性工作，即对文本分词后的词汇进行标注，最终将输入的词汇序列进行标注转化为相应的词性序列。词性（Part-of-speech）通常也称为词类，用来描述这一个词在上下文中的作用，比如，描述一个实体的词就是名词，在下文出现这个名词的引用的词就是代词，代指这个实体，还有表示一个动作的词就是动词。不同的语言有不同的词性标注集合，我国的汉语博大精深，这也就导致在汉语词性标注中面临一些棘手的挑战，比如，存在某一个词对应多个词性的现象，"报告"一词在"EPS 知识库是全球大油气田勘探开发的研究成果库，汇集了近千个具有代表性的大油气田的研究评价报告。"这句话中属于名词词性，而在"国内石油行业的专家报告了他们在石油知识管理方面的探索工作，总结了他们成功的经验和失败的教训。"这句话中属于动词词性。这种常用词兼类现象频繁且复杂多样、覆盖面广，越是常用的词，所具备的词性越多，为了方便明确各个词汇的词性，可以对每个词性进行编码区分，类似于英语中的词性，adj 表示形容词、adv 表示副词、n 表示名词、vt 表示及物动词、vi 表示不及物动词，等等，汉语的词性可以参考《ICTCLAS 汉语词性标注集》，例如，a 表示形容词、d 表示副词、n 表示名词、v 表示动词，等等。

目前词性标注方法主要有基于统计模型的方法、基于规则的方法和二者结合的方法，还有基于神经网络的方法，应用最为广泛有 Jieba 分词系统。

在 Jieba 分词中，不仅提供了分词功能还提供了基于统计模型的词性标注的功能，二者的流程非常类似，有时也可以同时进行，都是使用同一个词典来进行操作的，词典的格式为{word1，freq1，word_type1}，{word2，freq2，word_type2}，…，{wordn，freqn，word_typen}，依次表示词汇和该词汇的概率和词性，也正因为如此，Jieba 分词的最终结果很大程度上取决于词典。在分词过程中有三种不同的模式：精确模式、全模式和搜索引擎模式，其中，精确模式是基于寻找最短路径进行截取的方法，也是分词中最常用且基础的方法，全模式会将所有可能的词汇都简单粗暴的列举出来，而搜索引擎模式则顾名思义是专属于搜索引擎使用的方法。除此之外，为了使得分词结果更加准确，Jieba 分词中还增添了一些新词发现的功能，主要是将不在词典中出现的连续单字，或者称为未登录词（OOV，Out-Of-Vocabulary），进行连接或其他操作，具体原理和方法如 HMM 本章不再赘述。总结 Jieba 分词的各个功能模块的工作流程大致如图 2-5 所示。

接下来，我们通过一个具体的示例来探讨 Jieba 分词的工作原理，即对"据统计，国内石油行业在知识管理方面的工作处于探索阶段。"这一句子进行简单词性标注和切分，结果如图 2-6 所示，在蓝色的方框中示范了关键步骤的输出样例或词典文件的格式样例。

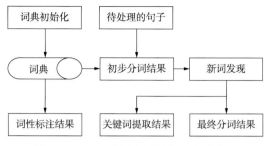

图 2-5　Jieba 分词和词性标注大致流程

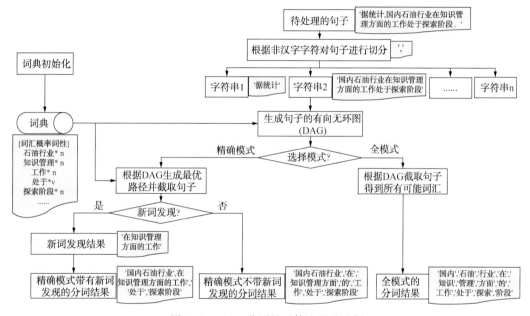

图 2-6　Jieba 分词的具体流程及示例

　　根据图中的分词流程总结 Jieba 分词的工作原理，首先，在对一个完整的句子进行操作之前，需要采用非汉字字符对句子进行预处理划分为多个子句子或者子字符串，图中只详细演示了被切分出来的其中一个子字符串的词性标注和分词操作过程，在实际操作流程中，需要将对每一个子字符串都分别进行类似的处理，最后将切分的分词结果与非汉字字符部分依次连接起来，作为最终的分词结果。然后，关于每个子字符串，需要对照初始化的词典进行研究，生成对应的有向无环图(DAG)，选择不同的模式(精确模式和全模式)后根据所选模式的原理进行截取得到最终的分词结果。

　　此外，一些搜索引擎采用的搜索引擎模式会在精确模式分词结果的基础上，将长词再次进行切分，得到最终的搜索引擎模式的分词结果，大致流程和分词示例结果如图 2-7 所示。

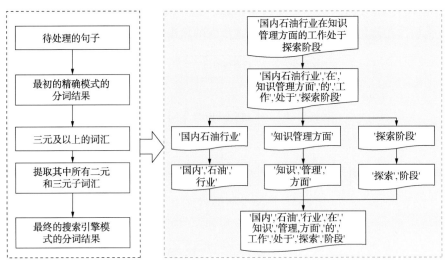

图 2-7　Jieba 分词流程及示例

③ 句法分析：通过以上两个步骤总结语料集中的实体组成规律，然后对标注后的序列做一个正则表达式的匹配，匹配出符合要求的字符，将其背后的中文组合起来，就是识别的最终实体。

基于规则和词典的方法多依赖于知识库和词典的建立，这些大多与具体语言、领域和文本风格有关，因此编制过程会十分耗时费力且难以涵盖所有的语言现象，可移植性差，需要建立不同领域的知识库作为辅助以提高识别能力，因此在之后的研究中已逐渐被取代。

（2）基于传统机器学习的方法。

基于机器学习的方法主要通过对训练语料库所包含的信息和知识进行统计和分析，然后从中挖掘选取出能有效反映各个实体特性的各种特征，主要包括词汇特征、上下文特征、词典及词性特征、核心词特征以及语义特征等，然后将这些特征加入特征向量中，由此可见，该方法对特征选取的要求较高，对语料库的依赖也较大。通过整理现有关于该方法的相关研究，可以将基于机器学习的方法分为隐马尔可夫模型、最大熵模型、最大熵马尔可夫模型、条件随机场等。

① 隐马尔可夫模型（HMM，Hidden Markov Model）主要根据输入的一系列词汇序列生成其背后最可能的标注序列，从而得到对应的实体特征。该方法在训练和识别时的速度较快，因此更适用于一些对实时性有要求以及需要处理大量不相关文本的应用，如短文本命名实体识别，例如，俞鸿魁等和张华平等先后基于角色标注模型和层叠隐马尔可夫模型对中文机构名和人名进行了实体识别研究。但该方法默认只考虑前一个状态（词）的影响，也就是在特征选择的时候仅考虑了词汇特征而忽略了上下文特征，也正因为如此，在此基础上更多的改进方法应运而生。

② 最大熵模型（MEM，Maximum Entropy Model）的结构紧凑，具有较好的通用性，解决了 HMM 方法存在的问题，且准确率更高，例如，Borthwick 曾采用基于最大熵模型的方法对日文和英文进行实体识别。然而与 HMM 方法相比，这个方法的主要缺点在于训练

时间复杂度相对较高，且由于训练过程中需要归一化计算，这也就导致计算开销也相对较大。

③ 最大熵马尔可夫模型（MEMM，Maximum Entropy Markov Model）是由 McCallum 等首次提出，通过训练找到一个满足马尔可夫奇次性假设、观测值不独立且所得到的熵值最大的模型，通过这一模型解决 HMM 和 MEM 在序列标注中存在的问题，弥补了他们的缺点。

④ 条件随机场（CRF，Conditional Random Field）模型为知识抽取中的实体抽取提供了一个特征灵活、全局最优的实体标注框架，如图 2-8 所示。程志刚分别采用基于规则的方法和基于 CRF 的方法对中文命名实体进行识别研究，并对比了二者的优缺点，通过实验结果表明，基于 CRF 的方法明显在性能上更优于传统的基于规则的方法。Xue 等则分别采用两种序列标注模型 MEMM 和 CRF 来进行中文分词，并对比了二者的优缺点，通过实验结果表明，CRF 没有 HMM 中严格的独立性假设条件，因而可以获取上下文特征；同时，CRF 计算全局最优输出节点的条件概率，从而克服了 MEMM 存在的标记偏置（Label-bias）的缺点。但也因此 CRF 需要训练的参数更多，导致其存在收敛速度慢、训练时间长、计算复杂度高的问题。虽然存在着这样一些问题，但目前 CRF 在基于机器学习的方法中仍是研究时首选的主流的方法，也有很多研究是基于 CRF 进行的改进方法。

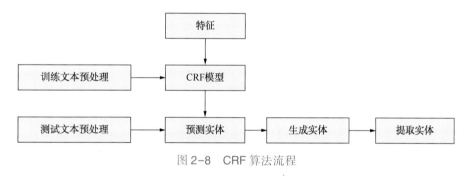

图 2-8　CRF 算法流程

（3）基于深度学习的方法。

近些年随着深度学习的不断发展，也涌现了一些采用非线性神经网络模型来进行实体抽取的研究，在这些研究中大多将词向量（Word Embedding）作为输入数据输入对应的神经网络中进行训练，主要有前馈神经网络（FNN，Feedforward Neural Network）、采用长短期记忆（LSTM，Long-Short Term Memory）或者门控循环单元（GRU，Gated Recurrent Unit）的循环神经网络（RNN，Recurrent Neural Network）、卷积神经网络（CNN，Convolutional Neural Networks）等，这些研究均取得了较好的实体抽取结果。同时，也有一些研究者将这些神经网络（RNN 或 CNN）融入 CRF 模型中，通过结合神经网络的算法有效性与 CRF 的建模能力以期获得更好的算法性能。

在这些基于深度学习的众多算法中，较为主流较为新颖的算法是组合算法 BLSTM-CNNs-CRF，该算法的框架如图 2-9 所示，主要侧重于对每个词汇的上下文特征进行建模，首先使用基于特征层的卷积神经网络（CLCNN，Character-Level Convolutional Neural Networks）类似处理图像的方式来处理输入的文本数据，然后将处理得到的字符级别的表示

25

（Char Embedding）和词汇级别的表示（Word Embedding）连接起来作为双向长短期记忆（BLSTM，Bi-directional Long-Short Term Memory）模型的输入，然后将 BLSTM 的输出向量作为 CRF 的输入，从而将实体规则加入序列标注的过程中，解决实体命名不合法的问题，得到最优的序列标注。

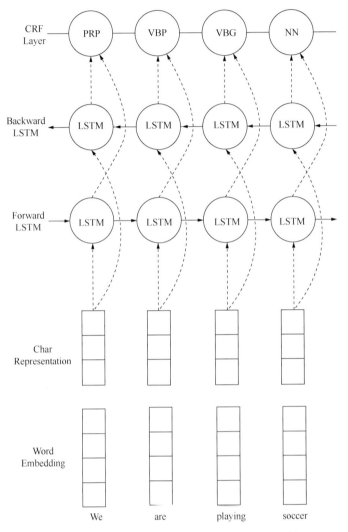

图 2-9　BLSTM-CNNs-CRF 算法框架（据 Ma Xuezhe 等，2016）

（4）基于半监督学习的方法。

在进行实体抽取的过程中，有时候会遇到已标注的训练集样本有限的情况，会导致模型很难学习到一个足够好的特征来表示各个实体，这时监督学习的方法性能就会降低，近年来针对这种情况，一些研究倾向于采用基于半监督学习的方法，首先采用语义模型对无标注的样本进行训练，这样训练得到的参数具备上下文特征，再将训练的结果用到有监督的训练模型。例如，模型结构框架如图 2-10 所示的 TagLM（Tagging with Bidirectional Language Models），随后，有学者将 TagLM 通用化改进后生成模型结构框架如图 2-11 所示

26

的 EMLo(Embeddings from Language Model)。不同于传统的每一个词汇只对应一个词向量，这两个模型都使用了一个双向 LSTM 进行预训练，由前向和反向语义模型构成，增强各个词汇的上下文特征，进而得到词汇的语义表示，然后将其输入到监督模型中得到词汇的最高层特征表示，完成序列标注任务。

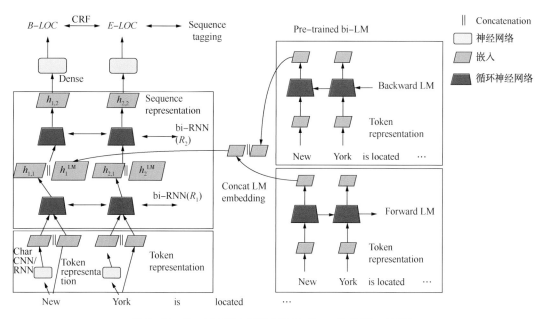

图 2-10　TagLM 算法框架(据 Matthew E P 等、2017)

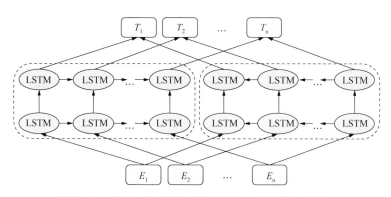

图 2-11　EMLo 算法框架(据 Matthew E P 等，2018)

（5）基于自监督学习的方法。

自监督学习是指在没有人工标注的数据上运行的监督学习。相关研究有双向编码器表示(BERT, Bidirectional Encoder Representations from Transformers)模型，如图 2-12 所示，在海量语料的基础上通过运行自监督学习为各个词汇学习一个较优的特征表示，重新设计了语义模型预训练阶段的目标任务进而更加全面地捕捉语句中的双向关系。

2）关系抽取(Relation Extraction)

经过实体抽取之后得到的是一系列离散的实体，也就是语义网络中的各个节点，为了得到更深层次的语义信息，还要在语义理解的基础上关注实体与实体之间的相互关系，也就是语义网络中的各条边，通过对目标实体对之间的关系进行标注，将多个实体联系起来，形成网状的知识结构，这就是关系抽取的意义所在。

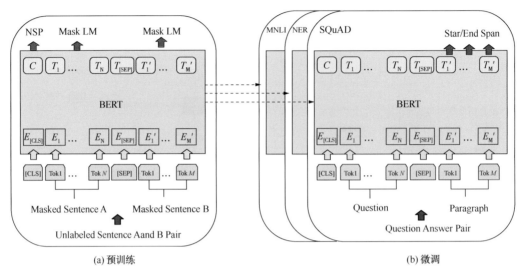

图 2-12　BERT 算法框架（据 Devlin J 等、2018）

研究关系抽取技术的关键在于从海量的语料中抽取实体之间的关联关系，这些关系主要有：语义关系（Relation of Semantics），指的是根据各个实体的依存分析或者语义解析而建立起来的隐藏在句法结构之后的关系；句法关系，包括位置关系（Relation of Position），指的是各个实体之间的相对位置关系；替代关系（Relations of Substitutability），指的是在某个位置上彼此可以相互替换的实体之间的关系；同现关系（Relations of Co-occurrence），指的是句子中不同集合或类别的词汇允许或要求组成一个句子或句子的某一特定部分的关系。综上，关于关系抽取技术的研究，总的来说分成了以下几个方面：

（1）基于模板（规则）的方法（Hand-Written Patterns）。

基于模板的方法也可以被称为是基于规则的方法，通常可以以动词为起点构建规则，采用句法结构来帮助确定两个实体之间的关系，得到节点上的词性和边上的依存关系或者语义关系，也就是通过制定一些实体对关系规则，如"X is a Y""Y including X""Y such as X"等，采用特定的方法来找出尽可能多的拥有这些规则的实体对，比如，句子"缝洞型油藏开发关键技术知识管理系统是一个整合了多种缝洞型油藏相关技术的综合平台"；"缝洞型油藏开发关键技术知识体系主要包括缝洞型地球物理预测知识库、缝洞型油藏地质建模知识库、缝洞型油藏数值模拟知识库、缝洞型油藏工程知识库、缝洞型油藏工艺知识库"，"缝洞型油藏开发关键技术知识载体有很多，例如专利、期刊、论文、专著、报告等"，等等，然后通过制定的这些规则我们可以对上述句子进行关系抽取，建立如表 2-1 所示的实体对关系。

表 2-1 实体对关系示例

实体 1	实体 2
缝洞型油藏开发关键技术知识管理系统	综合平台
缝洞型油藏开发关键技术知识体系	缝洞型地球物理预测知识库
缝洞型油藏开发关键技术知识体系	缝洞型油藏地质建模知识库
缝洞型油藏开发关键技术知识体系	缝洞型油藏数值模拟知识库
缝洞型油藏开发关键技术知识体系	缝洞型油藏工程知识库
缝洞型油藏开发关键技术知识体系	缝洞型油藏工艺知识库
缝洞型油藏开发关键技术知识载体	专利
缝洞型油藏开发关键技术知识载体	期刊
缝洞型油藏开发关键技术知识载体	论文
缝洞型油藏开发关键技术知识载体	专著
缝洞型油藏开发关键技术知识载体	报告
……	……

综上所述，算法具体执行流程总结如图 2-13 所示。

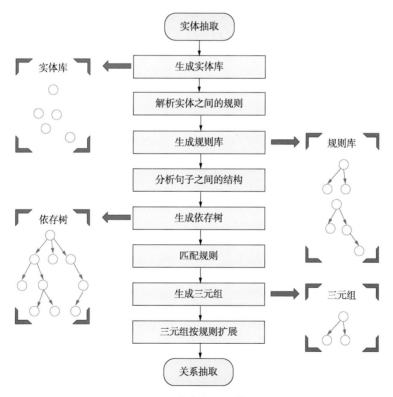

图 2-13 基于依存句法的算法流程图

首先对句子进行分词、词性标注等实体抽取的操作，生成对应的实体库，解析实体之间的规则，生成对应的规则库，再根据抽取结果对句子进行依存分析，生成对应的依存树，从而得到句子依存语法树结构上的匹配规则，每匹配一条规则就对应可以生成一个三元组，最后再根据规则库和实体库对每一个三元组进行相应的扩展，进一步完成关系抽取，得到各个词汇之间的相关关系。

基于模板（规则）的方法由于其具有极强的针对性，所以在小规模数据集上容易实现且构建简单，但它的缺点在于难以维护、可移植性差，信息缺乏全覆盖性，规则有时候也很难设计，会出现冲突、重叠等现象，因此需要多个专家进行共同协作构建，人力成本较高。

（2）基于监督学习的方法（Supervised Machine Learning）。

以上传统的基于模板的关系抽取方法通常是根据语法依存树或者依存关系来捕捉句子中可能存在的关系词，然而对于一部分句子来说，可能并没有一个客观存在的词汇能够描述句子中实体对之间的关系。因此为了避免产生这种问题，通常采用以监督学习为基础的关系抽取方法来进行关系抽取，给定一段文本数据并预定义一部分关系标签，通过训练一个模型来预测给定目标实体对之间的关系，这类方法也被认为是一种关系分类方法，也就是对实体对之间的关系进行单标签分类。基于监督学习的关系抽取方法主要包括如下几步：

① 句子语义表征：将句子序列的语义信息表征为指定维度的词向量，并作为一些特定的网络模型的输入数据来进行研究，现有的研究例如，TextCNN 使用预训练词向量对一组句子进行向量化表示，并使用 CNN 进行特征提取，得到的特征向量再输入到 FNN 中进行分类，模型框架如图 2-14 所示。Attention-BiLSTM 通过在 RNN 中引入注意力机制来一定程度上提升关系抽取的效果，模型框架如图 2-15 所示。BiLSTM-RNN 是另一种使用 RNN 实现关系抽取的方法，不同在于它同时还将句子根据实体在句子中的位置关系进行了划分，模型框架如图 2-16 所示。

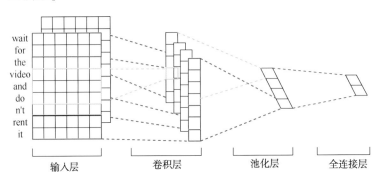

图 2-14　TextCNN 算法框架（据 Yoonnk，2014）

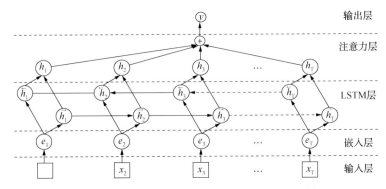

图 2-15　Attention-BiLSTM 算法框架（据 Zhou Peng 等，2016）

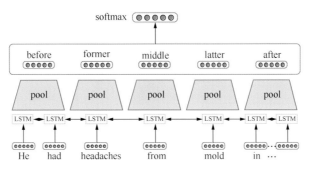

图 2-16　BiLSTM-RNN 算法框架（据 Li Fei 等、2016）

② 实体增强：通常一个实体对在句子中的相对位置的不同，实体对的类型（包括词性、含义等）也存在差异，这些都会对它们之间的关系产生一定的影响，因此需要对实体对进行语义表征，由对应实体对的语义信息进行辅助增强。

③ 关系表征：关系标签在一定程度上受到实体对的影响，不同的关系标签可能存在层级相关性，因此对关系进行语义表征预训练关系标签，可以辅助理解不同实体对之间的关系。

（3）基于半监督/无监督学习的方法（Semi-Supervised and Unsupervised）。

之前的监督学习效果虽好，但往往需要大量的人工标注数据供模型进行训练，导致人工和时间成本过高。因此可以借助半监督或无监督学习的方法来解决，可以分为远程监督和 Bootstrapping 两种方法。

① 远程监督（Distant supervision）关系抽取方法主要依赖于远程知识库，例如比较常用的 FreeBase、YaGo、DBPedia 等，通过这些知识库中现有的实体和实体对之间的关系等与非结构化文本数据对齐自动构建大量训练数据，对语料进行快速自动标注，减少模型对人工标注数据的依赖，增强模型跨领域适应能力。远程监督方法极大地减少了由于人工成本导致的语料不足的问题，然而这一方法存在一定的噪声，这是因为实体对关系是已知的，而所在的文本描述不一定是这种关系，由此产生了一些噪声数据影响模型的训练。故远程监督关系抽取的主要任务在于利用远程知识库辅助文本语义理解实现关系预测，同时降低由于错误标注的噪声数据对关系抽取的影响。相关研究包括，分段卷积神经网络（PCNN，Piecewise CNN），将 CNN 引入远程监督的关系抽取中，模型框架如图 2-17 所示，将句子根据实体对划分为三个部分后分别进行最大池化，使得不论句子有多长，池化后的结果总是由三个元素组成的向量，将三个向量拼接起来作为这个句子的语义表征。但 PCNN 存在的问题是句子的语义表征只是单纯的对每个词汇分别进行卷积而得到的，并未考虑到词汇对整个句子的重要性。因此基于这两个问题引入了注意力机制，提出了 PCNN+ATT，模型框架如图 2-18 所示。

② Bootstrapping 方法通过在文本中匹配实体对和表达关系短语模式，寻找新的潜在关系元组。该方法的优点是构建成本低，适合大规模的构建，同时还可以发现隐含的关系。缺点是存在语义漂移现象，结果的准确率较低等。因此，在传统的 Bootstrap 方法的

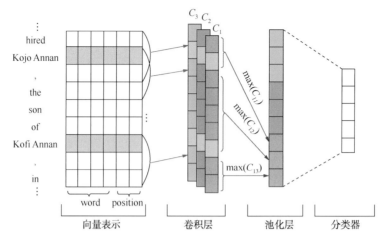

图2-17　PCNN模型框架（据 Zeng Daojan 等，2015）

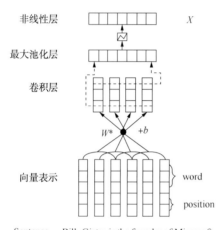

图2-18　PCNN+ATT 模型框架
（据 Lin Yankai 等，2016）

框架下，有学者引申出了 Snowball 方法，首先制定一些规则，例如"［ORG］in［LOC］"规则，当在文本中出现了"xxx in xxx"时，如果采用 Bootstrap 方法则这两个实体的关系是匹配不到的，但 Snowball 在此处做了一些优化改进，Snowball 以一种灵活的方式表示实体周围的上下文，这种方式生成的规则兼具选择性和高覆盖率。因此，一些微小的变化，如一个多余的逗号或一个限定词，不会阻止我们匹配上下文。通过遍历文本数据，将规则所对应内容构成的元组进行向量化，计算特征匹配的相似度，并与给定的阈值进行对比，将相似度超过阈值的元组保存下来，评估匹配的准确性。在没有人工干预的情况下评估这些规则和元组的质量，并且只保留一个最可靠的准确性

最高的规则和对应的元组。

　　例如，一份关于油藏开发知识管理的相关报告文档中可能会包含世界著名的石油公司和其总部所在地的信息，作为研究背景来了解他们开展的知识管理工作和取得的成效。如果我们需要查找 BP 石油公司总部的位置，可以尝试使用传统的信息检索技术进行查找包含该查询答案的文件内容。或者，如果有一个列出报告集合中提到的所有"组织—位置"（Organization-Location）这一实体对的表格或者列表，其中的一个元组可以表示某个组织位于某个位置，那么我们就可以更准确地更容易地进行查询。因此我们的目标就是提取给定文档中出现的所有 organization-location 元组并形成如表2-2所示的实体对关系表。此外，用户需要提供实体匹配的通用正则表达式，这就是用于训练模型的所有训练数据。

表 2-2 "组织—位置"实体对关系示例

实体 1	实体 2
中国石油化工集团有限公司	中国，北京
中国石油天然气集团有限公司	中国，北京
中国海洋石油集团有限公司	中国，北京
沙特阿拉伯国家石油公司	沙特阿拉伯，达兰
伊朗国家石油公司	伊朗，德黑兰
埃克森美孚石油公司	美国，得克萨斯州爱文市
委内瑞拉石油公司（PDVSA）	委内瑞拉，加拉加斯
英国石油公司（BP）	英国，伦敦
美国斯伦贝谢公司	美国，休斯敦

此外，还有一种属性抽取（Attribute Extraction），目标是从不同信息源中采集特定实体的属性信息，从而完成对实体属性的描述，如针对缝洞型油藏，可以从互联网或参考文献中获取多源异构数据，从中得到其用途、含量等信息。如果把实体的属性值看作是一种特殊的实体，那么属性抽取实际上也是一种关系抽取。

3）事件抽取（Event Extraction）

事件是发生在某个特定时间点或时间段，某个特定范围内，由一个或多个实体参与的一个或多个动作组成的事情或状态、关系的改变，用于描述粒度更大的、动态的、结构化的知识。

如果不仅仅想获取实体间的关系，还想获取一个事件的详细内容，那么则需要确定该事件的触发词并获取事件相应描述的句子，同时识别事件描述句子中实体对应事件的角色。

事件抽取的任务主要是从描述事件信息的非结构化数据（如文本数据）中识别并抽取出感兴趣的事件信息及其类型，然后抽取出该事件所涉及的元素，并以结构化的形式呈现出来，包括发生的时间、地点、实体以及与之相关的动作或者状态的改变。此过程中主要有如下几个要素：

① 事件指称（Event Mention）：描述一个客观发生的具体事件的词组/句子/句群，同一事件可以有不同的事件描述方法、各个实体分布的位置也可以不同。

② 事件触发（Event Trigger）：事件指称中最能代表事件发生的词汇，决定事件类别的重要特征，一般是动词或者名词。

③ 事件元素（Event Argument）：组成事件的核心部分，也可以称为实体描述（Entity Mention），主要由实体、事件和属性值等表达完整语义的细粒度单位组成，与事件触发词构成了事件的整个框架，但并不是所有的实体、事件和属性值都是事件元素，要根据具体上下文语境来进一步确定。

④ 元素角色（Argument Role）：即事件元素在事件中扮演的角色，表示语义关系。

⑤ 事件类别（Event Type）：事件元素和触发词决定了事件的类别。通过制定类别，每个类别下又定义若干子类别和规则，方便事件元素的识别及角色的判定。

事件抽取任务总体可按照事件类别方式不同分为元事件抽取和主题事件抽取。元事件包括参与该动作的主要成分(如时间、地点、人物等)，主题事件由多个元事件组成，包括一类核心事件以及所有与之直接相关的事件。例如，句子"近年来，国外石油企业的管理层人员陆续开展了知识管理工作，取得了较大的成效"中，所包含的元事件的主要成分有时间"近年来"、地点"国外石油企业"、人物"管理层人员"，而对应的主题事件则是"开展了知识管理工作"。

（1）元事件抽取方法。

元事件抽取在抽取之前预先定义好目标事件的类型及每种类型的具体结构，主要研究方法有基于模式匹配元事件抽取方法和基于机器学习的元事件抽取方法两大类。

基于模式匹配的元事件抽取方法是在一些模式的指导下进行某种事件的匹配，匹配的过程就是事件识别和抽取的过程，基本流程如图 2-19 所示。模式主要用于指明构成目标信息的上下文约束，体现了领域知识和语言知识的融合，抽取时只要通过各种模式匹配算法找出符合约束条件的信息即可。

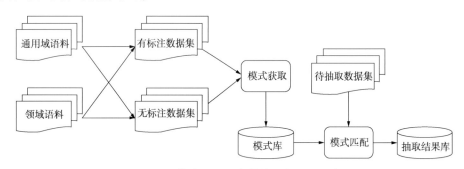

图 2-19　基于模式匹配的事件抽取方法的基本流程

模式匹配在特定领域内能取得较高的性能，但移植性较差。而且需要通过手工构造规则来建立模式，这就导致这类方式工作量极大、费时费力，为了快捷方便地获取模式，提高系统的可移植性，采用机器学习来自动获取模式成为新的研究趋势。相对于模式匹配，机器学习与领域无关，无须太多领域专家的指导，系统移植性较好。同时，随着互联网上各种语料库的不断扩大和数据资源的不断丰富，模式的获取不再是束缚机器学习的瓶颈，因此，机器学习已然成为元事件抽取的主流研究方法，例如，Chen 等和 Nguyen 等将神经网络分别应用于事件抽取和事件识别任务中，采用预训练的词向量作为每个词汇的初始特征表示，建模过程中还融入了句子的语义和语法信息，取得了很好的效果，验证了神经网络的有效性。随后，Chen 等采用 CNN 模型自动抽取事件类型特征用于事件抽取任务，同时，增加了动态多池化机制(Dynamic multi-pooling)，能够获取更为精细、有效的特征，以提高事件抽取任务的性能，Nguyen 等使用 CNN 模型自动识别实体类型特征来辅助事件识别任务，之后的研究中，他们又提出了一种基于离散短语(skip-gram)的 CNN 模型，能够获取更丰富的非连续短语特征，而无须局限于局部连续短语特征，辅助事件识别任务的完成。

除了基于 CNN 的特征学习模型外，还有研究者采用 RNN 模型帮助更好地进行事件抽取任务。Feng 等采用一个基于 RNN 的模型来获取文本数据中的序列信息，并采用一个卷积层来获取短语块信息，将两种信息合并后进行事件触发词识别任务。此外，Liu 等借助于有监督的注意力模型(Attention Mechanism)将事件元素的信息输入到事件识别模型中，验证了元素信息能够高效地辅助事件触发词识别任务。Nguyen 等还提出了一种基于 RNN 的模型进行事件识别和元素角色分类的联合学习，构建了局部特征和全局特征来学习特征表示。

此外，还有一些前沿的联合模型方法。

① 模式识别+SVM。Zhao 等提出了基于模式识别和 SVM 的有监督组合方法，针对多元关系的特点，分别设计了单分类器的算法和多分类器的算法，单分类器的算法由一个分类器负责识别多元事件中所包含的角色，而多分类器算法使用不同的分类器来识别具有不同语义约束的角色。

② 深度学习+词嵌入。Han 等提出了一种集成模式识别、深度学习模型和词嵌入技术的事件抽取方法，用于提取在线中文新闻事件，具有较高的准确性。首先利用词嵌入和语义词典对事件触发字典进行扩展，然后将字典中的触发器特征引入到机器学习分类算法中，以实现更精细的事件类型识别。Wang 等提出了一种用于生物医学事件抽取的多重分布式表示方法，将基于依赖的词嵌入和基于任务的特征结合作为深度学习模型的输入来训练模型。

（2）主题事件提取方法。

一个主题事件由多个动作或状态组成，因此对应的描述信息通常分散在一个或多个文档中，需要进行汇总，而元事件抽取的方法局限在句子层级，显然无法满足对主题事件的抽取。主题事件抽取的关键是获取描述同一个主题事件的片段，然后通过文档内或跨文档的语义理解技术将这些分散的主题事件片段进行归并汇总。

基于框架的主题事件抽取方法通过定义结构化、层次化的事件框架来概括事件信息，进行主题事件的抽取。框架是一种常用的知识表示方法，可用于描述相关概念的轮廓框架。当人们面临一个新的情景时，会从头脑中已存在的大量情景中搜索一个来与新事物进行关联并辅助认识新事物，这些就是我们大脑中的知识框架。例如，一提到缝洞型油藏开发这一主题事件，人们在头脑里自然会想到，开发的时间、地点、机构、开发人员、开发成果以及带来的影响等不同的侧面。事件的侧面在语义上可以进行分离，所以框架结构其实是一种分类体系，用于分隔一个事件涉及的不同侧面。生成完整的事件框架体系是这类方法的关键，因此，如何提高框架构建的全面性和完整性以及框架构建的自动化程度是学者们研究的重点。

基于本体的主题事件抽取，采用本体来表示主题事件的基本组成框架以及各个实体之间的联系。本体(Ontology)就是采用一些属性来描述客观世界某一类事物的共性特征和与其他本体之间的关系特征，通常用于捕获相关的专业领域知识，提供对该专业领域知识的理解，确定在该专业领域内被广泛认可的实体，并根据不同层次的形式化模式上给出这些实体之间的关系。因此，一般根据本体所描述的概念、关系、层次结构等来抽取文本数据中所包含的事件及相关实体信息，主要分为三个步骤：领域本体的构建，基于领域本体的文本内容的自动语义标注，基于语义标注的事件抽取。通过调研国内外的相关研究可见，关于主题事件抽取的研究并不成熟，事件信息的有效归并与高效融合已然成为研究过程中存在的主要瓶颈，这也将是主题事件抽取任务下一步的研究重点。

2.2.2　知识融合

通过对获取到的知识进行分析和抽取，能够极大地提高企业的生产加工能力、质量监控能力、运营把控能力、市场营销能力、风险感知能力等。但由于知识的来源多种多样，具有分布异构的特点，质量和可信度也存在不同程度的差异，并且在不同业务场景下的表征能力不同，因此这也就带来了一定的技术挑战，就有必要采用一些技术手段去有效融合多源知识，将多个来源的关于同一个实体或事件的描述信息汇总起来，通过知识图谱可以对这些汇总后的知识进行语义标注，建立以知识为中心的资源语义集成服务，这也就是知识融合的大致原理。通过分析，可以得到知识融合的具体流程如图 2-20 所示。

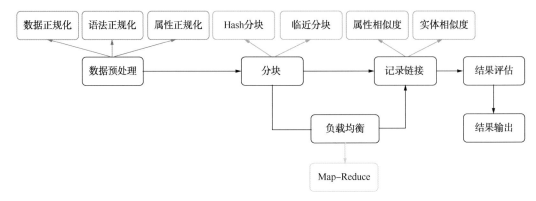

图 2-20　知识融合的基本流程

（1）数据预处理(Data Preprocessing)：原始数据的质量会直接影响到最终融合的结果，不同的数据集对同一实体的描述方式往往是不相同的，对这些数据进行归一化是提高后续知识融合精确度的重要步骤。在知识融合之前的常用的数据预处理内容包括语法正规化(即语法匹配，比如在缝洞型油藏开发中的缝洞内部结构表征方式)、数据正规化(即移除一些错误格式数据，比如，在缝洞型油藏开发报告中，去掉离散缝洞油藏数值对应的单位，去掉硕博文献名中所包含的书名号和引号等)、属性正则化(即属性匹配，比如在缝洞型油藏开发中的知识载体形式)等。

（2）分块(Blocking)：数据的规模巨大、种类多样、质量参差不齐是知识融合的主要挑战之一，从给定知识库中的所有实体对中选出潜在匹配的记录对作为候选项，并将候选项的大小尽可能地缩小。常用的分块方法有基于 Hash 函数的分块、邻近分块等。

（3）负载均衡(Load Balance)：保证所有块中的实体数目差距不大，从而提升知识融合方法的性能。常用的保持负载均衡方法有多次的 Map-Reduce 操作。

（4）记录链接：通过计算属性相似度和实体相似度来进行记录链接操作，其中，属性相似度主要是两个实体 X 和 Y 的各个属性相似度的所组成的相似度向量 $[\text{sim}(x_1, y_1), \text{sim}(x_2, y_2), \cdots, \text{sim}(x_n, y_n)]$，实体相似度则是根据属性相似度向量计算得到的(直接求和或者加权求和)。其中，主要用到的技术及工具有本体对齐(Falcon-AO)、实体关系发现框架(Limes)等。

Falcon-AO 是一个自动本体对齐系统，系统架构如图 2-21 所示，已经成为基于 Web 的本体匹配中的一种实用选择，匹配算法库包含 V-Doc、I-sub、GMO 等算法，其中 V-Doc 是基于虚拟文档的语言学匹配，将实体及其周围的信息组成一个集合形成一个虚拟文档，I-Sub 是基于距离的字符串匹配，计算实体及其周围的实体之间的距离远近来进行匹配，GMO 是对 RDF 本体的图结构上的匹配。

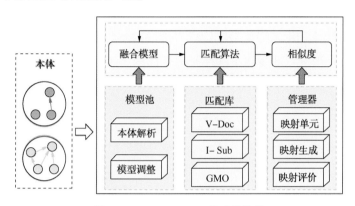

图 2-21　Falcon-AO 的系统结构

Limes 是一个基于度量空间的实体关系发现框架，适合处理大规模数据的实体匹配，其整体框架如图 2-22 所示。

2.2.3　知识表示

知识表示表示的是人类在现实世界获取到的一些经验、事实、思想等类似于结论性的知识，这些结论是无须实践，仅仅通过思考和推理就可以得到。知识表示是认知科学和人工智能两个领域共同存在的问题。在认知科学里，它关系到人类如何储存知识到自己的大脑中，同时要学会处理有效信息和无效信息，如忘记一些无关紧要的内

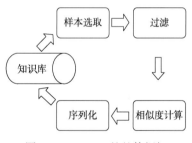

图 2-22　Limes 的整体框架

容，牢记一些重要的事情等。在人工智能里，其主要目标变为让机器能够储存有效知识，让程序能够自动处理，以达到人类的智慧。因此，如何结合人工智能技术来选择合适的表示知识的形式，进而有效表示现实世界中的知识，是当前知识表示首要解决的问题。

知识图谱中的知识表示是承上启下的，要对经过知识抽取（详见 2.2.1 节）和知识融合（详见 2.2.2 节）后所存储的知识进行应用，其中最关键的就是要能够进行知识建模（详见 2.2.4 节）和知识推理（详见 2.2.5 节），而知识的表示形式和手段决定了知识建模的方式和知识推理的难度；同时，知识表示的形式也反向要求了知识获取的形式。可见，一种合适的知识表示方法对知识图谱的构建至关重要。

知识表示体现了实体、类别、属性、关系等多颗粒度多层次性的语义关系，有知识定义（知识体系）与知识实例两个层面。知识定义描述了本体以及本体之间的关系，知识实例描述了本体对应的位于存储层的一个个实例。常见的知识表示方法包括产生式系统表示法、

语义网络表示法、框架系统表示法等。

1）产生式系统表示法

产生式系统（Production Systems）主要依据人类大脑记忆模式中的各种知识之间的大量存在的因果关系，是行为规则的集合。一条产生式规则包括前提（IF）和动作（THEN）两部分。这种形式的规则捕获了人类求解问题的行为特征，并通过"认识←→行动"的循环过程求解问题。例如，根据逻辑表示法，由于缝洞型油藏出水特征研究是实现缝洞型油藏高效开发的关键，可以把"缝洞型油藏出水的动态特征"表示为 if…then…的规则，如下所示：

R1：油藏初期产能高∧油藏出水规律复杂∧油藏见水后生产特征变化大∧油藏注水补充地层能量较盲目∧油藏水窜严重→缝洞型油藏

此外，还有一些缝洞型油藏开发关键技术知识体系中的内容可以被表示为 if…then…的规则，如下所示：

R2：缝洞型油藏开发技术专利→缝洞型油藏开发项目的原始知识载体。

R3：缝洞内部结构表征技术→缝洞型地球物理预测知识库。

R4：多元控制地质建模技术→缝洞型油藏地质建模知识库。

R5：缝洞组合高精度模拟技术→缝洞型油藏数值模拟知识库。

R6：改善水驱潜力评价技术→缝洞型油藏工程知识库。

R7：调流道工艺技术→缝洞型油藏工艺知识库。

产生式系统通过这样的方式描述现实世界中所有的知识，其优点是符合人类表达因果关系的知识表示形式，表示直观自然，便于进行知识推理；系统中的规则形式相同，易于模块化管理，同时还能表示多种类型的知识，包括确定性知识、不确定性知识、启发性知识、过程性知识等，缺点是匹配规则的代价较高，求解复杂问题的效率较低，且不能表示结构性知识和具有结构关系的实体对之间的区别与联系。因此，人们经常将它与其他知识表示方法（如框架系统表示法、语义网络表示法）相结合进行研究，使得该方法的缺点得以被其他方法解决。

2）框架系统表示法

1975 年 Minsky Marvin 首次提出了框架表示的思想，其中，"框架"（Frame）是一种用于描述实体（事物或概念等）属性的数据结构，是知识的基本单位。一个框架由若干个"槽"（Slot）结构组成，用于描述某一方面的属性，每一个槽又可以根据实际情况分为若干个"侧面"（Facet），用于描述相应属性的一个方面或者一些附加信息，每一个侧面又可以拥有若干个"属性值"（Value）。一个具体事物可由已填入的属性值来描述，因此具有不同属性值的框架可以反映某一类事物中的各个具体属性，但当把观察到的或认识到的具体信息填入框架中就得到了该框架的其中一个具体实例，框架的这种具体实例也被称为实例框架。

他还指出，人类对现实世界中各种事物的认识都是以一种类似于框架的结构存储在记忆中。当面临一个新事物时，就从记忆中找出一个合适的框架，并根据实际情况对其细节加以修改、补充，从而形成对当前事物的系统性认识。因此框架系统（Frame Systems）主要通过模仿人类认识客观世界的模式，将现实世界中的事物根据具体的情况抽象表示成相应的框架结构信息，同时还能够把知识的内部结构关系以及知识之间的关系表示出来，并把与某个实体或实体集的特性都集中在一起。具有某些相关关系的框架连接在一起可以形成一个框架系统，框架系统中由一个框架到另一个框架的转换可以表示状态的变化或推理。

在框架系统中，每个槽都有自己的名字，称为槽名；每个侧面都有自己的名字，称为侧面名；每个框架都有自己的名字，称为框架名，根据框架系统表示法，可以构建一个框架系统的基本结构如下：

Frame<Frame_name>

Slot<Slot_name1>：Facet<Facet_name1_1>：Value 1_{11}，Value 1_{12}，…，Value 1_{1n}

　　Facet<Facet_name1_2>：Value 1_{21}，Value 1_{22}，…，Value 1_{2n}

　　……

　　Facet<Facet_name1_m>：Value 1_{m1}，Value 1_{m2}，…，Value 1_{mn}

Slot<Slot_name2>：Facet<Facet_name2_1>：Value 2_{11}，Value 2_{12}，…，Value 2_{1n}

　　Facet<Facet_name2_2>：Value 2_{21}，Value 2_{22}，…，Value 2_{2n}

　　……

　　Facet<Facet_name2_m>：Value 2_{m1}，Value 2_{m2}，…，Value 2_{mn}

……

Slot<Slot_namek>：Facet<Facet_namek_1>：Value k_{11}，Value k_{12}，…，Value k_{1n}

　　Facet<Facet_namek_2>：Value k_{21}，Value k_{22}，…，Value k_{2n}

　　……

　　Facet<Facet_namek_m>：Value k_{m1}，Value k_{m2}，…，Value k_{mn}

比如，可以建立一个关于"缝洞型油藏开发领域专家"的框架系统如下所示：

框架名：<缝洞型油藏开发领域专家>

姓名：单位(姓、名)

年龄：单位(岁)

性别：范围(男、女)

默认：男

职称：范围(院士、教授、副教授、讲师等)

默认：讲师

单位：单位(大学)

部门：单位(学院，系所，办公室)

住址：<详细地址>

联系电话：范围(11位数)

电子邮箱：范围(@)

研究方向：范围(缝洞型油藏开发、地质建模、数值模拟、注水注气等)

研究成果：范围(专利，论文，专著，报告等)

这个框架系统共有 10 个槽,分别描述一个缝洞型油藏开发领域专家在姓名、年龄、性别、支撑、单位、部门、住址、电话、邮箱、研究成果这 10 个方面的情况。该框架中的每个槽或侧面都给出了相应的说明信息,这些说明信息用来指出填写相应的属性值时的一些格式限制。单位(unit)用来指出填写属性值时的书写格式,例如,姓名槽应先写姓后写名;范围(area)用来指出所填写的属性值仅能在指定的范围内选择;某些槽的第二个侧面是默认值(default),用来指出当相应槽没填入属性值时,以其默认值作为属性值。尖括号<>表示由它括起来的是框架名,例如,<详细地址>是框架系统<缝洞型油藏开发领域专家>下的一个子框架系统。

当知识的结构比较复杂时,往往需要多个相互联系的框架来表示,框架之间的纵向联系是通过定义槽名 AKO、ISA 来建立的,框架之间的横向联系是通过继承槽来建立的,也就是说一个框架的槽值或侧面值可以是另一个框架的框架名,像这样既具有横向联系又具有纵向联系的一组框架就构成了一个框架系统(或称为框架网络)。比如上面实例中的<缝洞型油藏开发领域专家>框架还可以用<专家>框架和新的<缝洞型油藏开发领域专家>框架来表示,其中新的<缝洞型油藏开发领域专家>框架是<专家>框架的子框架。<专家>框架描述所有专家的共性,<缝洞型油藏开发领域专家>框架描述缝洞型油藏开发领域专家的个性(专有属性),并继承<专家>框架的所有属性,这就构成了一个关于专家的框架系统,如图 2-23 所示。框架之间的纵向联系如图中的红色虚线框中的内容,框架之间的横向联系如图中的绿色虚线框中的内容。

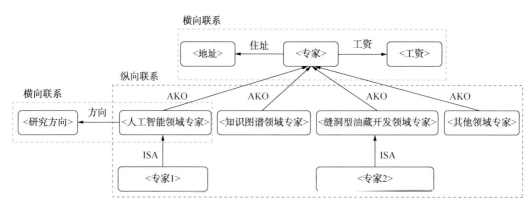

图 2-23 关于专家的框架系统

框架中给出这些说明信息,可以使框架的问题描述更加清楚,但这些信息不是必须,也可以进一步简化,省略以上说明并直接放置值也可以。当把一个专家的具体情况填入<缝洞型油藏开发领域专家>框架之后,就可以得到一个实例框架。例如,建立一个关于"缝洞型油藏开发关键技术知识体系"的实例框架系统,如下所示:

框架名:<缝洞型油藏开发关键技术知识体系>
缝洞型地球物理预测知识库:高精度地震成像技术:专利,论文等
缝洞内部结构表征技术:专利,论文等
小尺度缝洞预测技术:专利,论文等

裂缝储集体分级预测技术：专利，论文等
缝洞油藏地质建模知识库：缝洞体测井精细评价技术：专利，论文等
地质知识库构建技术：专利，论文等
内部结构精细描述技术：专利，论文等
多元控制地质建模技术：专利，论文等
缝洞型油藏数值模拟知识库：缝洞组合高精度模拟技术：专利，论文等
离散缝洞油藏数值模拟技术：专利，论文等
辅助历史拟合技术：专利，论文等
缝洞型油藏前后处理技术：专利，论文等
缝洞型油藏工程知识库：油藏剩余油评价技术：专利，论文等
井间连通性预测技术：专利，论文等
改善水驱潜力评价技术：专利，论文等
结构井网及改善水驱技术：专利，论文等
注气提高采收率机理技术：专利，论文等
注气选井优化技术：专利，论文等
缝洞型油藏工艺知识库：堵水工艺技术：专利，论文等
调流道工艺技术：专利，论文等
注气工艺技术：专利，论文等
酸压工艺技术：专利，论文等

框架系统通过这样的方式描述现实世界中所有的知识，其优点在于框架的层次结构丰富，对知识的描述完整且全面，只要对其中某些细节做进一步描述，就可以将其扩充为另外一些框架，这也就说明基于框架的知识库质量很高，同时还允许属性之间的数值计算。不同的框架可以共享同一个槽值，这样可以把不同角度搜集到的信息较好的协调起来。缺点是框架的构建成本非常高、表达形式不灵活，很难同其他形式的数据联合使用；而且如果框架系统中各个子框架的数据结构不一致，可能会影响整个系统的清晰性，造成后续的知识推理的困难。

3）语义网络表示法

语义网络（Semantic Network）是一种由有向图表示的知识系统，它将知识表示为节点和带标记的边结构，节点表示各种事物、概念等实体，可以带有若干动作、状态等属性，边表示各种语义联系，必须带标记，指明它所连接的节点之间的某种语义关系，包括实例关系、分类关系、成员关系等。方便区分不同实体以及实体之间各种不同的语义联系。此外，节点还可以是一个语义子网络，形成一个多层次的嵌套结构。语义网络中最基本的单元称为语义基元，可以用三元组表示：<节点1，关系，节点2>。例如，根据语义网络法，可以把"缝洞型油藏开发中涉及的专家（教师）"表示为三元组形式，如图2-24所示。

采用语义网络表示法的领域大多数是需要根据复杂分类结果进行知识推理的，以及需要表示实体的状态、动作、性质、关系等的领域。语义网络通过这样的方式描述现实世界中所涉及的知识，其优点是易于理解，便于计算机的存储和检索。其缺点是不便于表达判断性的知识与深层次的知识；一旦节点个数过多，网络结构过于复杂，就会增加知识推理的难度；同时，由于在语义网络中没有对节点和边还有边上的标记进行标准化的定义，这就导致了网络自定义形式的灵活多样，造成了处理和检索的低效率。

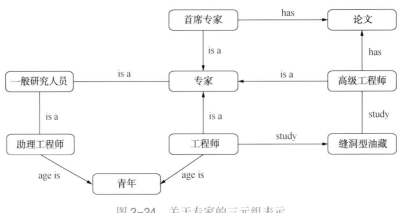

图 2-24　关于专家的三元组表示

2.2.4　知识建模

知识表示(详见 2.2.3 节)和知识建模之间是相辅相成的，二者关系密切不可分离，例如基于复杂关系建模的知识表示学习、基于关系路径建模的知识表示学习、基于属性关系建模的知识表示学习等。因此，如何结合人工智能技术来构造合适的模型，使用恰当的语言，来进行知识表示，是知识建模中首要解决的问题。知识图谱中包含了本体层和实例层，因此在知识建模部分也就包含了本体构建工程和实例构建工程。本体构建工程通常是手工完成的，而实例构建工程通常是采用某些知识图谱构建工具进行自动化抽取完成的。

构建本体的目的是为了确定知识图谱能描述的知识有哪些，通过本体构建确定知识抽取的表示范围、推理规则、查询构造等。本体的构建大致要迭代经历以下几个步骤：

Step 1：确定本体的信息，包括本体的领域、范围、用途等。

Step 2：重用(简练、扩充、修改、完善)现有的本体。

Step 3：列出建模过程中所必需的实体，确定实体的信息。

Step 4：定义类和类的继承(is-a，kind-of)关系，分析继承结构中的兄弟类、新类等。

Step 5：定义属性，包括内部属性(Datatype Property)和外部属性(Object Property)。其中，内部属性具有通用性，通常用于连接一个实体和一个属性值；外部属性，也称为关系，通常用于连接实体之间的实例。

Step 6：确定属性的信息，包括属性的基数、类型、定义域和值域等，确定属性值的取舍规则。

Step 7：为类创建实例。添加某一个实体作为该类的实例后，同时要为实例的属性赋值。在这一步骤给本体补充实例数据时，需要考虑不同的数据来源：

① 对于结构化数据，一般一行数据相当于一个类的实例，每个字段就相当于类的属

性，利用相关的转化工具可以把这个过程进行转化，实现数据格式的统一。②对于半结构化数据，主要是指那些具有一定的数据结构，但需要进一步提取整理的数据，主要采用包装器的方式进行处理，实现数据格式的统一。③对于非结构化数据，若数据库中已经存在一些单实体以及三元组数据，目前的主要任务就是从文本中抽取相关的数据补充现有的知识库。

资源描述框架（RDF，Resource Description Framework）是知识建模阶段的基础技术，是知识图谱的基石，其本质是一个数据模型（Data Model），由节点和边组成，节点表示实体/资源/属性，边则表示了实体和实体之间的语义关系以及实体和属性的从属关系，其核心就是三元组，"实体—关系—实体"，或者如图2-25所示的"主—谓—宾"，其中主语和宾语表示节点，谓语表示带标签的边，在知识表示中的语义网络表示法就是RDF的一个应用，因此RDF也可以称为是类语义网概念的通用技术。

但由于RDF表示关系的层次时容易受到一定的限制，因此在RDF的基础上，新增了Class、subClassOf、type、Property、subPropertyOf、Domain、Range等词汇，被称为资源描述框架模式RDFS（Resource Description Framework Schema），是一种轻量级的模式语言，

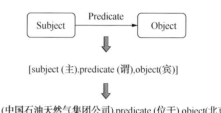

图2-25　RDF结构以及示例

可以更好地表述相关关系。这里介绍RDFS中的几个比较重要且常用的词汇：

① rdfs：Class用于定义类。

② rdfs：Domain用于表示该属性属于哪个类别。

③ rdfs：Range用于描述该属性的取值类型。

④ rdfs：subClassOf用于描述该类的父类。比如我们可以定义一个缝洞型油藏领域专家类，声明该类是专家类的子类。

⑤ rdfs：subProperty用于描述该属性的父属性。比如我们可以定义一个名称属性，声明中文名和英文名是名称的子属性。

例如，对缝洞型油藏技术相关领域的专家及行业中存在的本体进行构建，搭建知识模型，如图2-26所示。实例层是我们用RDF对专家知识图的具体描述，从下到上是一个具体到抽象的过程。

2.2.5　知识推理

知识推理是指在计算机或智能系统中，模拟人类的智能推理方式，依据推理控制策略，利用形式化的知识进行机器思维和求解问题的过程。简单来说，就是从给定的知识图谱推导出新的实体之间的关系，获取新的知识、结论，或者从个体知识推广到一般性的知识。因此知识推理包括的知识可以分为两种，第一种是现有的知识，可用于直接进行推理，另一种是运用现有的知识推导或者归纳出来的新的知识。知识的形式是多种多样的，可以是一个或多个段落描述，也可以是传统的三段论形式。以三段论为例，其基本结构包括大前

提、小前提、结论三个部分，其中大前提、小前提是第一种现有的知识，而结论则是另一种通过已知的知识所推理出来的新的知识。知识推理方法的分类可大致按照以下几个性质来划分，分类结果如图 2-27 所示。

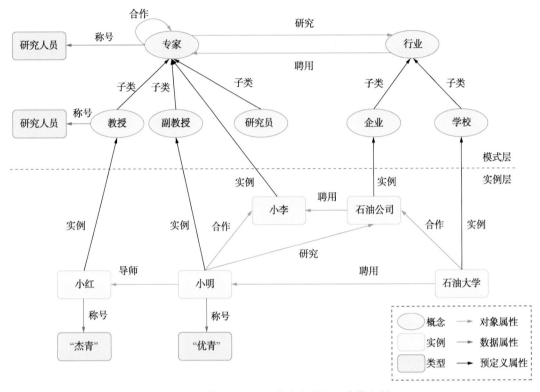

图 2-26　关于缝洞型油藏专家的知识建模实例

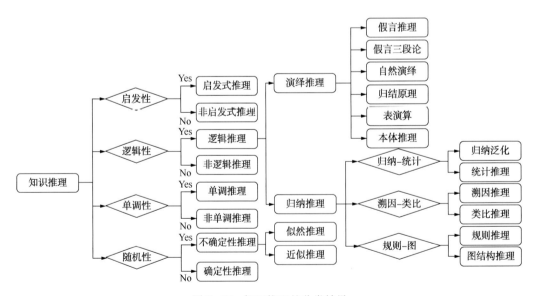

图 2-27　知识推理的分类结果

（1）将知识推理方法按照推理过程中所利用的知识和推理出的结论是否具有随机性来进行划分，大致可以分为逻辑推理和非逻辑推理。逻辑推理的过程约束和限制都比较严格，包括演绎推理、归纳推理。而非逻辑推理的对于约束和限制的关注度则没有那么高。

演绎推理是从一般到个别的一种自顶向下（top-down）的推理，在给定一个或多个前提的条件下，推断出一个必然成立的结果，也就是利用现有的事实来论证出新的事实，而非一个预测值。在演绎推理中需要明确的定义先验信息。比如，"如果石油公司搭建知识共享平台，那么企业内部的知识就会得到充分的共享"，将这样的假设性描述称为假言命题，前半句称为前件，后半句称为后件，在推理过程中，"石油公司搭建知识共享平台"被称为是性质命题，则根据性质命题，可以推理出"企业内部的知识就会得到充分的共享"。将这种逻辑推理称为是假言推理，并且属于肯定前件假言推理。进一步，根据"企业内部的知识没有得到充分的共享"，可以推理出"该石油公司没有搭建知识共享平台"，这种推理机制也属于假言推理，并且属于否定后件的假言推理。再比如，"如果石油公司没有开展知识管理工作，那么该企业将无法合理地进行油藏管理"，"如果石油公司无法合理地进行油藏管理，那么该企业可能无法取得较大的成效和收益，甚至会失败"，从这例子中可以看出，一共给出了两个假言命题，其中第一个假言命题的后件和第二个假言命题的前件所描述的内容是一致的。根据这两个假言命题，可以推理出一个新的假言命题，即"如果石油公司没有开展知识管理工作，那么该企业可能无法取得较大的成效和收益，甚至会失败"。这里的推理形式称为假言三段论。无论是"假言推理"还是"假言三段论"，这些都属于演绎推理的经典方法，通过对于前件、后件、性质命题的形式化，可以用这些假设来进行推理。

演绎推理还可以进一步分成自然演绎、归结原理、表演算等类别。其中，自然演绎是通过数学逻辑性来证明结论成立的过程。归结原理采用反证法的原则，将需要推导的结论，通过反向证明该结论不成立的矛盾性来进行知识推理。表演算通过构建规则的完全森林，每一个节点用概念集合进行标记，表示节点标签中的具体内容，每一条边用规则集合进行标记，表示节点之间存在的规则关系，然后利用扩展规则，给节点标签添加新的概念，在森林中添加新的节点来进行知识推理。

归纳推理与演绎推理的过程相反，是一种自下而上的过程，即从个体到一般的过程，没有进行形式化的推导。通过已有的一部分知识，可以归纳总结出这种知识的一般性原则。与数学归纳法有所不同，归纳推理的本质是基于现有数据而言，根据数据所推理得到的反馈结论不一定是事实，也就是即使归纳推理获得结论在当前数据上全部有效，也不能说其能够完全适应于整体，只能说可能适应于整体，存在较大的可能性。而演绎推理的前提就是事实，因此这种推理方法获取的反馈结果也是一个事实，也就是在整体上也是必然成立的。比如，"如果我们所研究的项目中将信息进行合并能够避免冲突和冗余问题，那么可以大致认为所有的项目将信息进行合并应该都会避免冲突和冗余问题"。这是一个归纳推理，但实际上不一定所有的项目都可以将信息进行合并来避免冲突和冗余问题，这个前提是信息是相关联的、有重复的。

典型的归纳推理方法包括归纳泛化和统计推理。其中，泛化归纳是指将通过观察部分数据得出的结论泛化到整体之上；而统计推理是将整体的统计结果应用到个体之上。比如一个会议室有 20 个缝洞型油藏开发领域的专家，每个专家不是教授就是副教授，随机从中抽取 4 个人，发现其中副教授有 3 个，教授有 1 个，那根据泛化归纳可以推断出的结论是：这 20 个人中，有 15 个副教授，5 个教授；而根据统计推理可以推断出的结论是：在这 15 个副教授中有 60% 的概率要申请成为教授，如果小明是这 15 个副教授中的一个，将有 60% 的概率要申请成为教授。

归纳推理方法还可以细分为溯因推理和类比推理。其中，溯因推理是通过给定一个或多个观察到的事实 O，根据现有的知识 T 来推断出对已有观察事实 O 做出最简单且最有可能的解释 E 的过程。在溯因推理中，要使基于知识 T 而生成的对于事实 O 的解释 E 是合理的，需要满足两个条件，一是解释 E 可以通过知识 T 和事实 O 推理得出，二是解释 E 和知识 T 是相关且相容的。比如，当一个缝洞型油藏油井发生不规律的出水现象，而造成这次出水现象的原因有很多的时候，寻找引起这次出水现象最可能的原因的过程就是溯因推理。再比如，已经知道"能量充足的溶洞型在衰竭开采过程中含水量上升，最终的产量一定会递减(T)"，如果观察到产量下降了(O)，则可以通过溯因推理出大概率是含水量上升了(E)。类比推理可以看作是基于对一个事物的观察事实而进行的对另外一个事物的归纳推理。通过寻找两个事物之间的类别信息，将已知事物上的结论进行迁移到新的事物之上。比如，小明和小红是同一个课题组的教授，且二人都在研究缝洞型油藏开发相关技术，小明还同时研究了人工智能技术在缝洞型油藏开发知识管理中的应用，那可以推理出小红也以一定的概率在研究人工智能技术在缝洞型油藏开发知识管理中的应用。但这种推理方法相对而言，错误率要更高一些，也就是说小红很有可能不是研究人工智能技术在缝洞型油藏开发知识管理中的应用的，而是研究区块链技术在缝洞型油藏开发知识管理中的应用的。

上述的归纳推理方法均属于传统方法，需要依赖于规则、前提、假设等条件。传统方法由于其理论支持比较完善，并且基于的前提和规则更容易理解，所以其拥有更好的可解释性。但随着神经网络等机器学习技术的发展，越来越多基于图谱中节点和关系表示的推理方法被提出，通过统计规律从知识图谱中学习到新的实体间关系。因此目前的归纳推理方法可以分为基于传统规则的推理和基于图结构表示的推理，其核心的思想都是利用现有的部分规则来推理出新的事实，同时也都存在着一些问题，即推理出来的结论是一个预测值，而不能说是一个真正的事实。

在基于传统规则的知识推理中，规则是一定的限制和必要的约束。这种推理方法是在知识图谱上运用简单的规则或统计特征来进行推理。一般情况下，一条规则的具体形式可以表示为"rule：head←body"，也就时包含了规则头和规则体这两个基本结构，可以理解为根据规则的主体(规则体)来推理出规则的头部(规则头)，其中规则头由一个二元原子(包含变量的元组)所构成，而规则的主体则由一个或多个(一元或者二元)原子所构成。举个例子：位置(X)是一个一元原子，表示实体变量 X 是一个位置实体。而"学校(X，Y)"是一个二元原子，表示实体变量 X 的学校是实体变量 Y。二元原子中包含的实体变量可以有一个或者两个，比如"学校(X，石油大学)"，表示实体变量 X 的学校是石油大学。在规则的主体中，不同的原子通过逻辑表达式组合在一起，并且原子可以是肯定的形式，也可以是否定的形式。举一个规则的具体形式如下："导师(X，Z)←导师(X，Y)∧同门(Y，Z)∧

¬ 毕业(Y)∧¬ 毕业(Z)"，通过右侧的规则主体可以推导出结论"X 是 Z 的导师"，并且构成新的三元组"<X，导师，Z>"。上述的规则主体中，出现了否定的原子，可以将肯定的原子和否定的原子分开，也就是如下的表示形式："导师(X，Z)←[导师(X，Y)∧同门(Y，Z)]+∧[¬ 毕业(Y)∧¬ 毕业(Z)]−"，即推广到一般的形式，可以表示为"rule：head←body+∧body−"。

如果规则主体中仅仅包含肯定的原子，这样的规则称为霍恩规则，可以表示为"a_0←a_1∧a_2∧⋯∧a_n"，其中，每一个 a_i(i=1，⋯，n)是一个原子。利用霍恩规则的思想在知识图谱上推理的时候，采用的是三元组，一般是两个实体，可以表示为"r_0(e_1，e_{n+1})←r_1(e_1，e_2)∧r_2(e_2，e_3)∧⋯∧r_n(e_n，e_{n+1})"。这种规则在知识图谱推理中也称为路径规则。其中，规则主体中的原子均为含有两个变量的二元原子，并且在规则主体中，所有的二元原子构成一个从头实体到尾实体的两个实体之间的路径，整个规则在知识图谱中形成一个闭环的路径，如图 2-28 所示。

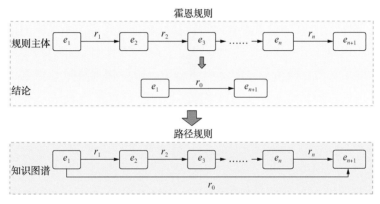

图 2-28　知识图谱的路径规则

知识图谱的构建方法有自顶向下（top-down）与自底向上（bottom-up）两种。自顶向下指的是先为知识图谱定义好本体与数据模式，再将实体加入知识库，需要将业务知识库作为其基础知识库。自底向上指的是从一些开放数据中提取出实体，选择其中置信度较高的加入知识库，再构建顶层的本体模式。

因此可以得出这里自底向上的进行构建，最终得到的知识图谱将以一个有向图的形式进行呈现，基于图结构表示的知识推理则是在此基础上进行研究的。图中的节点表示的是实体或者实体的属性值，有向图的边表示的是不同实体之间的关系，或者实体和其属性值之间的属性关系，有向图的结构可以反映知识图谱的语义信息，包括路径和邻居节点。

在知识图谱中，路径是进行推理的一种重要信息。当进行推理的时候，可以从图谱中的一个点进行出发，沿着有向边到达其他节点，从而形成一条推理路径。举个例子：小明→（同门）→小红→（导师）→小李。这是一条从小明到小李的路径，所表示的信息是"小明的同门是小红"，"小红的导师是小李"。从语义关系的角度出发，可以推理出小明的导师是小李，即小明和小李是师生关系。同理，这样的推理过程不仅仅包含这一条路径，因此由个体到一般化可以总结出在图谱中有 A→（同门）→B→（导师）→C，其中 ABC 是三个实体变量。

除了路径之外，邻居节点也是进行推理的一个重要信息，比如在上述例子的推理中，AB 是相邻节点，BC 是相邻节点，这样才能对 AC 的关系进行推理。一般而言，距离当前实体越近，对于当前实体的描述的贡献越大。

但当把整个图谱视为一个有向图的时候，往往对于图谱中的三元组关注的更多，即对于实际存在的实体关注的比较多，而忽略了实体上层的本体和概念。但实际上往往本体和概念中会包含更多的语义信息。

由于自底向上构建知识图谱的方法得到的结果存在着比较多的噪声，因此有很多研究学者在其基础上进行了改进，较为经典的是算法是 PRA（Path Ranking Algorithm），该算法是一个基于图结构的推理算法，处理的推理问题是关系推理，将知识图谱中实体之间的路径当作特征进行推理，通过图上的计算对每个路径赋予相应的特征值，主要包含两个任务，第一个任务是给定头实体 h 和关系 r 来预测尾实体 t，第二个任务是利用尾实体 t 和关系 r 来预测头实体 h。PRA 算法还将关系推理问题转换成了一个排序问题，对每个关系的头实体预测和尾实体预测都单独训练出一个排序模型。

在 PRA 中，路径是连续的且沿着有向边转移的，也就是说关系是同向的，搜索的路径是由基于关系的值域和作用域构成，这就要求整个路径中的实体均是变量，即 $A \rightarrow B \rightarrow C \Rightarrow A \rightarrow C$，其中 ABC 均是变量。但在实际的知识图谱中，很多推理路径都包含了常量，也就是一个确定的实体，像这种路径，带有明显的语义信息并且首尾不闭合，是不能被 PRA 捕捉到的，举个例子：小明 →（就职于）→ x →（是）→ 学校，在此路径中小明、学校都是常量，这种路径就无法被 PRA 捕捉到。因此为了解决这一问题，有学者提出了 CPRA 算法，通过改变 PRA 的路径搜索策略，增加了双向搜索和带有常量的路径特征搜索两个方面，使其能够覆盖更多的语义信息（主要是包含常量的语义信息特征）。

（2）将知识推理方法按照推理过程中推理出的结论是否单调递增来进行划分，分为单调推理和非单调推理。在单调推理中，随着推理的方向向前推进和新的知识的加入，推理出来的结论单调递增，逐步接近最终的目标，上述多个命题的演绎推理就属于单调推理。而非单调推理是指在推理的过程中，随着新的知识的加入，需要否定已经推理出来的结论，使得推理过程回退到前面的某一步，重新开始。

（3）将知识推理方法是否用与问题有关的启发性知识来划分，可以分为启发式推理和非启发式推理。启发式推理的过程中，会利用到一些启发式的规则、策略等，而非启发式推理则是一般的推理过程。

（4）将知识推理方法按照推理过程中所利用的知识和推理出的结论是否具有随机性来进行划分，分为确定性推理和非确定性推理。确定性推理是指所利用的知识是精确的，并且推理出的结论也是确定的。在不确定性的推理中，知识都具有某种不确定性，不确定性的推理又分为似然推理和近似推理，其中，似然推理是基于概率论的推理方式，近似推理是基于模糊逻辑的推理方式。近年来，随着不确定理论的产生与发展，也可能会出现基于不确定理论的推理方式。

对应于知识推理的概念，在知识图谱中的知识推理如下有两种任务，知识图谱补全和去噪，知识推理在知识图谱补全任务中关注的是扩充图谱，而在知识图谱去噪任务中关注的是缩减知识图谱的规模，增加知识图谱的准确性。相对于去噪任务而言，知识图谱补全任务更加的常见。

知识图谱的补全：在现有知识图谱的基础上，推理出新的知识(实体或关系)。可以利用现有的完整的三元组来为确定实体或关系的三元组进行补全，推理出缺失的部分。比如，给定头实体(三元组中的前一个实体)和关系，利用知识图谱上的其他的三元组来推理出尾实体(三元组中的后一个实体)；或者给定头尾实体，利用知识图谱上的三元组来推导出两者的关系。

知识图谱的去噪：在现有知识图谱的基础上，识别出知识图谱上已有知识的错误。由于知识图谱中的三元组数量规模巨大，并且可能是自动构建起来的，这就会导致构建结果存在着一定的误差。此时就需要获知到当前知识图谱中的哪些三元组是无效的或者错误的，将其从整个知识图谱中进行删除或者修改。

2.2.6 知识赋能

构建知识图谱是一项复杂的系统工程。而构建特定应用领域的行业知识图谱，同样是我们要深入探索的，这就是知识赋能。

根据本节开篇的知识图谱定义，这里将参考缝洞型油藏开发的行业数据和决策知识的背景，建立一个集数据、知识、业务过程为一体的缝洞型油藏业务逻辑框架，结合相关文献、专利、专著、报告等资料，实现业务流程的控制、经验知识的存储和管理，同时探讨缝洞型油藏开发知识图谱技术的实现思路，最终构造出缝洞型油藏开发相关的知识图谱，用于描述缝洞型油藏开发业务过程中的各种实体及其实体之间的各种业务关系，包括生产作业、专业研究、工作管理、产品应用等，如图2-29所示。同时，将构建好的行业知识图谱与结构化数据图语义模型融合，能够实现更加灵活的行业相关研究内容的查询和统计，为行业应用提供更加便捷的服务，促进业务各个内容之间的沟通协作和知识共享，达到无形知识有形化、碎片知识一体化、分散知识流程化。

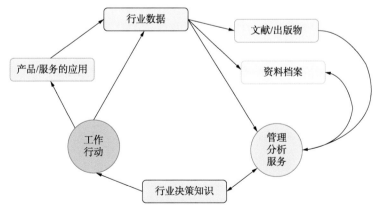

图2-29 缝洞型油藏开发相关业务知识

根据本节之前的内容我们知道，知识图谱综合了众多方面的技术和方法，有知识抽取、知识融合、知识表示、知识建模、知识推理等，这些都是构建一个知识图谱的必要技术环节。由于缝洞型油藏开发业务所涉及的信息都是人为设计出来的，因此相关的知识图谱采用自顶向下的构建方法。

1) 确定本体模型，编辑业务知识表示的基础框架

本体是知识图谱构建的前提，是知识的核心模型，在业务层面，所涉及的本体就是一个对业务的高度抽象概念，用于描述最基本的业务概念模型，仅对具有某些属性的事物进行一般类型的建模。

缝洞型油藏开发本体的构建之初，需要首先充分了解缝洞型油藏开发业务，能够用一个抽象的通用模型来描述所有的缝洞型油藏相关数据。根据对缝洞型油藏数据的特点分析，我们知道该业务所涉及的数据类型众多、存储方式差异巨大，如果从数据技术角度抽象一个通用模型来描述所有数据，难度较大。因此通过缝洞型油藏开发业务数据与实体之间的一一对应关系，将创建本体这一步骤转换为创建缝洞型油藏数据的通用语义模型去描述相应的数据资源。

围绕缝洞型油藏开发中的具体业务来设计本体，我们一般要知道几个维度信息，包括该业务的对象目标是什么；该业务处于整个开发业务流程哪个阶段；该业务属于哪个专业，是生产、研究还是管理等。根据这个思路可以抽象出缝洞型油藏开发业务的本体如下：

(1) 实体。缝洞型油藏开发知识图谱中的最基本元素，指的是业务节点，不同实体间存在不同的业务关系。

(2) 类。概念类用于描述实体，也就是每个业务节点，是具有同种属性、特征或参数的实体构成的集合，包括业务对象、工作领域、业务领域、业务流程、专业领域。然后，将每一个类的具体内容进行梳理。比如在油藏领域，可以构建如图2-30所示的概念类集合，其中，在专业领域的一些关键技术对象又进一步进行划分，如图2-31所示，包括缝洞体地球物理预测、缝洞油藏地质建模、缝洞型油藏数值模拟、缝洞型油藏工程、缝洞型油藏工艺等；知识载体对象又进一步分为专利、专著、期刊、论文、软件、报告等，其他类也是这样按照一定的方法和原则进行逐步分解。

(3) 属性。定义每一个具体类的属性维度及属性值，用于描述各个业务节点的特征，包括内部属性和外部属性。比如实体和语义类的名字、描述、解释等，可以由文本、图形、表格等方式来表达。一个实体一般有多个属性，每一个属性有其对应的属性值，如井有钻井信息、录井信息、测井信息等属性，分别用钻井数据表、录井图、测井图等属性值来进行表示。

(4) 关系。根据业务规则定义实体与实体之间、类与类之间的两两关系，关系又进一步分为若干类型。编辑关系需要将上述类内容中每一个内容与另外类内容一一建立关系，同时需要定义关系类型。通过这些关系的建立就能够构建整个缝洞型油藏开发业务语义关系网络。如"油藏的储集空间主要以溶洞为主""圈闭的含油性是由圈闭所包含井的含油性决定的"等，如图2-32所示。

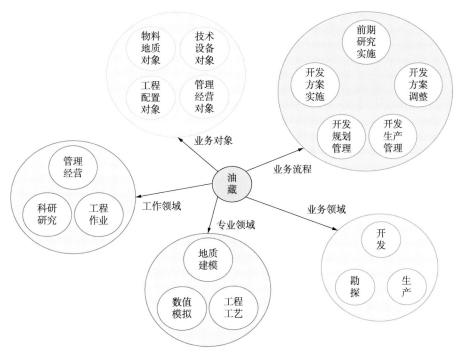

图 2-30 油藏相关的概念类集合

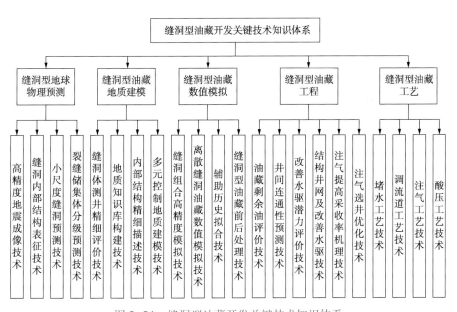

图 2-31 缝洞型油藏开发关键技术知识体系

2) 将业务中的知识(数据)按照本体的思路进行标准化,在此基础上将数据实例与模型内容一一对应,建立真正的实例知识图谱

(1) 知识表示。知识表示是通过概念化的方式表达一个知识的内容。对于缝洞型油藏开发业务来讲,一个完整的知识片段实际上是一个完整的业务数据。在一个知识表示中需

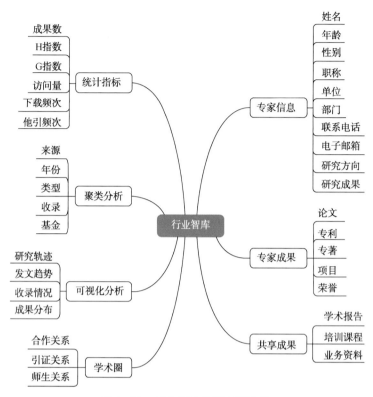

图 2-32　行业智库的语义网络图

要描述实体、实体属性、对象、关系等多种内容，这些在知识图谱技术中都有特定的定义和描述模型。

（2）知识抽取。知识抽取是在原始数据中自动提取标准化的知识片段。在缝洞型油藏开发业务中通过数据坐标定义及自动识别和获取技术可以自动从原始数据中得到业务数据（成果类型），然后建立各个知识实体之间的关系，完成知识抽取的任务和目标。不同于互联网数据，缝洞型油藏开发数据对知识抽取结果有严格的质量要求，也就是不能有任何的业务含义偏差。因此在具体技术实现上需要制定更加严格的业务规则明确的知识抽取方法，还要充分利用本体构建中建立的业务关系模型，自动实现所有实例知识的关系识别。

（3）知识融合。知识融合是通过一些常用技术消解知识融合过程中的冲突，再对知识进行关联与合并，将所有的知识处理为规范的、可识别的、统一的表达含义。包括以下几部分内容：通过映射的方式建立知识与本体的匹配；在业务数据定义中充分考虑缝洞型油藏数据特点，通过别名管理不同名称的实体；通过版本标记管理不同版本的实体；通过数据标准化定义解决知识一致性问题；通过数据接入解决不同数据源知识融合问题等。

缝洞型油藏开发知识图谱建设是一件技术复杂、工作量大的工作，需要对缝洞型油藏开发知识体系及数据体系有着极深的理解，充分利用成熟的知识图谱概念及技术。在缝洞型油藏开发领域知识图谱建立及使用是一个新兴发展的领域，很多专家在不同专业领域开展了工作，如何将互联网先进技术应用到缝洞型油藏开发领域一方面需要对新技术有深入的了解，同时也需要对缝洞型油藏开发业务有深刻的理解，找到适合缝洞型油藏开发业务的落地解决方案。

参 考 文 献

[1] 崔雍浩，商聪，陈锶奇，等．人工智能综述：AI 的发展[J]．无线电通信技术．2019，45(3)：225-231.

[2] 清华大学中国工程院知识智能联合研究中心．2019人工智能发展报告[R]．2019.

[3] 中国科学院大数据挖掘与知识管理重点实验室．2019人工智能白皮书[R]．2019.

[4] 刘知远，韩旭，孙茂松．知识图谱与深度学习[M]．北京：清华大学出版社，2020.

[5] 刘峤，李杨，段宏，等．知识图谱构建技术综述[J]．计算机研究与发展，2016，53(3)：582-600.

[6] 张小衡，王玲玲．中文机构名称的识别与分析[J]．中文信息学报，1997(4)：21-32.

[7] Kiyotaka U，Qing M，et al. Name entity extraction based on a maximum entropy model and transformation rules [C]//The IREX Workshop，1999.

[8] 王宁，葛瑞芳，苑春法，等．中文金融新闻中公司名的识别[J]．中文信息学报，2002(2)：1-6.

[9] 俞鸿魁，张华平，刘群．基于角色标注的中文机构名识别[C]//Advances in Computation of Oriental Languages-International Conference on Computer Processing of Oriental Languages，2003.

[10] 俞鸿魁，张华平，刘群，等．基于层叠隐马尔可夫模型的中文命名实体识别[J]．通信学报，2006，27(2)：87-94.

[11] 张华平，刘群．基于角色标注的中国人名自动识别研究[J]．计算机学报，2004，27(1)：85-91.

[12] Brothwick A. Maximum entropy approach to named entity recognition[D]. New York University. 1999：18-25.

[13] McCallum，Andrew，Dayne F，et al. Maximum entropy markov models for information extraction and segmentation[C]//International Conference on Machine Learning(ICML)，2000，17.

[14] Lafferty，John，Andrew M，et al. Conditional random fields：Probabilistic models for segmenting and labeling sequence data[C]//International Conference on Machine Learning(ICML)，2001，1.

[15] 程志刚．基于规则和条件随机场的中文命名实体识别方法研究[D]．华中师范大学，2016.

[16] Xue N W，Shen L B. Chinese word segmentation as lmr tagging[C]//Sighan Workshop on Chinese Language Processing，2003，17.

[17] Ronan C，Jason W，Leon B，et al. Natural language processing(almost)from scratch[J]. The Journal of Machine Learning Research，2011，12：2493-2537.

[18] Felix A G，Jurgen S，Fred C. Learning toforget：Continual prediction with lstm[J]. Neural Computation，2000，12(10)：2451-2471.

[19] Kyunghyun C，Bart van M，Dzmitry B，et al. On the properties of neural machine translation：encoder-decoder approaches[C]//Syntax，Semantics and Structure in Statistical Translation(SSST)，2014，103.

[20] Cicero D S，Bianca Z. Learning character-level representations for part-of-speech tagging. International Conference on Machine Learning(ICML)，2014，1818-1826.

[21] Ma X Z，Hovy E. End-to-end sequence labeling via bi-directional lstm-cnns-crf[C]//The Association for Computational Linguistics(ACL)，2016，1064-1074.

[22] Matthew E P，Ammar W，Bhagavatula C，et al. Semi-supervised sequence tagging with bidirectional language models[C]//The Association for Computational Linguistics(ACL)，2017.

［23］ Matthew E P，Mark N，Mohit I，et al. Deepcontextualized word representations［C］//Annual Conference of the North American Chapter of the Association for Computational Linguistics（NAACL），2018.

［24］ Devlin J，Chang M W，Lee K，et al. Bert：Pre-training of deep bidirectional transformers for language understanding［J］. arXiv preprint arXiv：1810.04805，2018.

［25］ Yoon K. Convolutionalneural networks for sentence classification［C］//Conference on Empirical Methods in Natural Language Processing（EMNLP），2014.

［26］ Zhou P，Shi W，Tian J，et al. Attention-based bidirectional long short-term memory networks for relation classification［C］//Association for Computational Linguistics（ACL），2016，207-212.

［27］ Li F，Zhang M S，Fu G H，et al. A bi-lstm-rnn model for relation classification using low-cost sequence features［J］. arXiv preprint arXiv：1608.07720，2016.

［28］ Zeng D J，Liu K，Chen Y B，et al. Distant supervision for relation extraction via piecewise convolutional neural networks［C］//Conference on Empirical Methods in Natural Language Processing（EMNLP），2015：1753-1762.

［29］ Lin Y K，Shen S Q，Liu Z Y，et al. Neural relation extraction with selective attention over instances［C］// The Association for Computational Linguistics（ACL），2016.

［30］ Eugene A，Luis G. Snowball：Extracting relations from large plain-text collections［C］//ACM conference on Digital libraries，2000.

［31］ 秦彦霞，张民，郑德权. 神经网络事件抽取技术综述［J］. 智能计算机与应用，2018，8（03）：1-5，10.

［32］ Chen Y B，Xu L H，Liu K. Event extraction via dynamic multi-pooling convolutional neural networks［C］// The Association for Computational Linguistics（ACL），2015，167-176.

［33］ Nguyen T H，Grishman R. Event detection and domain adaptation and domain adaptation with convolutional neural networks［C］//The Association for Computational Linguistics（ACL），2015，365-371.

［34］ Nguyen T H，Grishman R. Modeling skip-grams for event detection with convolutional neural networks［C］// The Association for Computational Linguistics（ACL），2016，886-891.

［35］ Feng X C，Huang L F，Tang D Y. A language independent neural network for event detection［C］//The Association for Computational Linguistics（ACL），2016，66-71.

［36］ Liu S L，Chen Y B，Liu K. Exploiting argument information to improve event detection on via supervised attention mechanisms［C］//The Association for Computational Linguistics（ACL），2017，1789-1798.

［37］ Nguyen T H，Cho K，Grishman R. Joint event extraction via recurrent neural networks［C］//The Association for Computational Linguistics（ACL），2016，300-309.

［38］ 赵小明，朱洪波，陈黎，等. 基于多分类器的金融领域多元关系信息抽取算法［J］. 计算机工程与设计，2011，32（07）：2348-2351.

［39］ Han S，Hao X，Huang H. Anevent-extraction approach for business analysis from online chinese news［J］. Electronic Commerce Research & Applications，2018：244-260.

［40］ Wang A R，Wang J. A multiple distributed representation method based on neural network for biomedical event extraction［J］. BMC Medical Informatics and Decision Making，2017：60-66.

［41］ 程倩，李江龙，刘中春，等. 缝洞型油藏分类开发［J］. 特种油气藏，2012，19（5）：93-96.

［42］ Minsky M. A framework for representing knowledge［M］. The Psychology of Computer Vision. New York：McGraw-Hill Book，1975.

［43］陈茶上．基于知识推理的路网优化方法研究［D］．吉林大学，2018．

［44］Xin L D，Evgeniy G，Geremy H，et al. Knowledge vault：A web-scale approach to probabilistic knowledge fusion［C］//ACM，2014．

［45］Wang Q，Liu J，Luo Y F，et al. Knowledge base completion via coupled path ranking［C］//The Association for Computational Linguistics（ACL），2016，1308-1318．

［46］Liu B D. Uncertainty theory［M］. Springer-Verlag，Uncertainty Theory Laboratory，2017．

［47］袁满，褚冰，肖垚．基于叙词表的油藏构造知识图谱［J］．吉林大学学报（信息科学版），2020，38（1）：72-78．

3 油藏开发知识挖掘技术

提要 随着时代的发展，技术加速一日千里。当人类重复性工作逐步被人工智能所替代了之后，知识创新及价值创造将成为时代主旋律。因此，可持续发展、知识工作自动化、创新、智能、智慧等等关键词，必然会促进知识管理应用水平的不断提升。我们认为，人工智能技术和知识管理在未来将呈现一个不断相互增强、共同发展的态势，一方面人工智能技术的飞速发展，使得从无结构文本自动抽取结构化知识的性能显著提升，为大规模知识图谱的不断完善提供支持；另一方面，知识挖掘技术的兴起与成熟，为将知识融入人工智能框架提供了可行性方案。

3.1 知识挖掘与知识管理

知识挖掘是指从已有数据和知识中获取新的实体链接和新的关联规则等信息，也是一个针对特定金字塔型对象的"淘金"的过程，如图3-1所示，可以在知识推理完成之后进行，也可以在最初的知识表示之后进行。这其中主要包括知识的内容挖掘和知识的结构挖掘，其中，实体链接与消歧的获取属于知识的内容挖掘，关联规则、知识规则的挖掘属于知识的结构挖掘。在缝洞型油藏开发知识管理过程中，相关的知识挖掘技术方面的研究主要包括研究基于文本成果的缝洞型油藏开发的知识挖掘技术和研究构建基于国内外资料的缝洞型油藏开发的知识库技术。

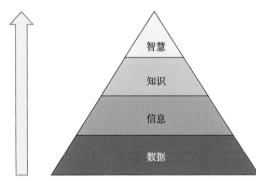

图3-1 知识挖掘的对象

由于有时候得到的知识图谱的知识量比较庞大、知识内容比较繁多、问题种类比较复杂的问题，可能会产生两个实体重名或者一个实体指向多个实体等情况，此时就需要进行实体消歧，也就是通过特定的方法确定实体所应该指向的一个实体。目前实体消歧方法主要包括机器学习、排序学习、无监督学习和集成学习等。

在得到实体消歧的结果后还需要对其进行实体链接，也就是将其映射到知识图谱中的对应实体上，常用的实体连接方法有指称识别，即通过建立指称和实体字典之间的关系进行实体链接，也可以借助一些自带实体歧义关系的知识库，如 ownthink 知识库，通过建立常用的实体映射和所有实体的 ES 库，添加实体歧义关系进行实体链接，若实体在知识库中存在，则获取实体本身及实体歧义关系的相关属性；若实体在知识库中不存在，则通过实体的映射、ES(Elastic Search)实体库的模糊匹配等方法返回对应的实体。

实体的映射：建立常用的实体简称和实体全称、实体英文名称和实体中文名称等对应关系，映射样式示例如表3-1所示。

表3-1　实体映射相关样式示例

实体简称		实体全称	
英文名称	中文名称	英文名称	中文名称
CNPC	中国石油 中石油	China National Petroleum Corporation	中国石油天然气股份有限公司
CPCC	中国石化 中石化	China Petrochemical Chemical Corporation	中国石油化工集团公司
CNOOC	中国海油 中海油	China National Offshore Oil Corporation	中国海洋石油总公司
UPC	中石大 石大	China University of Petroleum	中国石油大学

ES(Elastic Search)实体库的模糊匹配：对于一些输入内容不全的实体，通过实体库的模糊匹配进行查找，即可获得对应实体的得分排序，选取得分最高的一个实体作为对应的实体。比如，输入"中石大"，模糊匹配的可能结果如表3-2所示，则返回得分最高的"中国石油大学"。

表3-2　ES 实体库模糊匹配示例

_index	_type	_id	_score	Entity
node_all_entity	Entity	12903	16.224198	中国石油大学
node_all_entity	Entity	372124	15.345983	中国石油大学研究生院
node_all_entity	Entity	2314501	15.237621	中国石油大学北京
node_all_entity	Entity	5351936	14.356713	中国石油大学华东
node_all_entity	Entity	234081	14.234842	中国石油大学吧

当人们的需求越来越多，不只局限于简单的知识查询和知识维护，而是希望能够对这些知识进行较高层次的处理和分析以得到关于其总体特征和对发展趋势的预测等，这也就是知识挖掘的深层意义所在，这样的知识挖掘也可以叫作知识发现(KDD, Knowledge Discovery in Database)，是一种更广义的说法，也就是根据不同需求获得有意义有价值的知识，根据不同的算法也可以获得不同类型的知识，包括广义型知识(Generalization)、分类型知识(Classification)、聚类型知识(Clustering)、关联型知识(Association)、预测型知识(Prediction)、偏差型知识(Deviation)等。因此，我们在对知识进行一些简单的实体消歧、实体映射等操作的同时，还需要采用一些学习方法来对知识进行深层次的挖掘，因此本节内容主要介绍一些现有的知识挖掘相关算法，辅助我们进行缝洞型油藏开发知识管理，主要包括

传统的统计分析方法(详见 3.1.1 节)、通用的数据挖掘方法(详见 3.1.2 节),还有一些主流的当前研究人员的首选,即机器学习方法(详见 3.1.3 节)。

3.1.1　统计分析方法

统计分析方法也就是基于统计关系学习(SRL,Statistical Relational Learning)的方法,主要是基于概率论、统计学等学科进行的扩展,运用数学方式,建立数学模型,对通过获取到的各种数据及资料进行数理统计和分析,形成定量的结论。在一些商务智能(BI,Business Intelligence)应用场景中较为常见,通过对商业信息的收集、管理和分析数据的过程,将这些数据转化为有用的知识,然后分发到企业各处各级,使得业务人员(包括管理者、决策者)能够充分掌握、利用这些信息,这时的信息变为辅助决策的知识,从而辅助做出对企业更有利的决策。统计分析方法也就作为帮助企业做出明智的业务经营决策的工具,主要包括以下几种统计分析方法。

1)线性回归(Linear Regression)

在统计学中,线性回归是一种通过拟合因变量(Dependent variable)和自变量(Independent variable)之间最佳线性关系来预测目标因变量的方法,即最佳拟合,确保每个实际观察点到拟合形状的距离之和(误差)尽可能小。包括两种主要类型,使用单一的自变量拟合出最佳线性关系的简单线性回归(Simple Linear Regression)和使用多个自变量拟合出最佳线性关系的多元线性回归(Multiple Linear Regression)。对于线性模型而言,最小二乘法是拟合数据的主要标准,此外还有一些方法可以为线性模型提供更好的预测准确性和模型可解释性。岭回归(Ridge Regression)与最小二乘类似,但在原有项的基础上增加了一个正则项。和最小二乘法一样,岭回归也寻求最小化的参数估计,但当待估参数接近于 0 时,它会有一个收缩惩罚,通过减小模型方差来缩减待估参数所对应的特征。

2)非线性回归(Nonlinear Regression)

在统计学中,非线性回归是回归分析中除线性回归外的另一种形式,它的观测数据是通过一个或多个自变量的非线性组合函数来建模的,数据采用逐次逼近的方法进行拟合,下面是一些处理非线性模型的重要函数,对应的函数图像举例如图 3-2 所示。

(1)阶跃函数(Step function):一个实数域上的函数用半开区间上的指示函数的有限次线性组合来表示,其中,单位阶跃函数图像举例如图 3-2(a)所示。

(2)分段函数(Piecewise function):由多个子函数定义的函数,每个子函数应用于主函数域的某一个区间上,函数图像举例如图 3-2(b)所示。

(3)样条曲线函数(Spline function):由多项式分段定义的特殊函数。在计算机图形学中,样条是指分段多项式参数曲线,结构简单,拟合简易而准确,可以近似于不同种类的曲线拟合,其中,三次 B 样条曲线函数图像举例如图 3-2(c)所示。

3)重采样(Resampling)

重采样从原始数据中重复采集样本,然后根据采样得到的实际数据生成一个唯一的采样分布,是一种非参数统计推断方法,使用实验方法而不是分析方法来生成唯一的样本分布。因为它是基于研究数据的所有可能结果生成的无偏样本,由此产生的是无偏估计,不涉及使用通用分布表来计算近似的概率值。在众多重采样方法中，Bootstrapping 在很多情况下是一种有用的重采样方法，比如评估模型性能、模型集成、估计模型的偏差和方差等。它的工作机制是对原始数据进行有放回的采样，并将"没被选上"的数据点作为测试用例，这样重复操作多次，并计算平均得分作为模型性能的估计。交叉验证（Cross-Validation）是评估模型性能的一种方法，比如 K 折交叉验证（K-fold Cross-validation），它通过将训练数据分成 k 份，使用 $k-1$ 份作为训练集，使用保留的那份作为测试集。以不同的方式重复整个过程 k 次。最终取 k 个得分的平均值作为模型性能的估计。

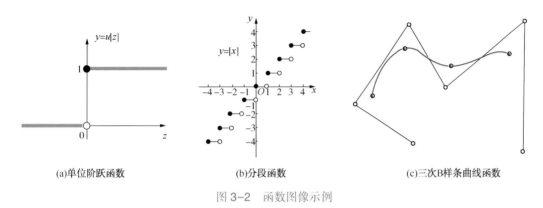

图 3-2　函数图像示例

4）降维（Dimension Reduction）

降维通过计算变量的 q 个不同的线性组合或投影来将估计 $p+1$ 个系数减少为 $q+1$ 个系数，其中 $q<p$。然后，这 q 个投影被用作预测变量，使用最小二乘来拟合线性回归模型。常用的两种降维方法分别是主成分分析（PCA，Principal Component Analysis）和偏最小二乘法（Partial least squares）。

主成分分析是从大量变量中导出低维特征集的方法，使用正交方向上的数据的线性组合来捕获数据中的方差，通过识别一组具有最大方差和相互不相关的特征的线性组合来生成低维表示的数据集。其中，数据的第一主成分是观测值变化最大的方向，是一条尽可能拟合数据的直线，可以拟合多个不同的主成分。第二主成分是与第一主成分不相关的变量的线性组合，且方差最大。这样的方法可以组合相关变量的影响，从可用数据中提取更多信息，有助于理解变量在无监督环境下的潜在的相互作用。

主成分分析法常常假定最能解释预测变量的方向在预测上也是最好的，结果能代表预测变量 X 的线性组合，但响应变量 Y 并没有用于确定主成分方向，因此实际上是不能保证这一假定条件成立的。而偏最小二乘法是主成分分析法的一种监督学习替代方式，首先识别一个新的较小的特征集，这些特征是原始特征的线性组合，然后将这些特征拟合成线性模型。与主成分分析法不同的是，偏最小二乘法会利用响应变量来识别新特征。

根据以上的这些统计分析方法，可以总结出统计分析方法的优点主要是方法简单，工作量小。但随着时代的发展，传统的统计分析方法已经不能满足日益增长的业务需求了，存在着各种各样的问题，其缺点也较为明显，如数据太多，信息太少；准确性差，可靠性差；对历史统计数据的完整性和准确性要求较高；分析方法选择不当可能会严重影响分析结果；统计资料只反映历史的情况而不反映现实条件的变化；难以深入挖掘出潜在的信息、规则、趋势；难以多个角度的交互分析、了解业务问题的各种组合；难以追溯历史，形成数据孤岛；等等。越是深层的知识，对于决策支持的价值越大，但也越难挖掘出来。因此一些大规模的数据分析方法应运而生。

3.1.2 数据挖掘方法

大数据分析(Big Data)和数据挖掘(Data Mining)的时代的来临，带给了企业更多的决策支持价值。数据挖掘起源于从数据库中发现知识，因此，数据挖掘和知识发现既有区别又有联系。知识发现是从数据中辨别有效的、新颖的、潜在有用的、可理解的知识的过程，可以认为是一个以知识使用者为中心、人机交互的探索过程；数据挖掘是数据库中知识发现的最重要的一个步骤，一般在研究领域被称作数据库中的知识发现，在工程领域则称之为数据挖掘，即通过特定的算法在特定的计算效率限制内生成特定的知识的过程。

还有一些流行的说法普遍认为，数据挖掘方法可以说是统计分析方法的延伸和发展，但二者之间也是有明显的差异的。通过3.1.1节我们知道，在对数据进行统计分析时，研究人员常常需要对数据分布和变量关系做出一些假设或判断，确定用什么样的函数关系式来描述数据之间的分布特点和变量之间的相关关系，然后利用一些数据分析技术来验证所做出的假设或判断是否成立。而相比之下，在对数据进行分析挖掘时，研究人员则不需要对数据分布和变量之间的内在关系做任何的假设或判断，数据挖掘中的算法会帮助研究人员或决策者自动寻找数据或变量之间的隐藏关联关系或规律，其重点仅在于挖掘结果而不是过程中起作用的变量，很多时候也并不会生成明确的函数关系式，有时候还会借助一些数据挖掘的工具(详见5.4节)来进行处理，得到的这些知识是对之后进一步的趋势预测或决策行为至关重要的。因此，相对于海量、杂乱的数据或者存储在数据库中的大数据，由于其存在数据量大但数据质量低等问题，这时数据挖掘技术就有了明显的应用优势。

虽然统计分析与数据挖掘之间有很大的区别，但在企业业务应用中，我们不应该也无法硬性地把二者完全割裂开来，也并不说明数据挖掘技术会取代传统的统计分析方法，二者往往是相辅相成的，会长期一起并存下去，各自有各自的优点和擅长的领域。因此，针对具体的业务分析需求，探索不同的分析思路，然后根据这些分析思路分别去挑选和匹配合适的分析算法和技术，最后可根据验证和匹配的结果等一系列因素进行综合权衡，从而决定最终的思路、算法和解决方案。

广义上说，从大型数据库或数据仓库的数据中提取人们感兴趣的、隐含的、未知的、有意义的、有价值的、潜在有用的信息和知识，并将提取出来的知识表示为概念、规则、规律和模式等形式，任何这样的过程都可以叫作数据挖掘。同样，在商务智能应用中，数据挖掘指的是从许多来自不同企业的源数据中经过抽取(Extraction)、转换(Transformation)和加载(Load)，即ETL过程，提取出有用的数据并成为适合挖掘的数据集，这一过程中的关键是要保证数据的正确性，然后将提炼出来的数据集合并到一个企业级的数据仓库里，从而得到企业数据的一个全局视图，使用合适的数据分析工具、数据挖掘工具等对其进行处理，最后将知识以适合的模式呈现给管理者，为其进一步决策过程提供支持。

也可以说，商业智能是数据仓库（DW，Data Warehouse）、联机事务处理（OLTP，Online Transaction Processing）、联机分析处理（OLAP，Online Analytical Processing）和数据挖掘（DM，Data Mining）等技术的综合运用，其辅助的业务经营决策，既可以是操作层的，也可以是战术层和战略层的决策。

（1）数据仓库：高效的数据存储和访问方式。提供结构化和非结构化的数据存储，容量大，运行稳定，维护成本低，支持元数据管理，支持多种结构，例如中心式数据仓库和分布式数据仓库等。存储介质能够支持近线式和二级存储器，能够很好地支持容灾和备份方案。

（2）数据 ETL：支持多平台、多数据存储格式（多数据源、多格式数据文件、多维数据库等）的数据组织，要求能自动地根据描述或者规则进行数据查找和理解。减少海量、复杂数据与全局决策数据之间的差距，帮助形成支撑决策要求的参考内容。

（3）联机处理：系统运行一段时间以后必然会收集到大量的历史数据，针对这些数据，OLTP 侧重于对数据进行增加、修改和删除等日常事务操作，例如银行交易等；OLAP 则在此基础上侧重于针对宏观问题全面分析查询数据，以获得有价值的信息和知识，从而进行趋势的分析或预判，例如客户关系管理（CRM，Customer Relationship Management）系统、企业资源计划（ERP，Enterprise Resource Planning）系统和办公自动化（OA，Office Automation）系统等基础的信息化系统中的多个业务线均存在大量的 OLAP 分析场景。总结 OLTP 和 OLAP 二者的对比如表 3-3 所示，联系如图 3-3 所示。因为 OLAP 分析的数据都是由 OLTP 所产生的，所以可以认为 OLAP 是依赖于 OLTP 的，也可以将 OLAP 看作是 OLTP 的一种延展，一个发现 OLTP 产生数据的价值和用途的过程。

表 3-3　OLTP 和 OLAP 的对比

要　素	OLTP	OLAP
英文全称	Online Transaction Processing	Online Analytical Processing
中文含义	联机事务处理	联机分析处理
业务数据	最新的、细节的、二维的	历史的、集成的、多维的
时间要求	实时性，响应速度要求最高	对时间和响应速度要求不严格
应用对象	数据库	数据库、数据仓库
存取能力	读/写数十条记录	读上百万条记录
业务目的	处理业务	业务支持决策
面向对象	业务操作人员	分析决策人员
工作内容	简单的事务：增加、修改、删除	复杂的任务：分析、查询
衡量指标	事务吞吐量	查询响应速度（QPS）
模式设计	关系型数据库范式 3NF 或 BCNF	星型模型或雪花型模型

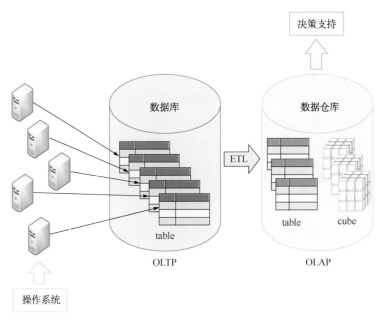

图 3-3　OLTP 和 OLAP 的联系

此外，OLAP 分析还可以分为关系型联机分析处理（ROLAP，Relational Online Analytical Processing）、多维度联机分析处理（MOLAP，Multidimensional Online Analytical Processing）、混合型联机分析处理（HOLAP，Hybrid Online Analytical Processing），其中，ROLAP 和 MOLAP 二者的对比如表 3-4 所示，HOLAP 是 MOLAP 和 ROLAP 类型的混合运用，细节的数据以 ROLAP 的形式存放，而高度聚合的数据以 MOLAP 的形式展现。

表 3-4　ROLAP 和 MOLAP 的对比

要　素	ROLAP	MOLAP
英文全称	Relational OLAP	Multidimensional OLAP
中文含义	关系型联机分析处理	多维度联机分析处理
英文别称	Virtual OLAP	Physical OLAP
中文含义	虚拟联机分析处理	物理联机分析处理
数据库类型	关系型数据库	多维数据库
存储类型	关系数据表（table）	数据立方体（cube）
优点	更大的灵活度	更快速的响应速度，更小的空间占用
缺点	即时计算，查询响应时间较长	数据装载效率低，预计算速度慢，空间占用大

ROLAP 将分析用的多维数据物理上存储在关系型数据库中进行操作，要求事实表（Fact Table）和维度表（Dimension Table）按一定的关系进行设计，它不需要数据预计算（Pre-computation）操作，使用标准 SQL 查询语句即可查询不同维度数据。但由于传统的关系型数据库无法支持 MOLAP 实现基本的多维分析操作，因此需要一种新的多维数据分析技术，将分析用到的多维数据物理上存储为多维数组的形式，帮助做出正确的判断和决策。

MOLAP 在存储之前需要进行数据预计算操作，经过多维建模形成立方体（Cube）结构，类似于一些多维视图，每一个立方体描述了一个业务主题，可形式化表示为（维 1，维 2，…，维 n，度量值）。举一个例子，如果我们想描述缝洞型油藏在学术方面的成果时，可以形式化表示为（技术维，成果维，专家维，成果数，专家数，…），主要有以下几个属性：

（1）维（Dimension）：指的是观察数据的某个特定角度，考虑问题的某类特定属性，属性集合构成一个维，例如，缝洞型油藏在学术方面的一些可能的维度，包括有技术维、成果维、专家维等。

（2）层次（Level）：指的是观察数据的某个特定角度（即某个维）存在细节程度不同的各个描述方面。例如，成果维可能涉及的层次有专利、期刊、论文、专著、软件、报告等；专家维可能涉及的层次有专家的姓名、性别、年龄、单位、职称等。

（3）度量（Measure）：多维数组的取值，即各个维取值的集合。例如，研究成果的数量、专家数等。

然后，将预计算之后的结果，即所有立方体结构数据，存储在多维数据库中，即可进行包括钻取（维度层次变化）、旋转（维度方向变化）、数据切片和切块等多维分析操作。其中，钻取主要用于改变维度的层次、变换分析的粒度，它包括向下钻取（Drill-down）和向上钻取（Drill-up）/上卷（Roll-up），Drill-up 是在某一维上将低层次的细节数据概括到高层次的汇总数据，或者减少维数；Drill-down 则刚好相反，它在某一维上将汇总数据深入到细节数据进行观察，或者增加维数。切片（Slice）和切块（Dice）是在一部分维上选定值后，判断度量数据在剩余维上的分布，根据剩余维数划分，如果只有两个剩余维则是切片操作；如果有三个或以上剩余维则是切块操作。旋转（Pivot）是变换维的方向，即在数据库表中重新安排维的放置方法，例如行列互换。

同时，由于 MOLAP 在物理层采用了新的物理存储结构，又被称为物理联机分析处理（POLAP，Physical Online Analytical Processing）；而 ROLAP 主要通过一些软件工具实现，物理层仍采用关系型数据库的存储结构，因此又被称为虚拟联机分析处理（VOLAP，Virtual Online Analytical Processing）。

数据挖掘技术其实从诞生一开始就是面向应用的，IBM、Microsoft 等公司曾相继开发出一些实用的数据挖掘工具供市场分析、金融投资、欺诈预警等场景使用。数据挖掘系统应该能够挖掘多种类型、多种粒度（即不同的抽象层）的模式，以适应不同的需求。因此，数据挖掘技术根据模式的类型一般可以分为两类任务：描述和预测，描述性挖掘任务刻画数据库中数据的一般特性，而预测性挖掘任务则在现有数据上进行推断和预测。迄今为止，国内外研究学者对数据库进行数据挖掘的研究也已经取得了一定的进展，数据挖掘技术根据模式的粒度一般可以分为关联（Association）分析、分类（Classification）分析、预测（Prediction）分析、聚类（Clustering）分析等。

1）关联分析（Association analysis）

关联分析用于再大规模数据集中发现一些有趣关系，首先找到频繁项集，然后才能获得相应的关联规则，其中，频繁项集描述了给定数据集中经常出现在一块的项的集合，关联规则（Association rules）描述了给定数据集中的项之间的联系。一个示例如表 3-5 所示，其中，集合{专家，技术，论文}中的项经常出现，因此是一个频繁项集，"专家→技术"一起出现的频率较高，因此是一个关联规则。

表 3-5　关联内容举例

序　号	知识载体形式
0	专家，技术
1	专著，专利，软件，论文
2	论文，专家，技术，报告
3	论文，专家，技术，期刊
4	论文，专家，技术，会议

　　一些企业中的关联规则分析系统就是基于关联分析的方法搭建的，被广泛应用于事务数据分析中，每次新的数据会进入挖掘模型，与历史数据一起被挖掘模型和相关算法进行处理，得到当前数据之间的最有价值的关联规则以及关联的强弱，可以帮助企业完成许多商务决策的制定。

　　在学术研究领域，关联分析有许多经典的算法，如 Agrawal 等提出的关联分析算法 Apriori 算法用于发现频繁项集，所涉及的先验原理就是，如果一个项集是频繁的，其子集也是频繁的；如果一个子集是非频繁的，该项集也是非频繁的，按照这个原理来进行查找，一般流程如图 3-4 所示。

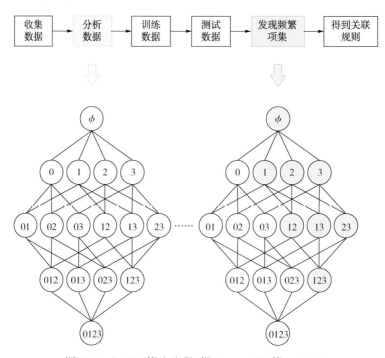

图 3-4　Apriori 算法流程（据 Agrawal R 等，1994）

　　2）分类分析（Classification analysis）和预测分析（Prediction analysis）

　　分类和预测是两种使用数据进行预测的分析方式，可用来确定未来的结果。分类分析通过建立可以区分数据对象的类或概念的分类模型，来预测数据对象的离散类别，需要预测的属性值是离散的、无序的；预测分析则是通过构造和使用预测模型评估给定样本可能具有的属性值或值区间，即用于预测数据对象的连续取值，需要预测的属性值是连续的、有序的。例如，可以建立一个分类模型，对缝洞型油藏开发关键技术进行分类，并判断井间连通性分析技术属于哪一类关键技术；也可以建立井间连通性预测模型，给定一些影响因素，来预测井间的连通性大小。

分类算法有两个阶段，即模型建立阶段，也可以称为训练阶段，和模型评估阶段，也可以称为测试阶段。如图 3-5 所示为一个对专家是否续任本职称进行的分类过程示例。通过对训练样本的学习，建立分类规则，依据分类规则，实现对新样本进行分类，输出分类结果，这属于机器学习（详见 3.1.3 节）中属于监督学习（Supervised Learning），通过确定一组数据所属的类别以实现更准确地预测和分析。

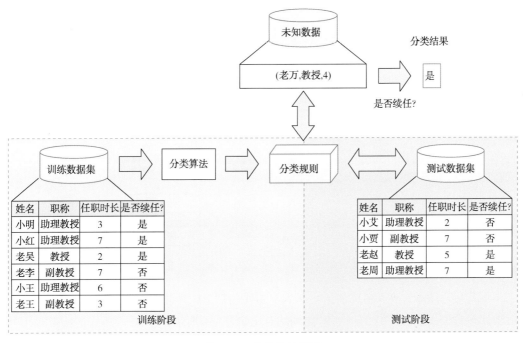

图 3-5　分类算法流程

决策树是经典的分类算法，将分类或预测空间分层或分割成若干简单区域，对应的规则集可以被概括成树形结构。与一般分类模型相比，决策树的分类是基于逻辑的，而一般分类模型是基于非逻辑的。一棵决策树通常由结点和有向边组成，结点包括根节点（Root node）、中间节点（Internal node）和叶子节点（Leaf node），其中，一个根节点或者中间节点均表示一个特征或者属性，而一个叶子节点表示一个具体分类，一颗常见的决策树如图 3-6 所示，类似于二叉树结构。决策树也可以被理解为一组"if-then"规则的集合，学习策略是基于损失函数最小化原则，在生成决策树后可对其进行剪枝以防止过于复杂而产生过拟合问题。它的优点是处理速度较快，算法也有较强的可读性。

决策树学习方法包括特征选择、决策树的生成与决策树的剪枝这三个过程，如图 3-7

所示。本质上来说，能对训练数据集进行分类的决策树可能有多个，决策树学习就是需要从训练集中归纳出一种分类规则，生成一个能对训练集进行最大程度分类的或者说分类规则出现错误最小的决策树。从概率模型的角度看，基于特征空间划分的类的条件概率模型可能有多个，决策树学习就是根据训练数据集估计条件概率模型，最终选择的模型应该不仅对已知的训练数据有很好的拟合和泛化的能力，且具有能够对未知的训练数据进行很好的分类或预测的能力，损失函数通常是正则化的极大似然函数，学习策略则是最小化损失函数。由于生成的决策树可能产生过拟合现象，这时就需要对决策树自下而上的进行剪枝，将复杂的树进行简化，使其具有较好的泛化能力。决策树剪枝算法可描述为：计算每个结点的经验熵，然后递归地从树的叶子节点向上回缩，如果对应叶子节点的损失函数值要大于其父节点的损失函数值，则进行剪枝，即将其父节点变为新的叶子节点。不断地递归和回缩，直至不能继续剪枝为止，便可得到损失函数最小的决策子树。

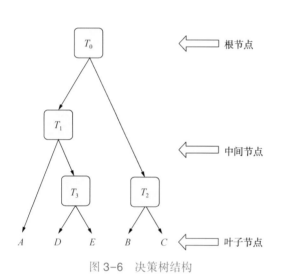

图 3-6　决策树结构

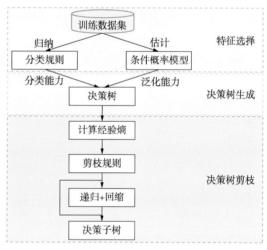

图 3-7　决策树学习流程

下面就结合具体的决策树算法进行深入，主要包括 ID3 算法、C4.5/C5.0 算法、CHAID 算法、CART 算法、QUEST 算法等，它们之间的对比如表 3-6 所示。

表 3-6　经典的决策树算法对比

要　素	ID3	C4.5	C5.0	CHAID	CART	QUEST
多值属性	敏感	不敏感				
缺失值	×	√				
数据类型	离散	离散+连续				
剪枝	×	√				
特征选择	信息增益准则	信息增益比		卡方检验	基尼指数	卡方检验

ID3 算法是由 Quinlan 于 1986 年提出的决策树思想方法，全称为 Iterative Dichotomiser 3，指的是迭代二叉树三代，算法核心是在各个结点上采用信息增益准则进行特征选择，以此递归地构建决策树。C4.5 算法与 ID3 算法极为相似，也是 Quinlan 提出的，只是在决策

树生成过程中在特征选择上对 ID3 算法进行了改进，采用信息增益比来选择特征。C5.0 算法也是 Quinlan 提出的，原理类似于 C4.5 算法，二者都是采用信息增益比来进行特征选择，但 C5.0 算法更适用于大数据集的处理，还采用 Boosting 方式来提高模型准确率，计算速度较高，对计算内存占用也较少。Boosting 使用多个不同模型计算输出然后使用加权平均法对结果进行平均。通过结合这些模型的优点和缺点来改变各个模型的权重对模型进行微调，可以为更广泛的输入数据提供适用性更高的预测模型。

CHAID 算法是由 Kass 于 1974 年提出来一种决策树算法，全称为卡方自动交叉检验法（Chi-squared Automatic Interaction Detector），针对分类变量统计样本的实际观察值与理论观察值之间偏离程度的量，计算类别变量与特征变量之间的相关性检验统计量（卡方检验），值越小说明两个变量之间的关系越密切，最终最小值所对应的特征变量被选为最佳分组特征变量。然后继续按此准则选择后续特征变量，直至所有样本都分类完毕。CHAID 算法是从统计显著性的角度来确定特征变量和分割数值，对决策树的分枝过程优化明显。

CART 算法是由 Breiman 等在 1984 年提出的一种决策树算法，全称为 Classification and Regression Tree，即分类和回归树算法，既可用于分类也可用于回归，不同于 C4.5/C5.0 算法，CART 算法构造决策树是通过基尼指数来选择最优特征的，得到该特征的最优二值切分点，然后对输入空间即特征空间递归地进行二元划分，得到有限个单元，并在这些单元上确定预测的概率分布，也就是在给定输入随机变量 X 条件下输出变量 Y 的条件概率分布，然后对标量属性（Nominal Attribute）与连续属性（Continuous Attribute）进行分裂，中间结点特征的取值为"是"和"否"，得到最终的决策树。采用 CART 算法生成的决策树和 ID3 算法生成的决策树是完全一致的。

QUEST 算法是由 Loh&Shih 提出的一种二元分类的决策树算法，全称为 Quick Unbiased Efficient Statistical Tree，即快速无偏有效统计树。QUEST 算法在选择特征变量时和 CHAID 算法类似，对于给定类属性采用卡方检验，另外还会以不同的策略处理特征变量和切分点的选择问题，其运行速度要比 CART 算法更加快速有效。

3）聚类分析（Clustering analysis）

聚类分析就是将大量数据对象根据数据本身的特征分组成为多个类或簇，在同一个类或簇中的对象之间具有较高的相似度，而不同类或簇中的对象差别较大。比如，在缝洞型油藏开发相关知识载体形式中，把所有涉及的论文放在一起进行分析，可以找到一些判断特征，比如，根据这些判断指标之间的差距划分出某一类为"硕博论文"、某一类为"期刊论文"、某一类为"会议论文"等，这就是聚类。与分类不同的是，分类是按照已经存在的分类规则进行判断划分的，而聚类并不知道具体的划分标准，要划分的类是未知的，也不知道每一类有什么特点，通常不需要使用训练数据进行学习，这在机器学习（详见 3.1.3节）中被称作无监督学习（Unsupervised Learning），要靠算法判断数据之间的相似性，然后把相似的数据放在一起，然后再探索和挖掘数据中潜在的差异和联系。

聚类分析的大致流程图如图 3-8 所示。其中聚类效果的好坏主要依赖于两个因素，计算距离的方法和选择的聚类算法。最终得到的关系如果是类或簇内相似性越大，不同类或簇之间差距越大，说明聚类的效果越好。

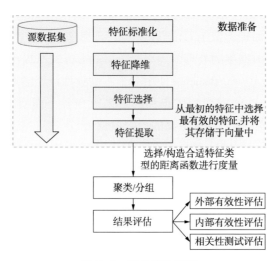

图 3-8　聚类算法流程

关于计算数据之间距离的函数主要有 Minkowski 距离见式（3-1）（式中，q 是任意正整数）、Euclidean 距离见式（3-2）、Manhattan 距离见式（3-3）、Mahalanobis 距离见式（3-4）等。

$$d_{\text{Minkowski}}(X,\ Y) = \sqrt[q]{|x_1-y_1|^q + |x_2-y_2|^q + \cdots + |x_n-y_n|^q} \qquad (3-1)$$

$$d_{\text{Euclidean}}(X,\ Y) = \sqrt{|x_1-y_1|^2 + |x_2-y_2|^2 + \cdots + |x_n-y_n|^2} \qquad (3-2)$$

$$d_{\text{Manhattan}}(X,\ Y) = |x_1-y_1| + |x_2-y_2| + \cdots + |x_n-y_n| \qquad (3-3)$$

$$d_{\text{Mahalanobis}}(X,\ Y) = \sqrt[q]{w_1 \times |x_1-y_1|^q + w_2 \times |x_2-y_2|^q + \cdots + w_n \times |x_n-y_n|^q} \qquad (3-4)$$

由以上公式可以看出，Euclidean 距离是 Minkowski 距离当 $q=2$ 时的特例，Manhattan 距离是 Minkowski 距离当 $q=1$ 时的特例，而 Mahalanobis 距离则是在 Minkowski 距离的基础上加入了权重向量，通过衡量每个变量的重要性大小来进行取值，更具有适用性。

关于计算类或簇之间距离的方法如图 3-9 所示，主要有：基于图的方法，距离是由样本点或一些子簇所表示的，它们之间的距离关系可认为是图的连通边，包括单链（Single-link）方法，取两个簇之间距离最近的两个点的距离作为簇间距离，见式（3-5）；全链（Complete-link）方法，取两个簇之间距离最远的两个点的距离作为簇间距离，见式（3-6）；平均链（Average-link）方法，取两个簇之间两个点的距离的均值作为簇间距离，三者的区别如图 3-10 所示，其中，平均链方法又包括非加权组平均方法（UPGMA，Unweighted Pair Group Method using Arithmetic Averages），见式（3-7）；加权组平均方法（WPGMA，Weighted Pair Group Method using Arithmetic Averages），见式（3-8）。此外还有基于几何的方法，用一个质心来代表一个簇的，选择 Euclidean 距离来计算簇质心之间距离作为簇间距离的方法，包括非加权组平均方法（UPGMC，Unweighted Pair Group Method using Centroids）、加权组平均方法（WPGMC，Weighted Pair Group Method using Centroids）。通常情况下非加权组平均方法更为可靠，如果由于重采样等原因导致需要考虑样本权值时，才会使用加权组平均方法。假设 C_i 和 C_j 为两个簇，则不同的基于图的方法定义的 C_i 和 C_j 之间的距离如下所示。

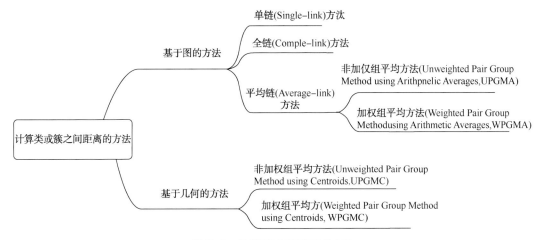

图 3-9　计算簇之间距离的方法

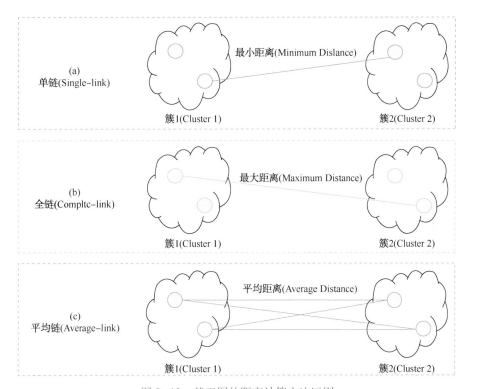

图 3-10　基于图的距离计算方法区别

$$D_{\text{Single-link}}(C_i,\ C_j) = \min_{x \in C_i, y \in C_j} d(x,\ y) \tag{3-5}$$

$$D_{\text{Complete-link}}(C_i,\ C_j) = \max_{x \in C_i, y \in C_j} d(x,\ y) \tag{3-6}$$

$$D_{\text{UPGMA}}(C_i,\ C_j) = \frac{1}{|C_i||C_j|} \sum_{x \in C_i,\ y \in C_j} d(x,\ y) \tag{3-7}$$

$$D_{\text{WPGMA}}(C_i,\ C_j) = \sum_{x \in C_p,\ y \in C_q,\ z \in C_j} \frac{d(x,\ z) + d(y,\ z)}{2} \tag{3-8}$$

根据研究问题选择了相应的距离计算方法之后，另一个重要步骤就是选择具体的聚类算法，采用聚类算法对数据进行分组时的过程大概包括：选择数据中心→计算距离→分组→再次选择数据中心→循环直到数据中心不再改变，主要包括基于中心点模型（Centroid-based）的聚类算法，如 K 均值聚类（K-means clustering）及其改进算法，基于连通模型（Connectivity-based）的聚类算法，如层次聚类（Hierarchical clustering），基于分布模型（Distribution-based）的聚类算法，如高斯混合模型（GMM，Gaussian Mixed Model）聚类，基于密度（Density-based）的聚类算法，如基于密度的带有噪声的空间聚类（DBSCAN，Density Based Spatial Clustering of Applications with Noise）算法和（OPTICS，Ordering Points to Identify the Clustering Structure），等。除以上这些经典的算法之外，还有一些最新发展的算法，例如基于约束的方法、基于模糊的方法、基于粒度的方法、量子聚类、核聚类、谱聚类等。

在基于中心点模型的聚类算法中，每个簇都需要一个中心点（Centroid），但该中心点不一定属于给定的数据集。这类算法需要解决一个优化问题，即所有数据距其所属的簇中心点的距离的平方和最小，由此找到每个簇的中心点以及每个数据属于哪个簇，此优化问题被证明是 NP-hard 的，但有一些迭代算法可以找到近似解，K-means 聚类算法是其中的一种，该算法最初是由 Steinhaus 于 1955 年、Lloyd 于 1957 年、Ball 于 1965 年、McQueen 于 1967 年分别在各自研究领域独立提出的，随后在不同的领域被广泛研究和应用。K-means 聚类算法流程如图 3-11 所示，初始数据集如图 3-11(a)所示，随机选择 K 个初始质心，也就是簇中心点，见图 3-11(b)中的红色质心和蓝色质心，每一个质心作为一个簇，计算所有观测数据与初始质心之间的距离，找到离它最近的质心，进行归类，与质心形成新的类，如图 3-11(c)所示。然后重新计算归类后每个簇的质心，如图 3-11(d)所示，不断重复迭代以上步骤，如图 3-11(e)(f)所示，直到质心不再发生变化时或者到达最大迭代次数时停止，得到最终的最优聚类结果。

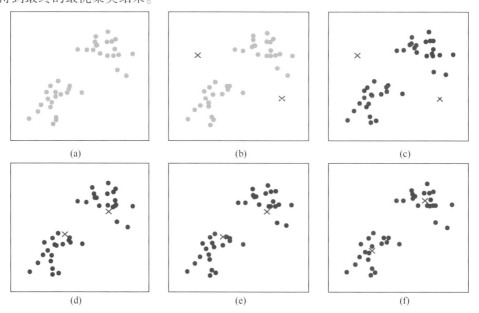

图 3-11　K-means 聚类算法流程(K=2)

这一传统的 K-means 聚类算法的优点包括原理简单，容易实现，收敛速度较快，聚类效果较优，可解释性较强，也正因为如此，使得 K-means 聚类算法目前仍然是应用最广泛的聚类算法之一。但其缺点也较为明显，包括需要调试的参数 K 值的选取不好把握；最终结果和初始点的选择有关，如果完全随机选择，可能会导致算法收敛很慢，容易陷入局部最优，对最后的聚类结果和运行时间都有很大的影响；对噪音和异常点也较为敏感；而且在每轮迭代时，都需要计算所有样本点到所有质心的距离，比较耗时；另外，如果各隐含类别的数据不平衡，则聚类的效果会不佳。

因此针对 K-means 聚类算法的这些缺点，有学者在 K-means 的基础上进行了一些改进。K-means++算法对初始化质心位置的选择进行了优化，使初始聚类中心点尽可能地分散开来，这样可以有效地减少迭代次数，加快运算速度。Elkan K-means 算法对距离计算进行了优化，利用了"两边之和大于等于第三边，两边之差小于第三边"的三角形性质，来指定相应规则，减少不必要的距离的计算。但如果是稀疏样本有缺失值的话，此时某些距离无法计算，则不能使用该算法。随着大数据时代的到来与发展，聚类所涉及的样本量迅速增长，特征也相应地成倍增加，此时使用传统的 K-means 算法非常耗时，就算使用 Elkan K-means 算法优化也依旧很耗时，Mini-batch K-means 算法用于解决这样的大样本优化问题，首先在大样本集中通过无放回的随机采样得到一个合适的批样本并用这一部分样本来做传统的 K-means 聚类，这样可以避免样本量太大时的计算难题，也能够减少运算量，算法收敛速度也大大加快，这样的做法代价就是聚类的精确度也会有一些降低，但降低的幅度在可以接受的范围之内。Nested Mini-batch K-means 算法利用 Elkan 提出的距离定界方法加速了 Sculley 的 Mini-batch K-means 算法的运行速度，首先，数据的不平衡使用会使估计值产生偏差，因此通过确保每个数据样本对质心的贡献正好一次来解决；然后选择嵌套的小批量数据，且优先重用已经使用的数据。

基于连通模型的聚类算法的核心思想是按照数据之间的距离来进行聚类的，两个距离近的数据要比两个距离远的数据更有可能属于同一类或簇，最典型的就是层次聚类算法，又可以称为树聚类算法，采用一种层次架构方式，属于一种贪心算法（Greedy Algorithm），基于某种局部最优的选择反复将数据进行不同方式的处理，如图 3-12 所示，其中，最开始所有数据均属于一个簇，每次按一定的准则将某个簇划分为多个簇，如此循环直至每个数据均是一个簇，这样的方式属于自顶向下（Top-down）的分裂（Divisive）；相反，每个数据最开始都是一个簇，每次按一定的准则将最相近的两个簇合并生成一个新的簇，如此循环直至最终所有的对象都属于一个簇，这样的方式属于自低向上（Bottom-up）的聚合（Agglomerative）。经典的算法有 BIRCH 算法、CURE 算法、Lance-Williams 算法、Hierarchical K-means 算

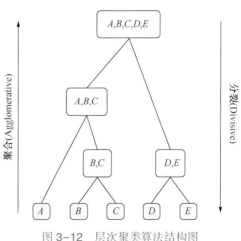

图 3-12　层次聚类算法结构图

法等。

BIRCH 算法的全称是利用层次方法的平衡迭代规约和聚类(Balanced Iterative Reducing and Clustering Using Hierarchies)，是用层次树结构方法来聚类和规约数据的。这个树结构如图 3-13 所示，每个节点包括叶子节点都有若干个聚类特征(CF，Clustering Feature)，而内部节点的聚类特征包含有指向其子节点的指针，所有叶子节点都用一个双向链表链接起来，因此这样的树结构也可以称为聚类特征树(CF-Tree，Clustering Feature Tree)。BIRCH 算法的关键步骤就是建立聚类特征树的过程，来构建多级分层结构，对应的输出就是若干个聚类特征节点组成的元组，每个节点里的样本点就是一个簇，就得到了最终的聚类结果。整个过程只需要扫描一遍所有的训练集样本，这样做的优点就是节约内存，且聚类速度快，但相对来说，调参也就变得更复杂。此外，BIRCH 算法除了可以聚类还可以进行一些异常点和噪声点的检测和数据初步按类别的规约的数据预处理操作。

和 K-means 聚类不同的一点是，BIRCH 算法可以不用输入最终聚类的类别数，即 K-means 聚类中的 k 值在 BIRCH 算法是最后得到的聚类特征元组的组数。但与 Mini-batch K-means 聚类类似的一点是，BIRCH 算法适用于样本量较大的情况，甚至要远远大于 Mini-batch K-means 聚类所能处理的样本量，但其对高维特征的数据聚类效果不好，此时可以选择 Mini-batch K-means。

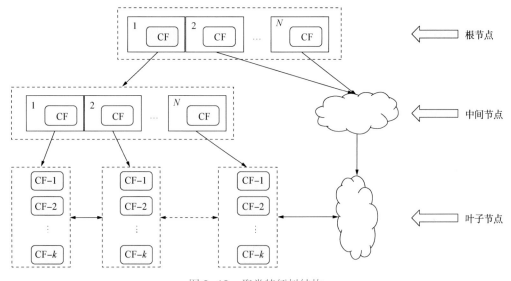

图 3-13　聚类特征树结构

基于分布模型的聚类算法认为数据集中的数据是由一种混合概率模型所采样得到的，因而将可能属于同一概率分布所产生的数据归为同一类或簇，最常用是高斯混合模型。假设所有的样本可以分为 k 类，每一类样本服从一个高斯分布，构造 k 个高斯分布的加权线性组合，通过估计这 k 个高斯分布的概率密度以及每个分布的权重进行模型的训练。把各个样本分别代入到这 k 个高斯分布中求出每个类别的概率，然后选择概率值最高的那个类别作为它最终的结果，这样把所有的样本分别归入到这 k 个类中完成聚类的过程。该模型的优点是通过聚类后样本点没有得到一个确定的类标记，而是得到每个类的概率，但每一步迭代的计算量较大，而且有可能陷入局部极值，这和初始值的选取相关。此外高斯混合模型不仅可以用在聚类上，也可以用在概率密度的估计上。

在基于密度的聚类算法中，密度高的区域被归为同一类或簇，簇之间由密度低的区域隔开，密度低的区域中的点被认为是噪声数据，然后被丢弃，常用的密度聚类算法包括DBSCAN 和 OPTICS。对比 DBSCAN 和 K-means 的区别如表3-7所示。

表 3-7 DBSCAN 和 K-means 的区别

要　素	K-means	DBSCAN
类型	基于中心点模型的聚类算法	基于密度的聚类算法
预处理	无数据预处理，一般聚类所有数据	丢弃被它识别为噪声的数据
依据	Euclidean 距离	Euclidean 密度
假设	所有的簇都来自球形高斯分布，具有不同均值和相同协方差矩阵	不对数据的分布做任何假定
适用	可用于具有明确定义的质心（比如均值或中位数）的数据 可用于稀疏的高维数据，如文档数据 可以发现明显分离和重叠的簇	可以处理不同大小或形状的簇，并且不受噪声点和离群点的影响 会合并有重叠的簇
不适用	当簇具有不同密度时，算法性能很差 很难处理非球形的簇和不同大小的簇	当簇具有不同密度且差异过大时，算法性能很差 在稀疏高维数据上性能很差
时间复杂度	$O(m)$	$O(m^2)$
结果	通常使用随机初始化质心，不会产生相同结果	多次运行可能产生相同结果
簇个数	需要作为参数指定	自动确定

DBSCAN 算法的基本思想是将具有足够高密度的区域划分为一个簇，对于簇中的每一个点在其给定范围（即邻域半径）内都至少包含给定数目的点（即邻域个数），可以在带有噪声点的空间数据集中发现任意形状的类，聚类速度快。但由于该算法中的两个参数，即邻域半径和邻域个数，需要手动设置来初始化，且聚类结果对这两个参数的取值较为敏感，不同的取值将产生不同的聚类结果。为了克服 DBSCAN 算法这一缺点，有学者提出了OPTICS 算法，为聚类分析生成一个增广的簇排序结果，表示了各样本点的基于密度的聚类结果，这也说明，从这个排序中可以得到基于任何参数的 DBSCAN 算法的聚类结果。

4）其他分析方法

除了这些主流的分析方法之外，还有一些数据挖掘技术中的分析方法，例如孤立点分析，由于在数据库中经常存在一些不符合数据的一般模型的数据对象，被称为孤立点。出现孤立点的原因可能有：度量或执行错误的结果，例如，专家数据库记录中有一些专家的年龄是 0，这可能是因为这些专家的年龄没有被记录，而系统给未记录的年龄的缺省值就是0；固有的数据变异后的结果，例如，一个教授的项目经费可能远远高于其他讲师的项目经费，这就导致他的项目经费成为了一个孤立点。很多时候孤立点会被视为噪声数据而被丢弃，但在某些应用中，孤立点可能会很有用。例如，在缝洞型油藏开发分析中，某些对油藏开发的不寻常的反应数据可能成为孤立点，但是这些数据对于开发知识管理却非常重要，因此也有研究会对孤立点数据进行分析，这就是孤立点分析。此外还有演变分析，描述行为随时间、空间、周期变化的数据对象的规律或趋势，并对其进行时间、空间上的建模，包括时间序列数据分析、空间序列数据分析、周期模式匹配数据分析等。

尽管数据挖掘和知识发现已经取得了很多进展和研究成果，但截至目前仍然面临着许多困难与挑战。比如，某些数据库中的数据是动态且数量庞大，有时还存在噪声数据，另外，信息的不确定性或不完整性，信息的丢失或冗余等问题也都会影响数据挖掘的性能和结果。同时，如何对挖掘到的知识进行有效的表示，比如对知识进行可视化，使人们容易理解，这也是数据挖掘的一个意义所在。

3.1.3 机器学习方法

在 2.1 节提到，人工智能(AI，Artificial Intelligence)是一门研究、开发用于模拟、延伸和扩展人的智能的理论、方法、技术及应用系统的技术科学。随着人类对计算机科学的期望越来越高，要求它解决的问题越来越复杂，即使是同一个问题，其面对的场景也越来越多。于是就有了一个新的研究思路，让机器自己不断模拟并实现人类的学习行为，用算法解析数据训练机器，以获取新的知识或技能，重新组织已有的知识结构使之不断改善自身的性能，这也就是机器学习(ML，Machine Learning)，是人工智能的核心领域之一。

同时，机器学习方法和数据挖掘方法之间是有交集的，如图 2-3 所示，它们之间不是完全割裂的，存在一些算法即可以属于数据挖掘的方法也可以属于机器学习的范畴，例如决策树，本节仅介绍几个主流的最近较为流行的机器学习算法，包括深度学习(DL，Deep Learning)和强化学习(RL，Reinforcement Learning)，我们首先采用一个生动的例子来解释它们之间的区别与联系。但这里只是简单解释一下它们的工作模式，如果要训练出这样一个智慧模型并应用于产品上，是一个更为复杂的工程。

假如有一位负责缝洞型油藏开发的工人，需要有一个能够识别钻取工具的好坏模型，在进行开发的时候告知这位工人，这个工具是好的还是坏的，这就需要采用一个深度学习开发框架来搭建一个训练过程，然后把训练用的图片(也就是各种各样的好的坏的工具的照片)输入到这个开发框架中进行训练，当数据量达到一定程度时，最终就可以得到一个训练好的钻取工具识别模型了。这就是深度学习的原理。但如果这个工人很懒惰，想要一个能自己学会使用好的钻取工具进行缝洞型油藏开发的机器人呢？这时，深度学习就有点搞不定了，需要用强化学习框架来训练一个智能体，每当它采用一个好的工具进行开发，就会收到来自系统的奖励，进行正强化，但要是错误地使用的坏的工具进行开发造成了开发事故或损失，就没有奖励了，或者甚至会被扣分，进行负强化。因此，制定这样一个规则之后，为了得到更多的奖励回报，智能体会更愿意选择那些好的工具来进行开发，而放弃那些会带来零分甚至负分的工具。通过这种方法进行大量的训练之后，就可以得到了一个最大化选择好的开发工具的智能机器人。这就是强化学习的原理。但这时这位开发工人又不满足了，想让这个智能机器人不仅学会选择好的钻取工具进行开发，还要学会选择好的注水注汽等工具进行开发，这时就需要将深度学习与强化学习结合起来，只要告诉它新的奖励机制，机器就能通过深度学习自主学习的类似技能，不需要一一进行训练，就可以轻松拥有不断学习还会举一反三的智能体。这就是深度强化学习（DRL，Deep Reinforcement Learning）的原理。深度强化学习是集深度学习的感知能力和强化学习的决策能力于一体的一种较为新颖的学习方法。

1）深度学习

由于人工智能时代的到来，使得很多研究者对机器模拟人类智能，即机器学习这一领域产生了浓厚的兴趣。这其中，表示学习（Representation Learning）主要是为了提高机器学习的准确率，通过向机器输入原始数据或知识，使得机器自动发现用于目标任务所需的特征（Feature）或表示（Representation）。人工神经网络（ANN，Artificial Neural Networks）就是一种模拟生物界的人脑神经网络的结构、实现机理和功能而设计的模型，用来对数据之间的复杂关系进行建模，使得机器能够自动发现数据的一些特征或表示。人工神经网络与人脑神经网络类似，由多个节点（人工神经元）相互连接而成，每个节点表示一种特定的函数，节点之间的边被赋予不同的权重表示一个节点对另一个节点的影响大小，来自其他节点的信息经过与其对应权重进行相应的计算，输入到一个激活函数中得到一个新的值。大部分神经网络都可以用不同的深度（Depth）和不同的连接结构（Connection）来定义，而神经网络的基础模型是感知机（Perceptron），因此人工神经网络也可以叫作多层感知机（MLP，Multi-layer Perceptron），而这里的多层一般指1~2个隐层，如图3-14所示。随着隐层个数的增多，更深的神经网络就都叫作深度神经网络（DNN，Deep Neural Network），也可以称为深度学习（DL，Deep Learning）。深度学习就是一种拥有多层级的表示特征的学习方法，这些层级的设计不是由人类手动构建的，而是通过使用一些通用学习算法从原始数据中学习得到，整个学习过程需要很少的人工干预，充分利用了机器的计算能力和数据量的提升。在每一层中通过非线性的模块将一个层级的数据（以原始数据开始）转换到更高层级、更抽象的表达形式，使得即使非常复杂的函数也可以被学习到。

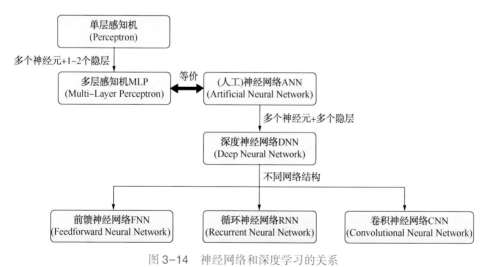

图3-14 神经网络和深度学习的关系

目前，深度学习采用的模型主要是神经网络模型，也可以看作一种端到端的学习或训练（End-to-End Learning），指在学习过程中不进行分模块或分阶段训练，训练数据为"输入数据-输出数据"这样的成对形式，无须提供其他额外信息，中间过程不需要人为干预，直接优化任务的最终目标。如图 3-14 所示，按照不同的网络结构可以将采用神经网络的深度学习模型分为：（多层）前馈神经网络（FNN，Multilayer Feed-forward Neural Network）、循环神经网络（RNN，Recurrent Neural Network）、卷积神经网络（CNN，Convolutional Neural Network）等。

（1）多层前馈神经网络（FNN，Multilayer Feed-forward Neural Network）。

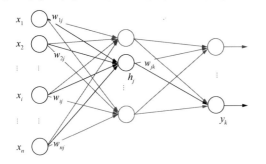

图 3-15　多层前馈神经网络结构

多层前馈神经网络是一种最简单的深度神经网络，也有一种说法是全连接的前馈深度神经网络（Fully Connected Feed Forward Neural Networks），之后的许多深度学习模型都采用了与之类似的网络结构。网络结构如图 3-15 所示，由多个节点组成，除了输入节点，每个节点都是一个带有非线性激活函数的神经元（或称处理单元），各神经元分层排列，包括一个输入层（Input layer）、多个隐层（Hidden layers）、一个输出层（Output layer），除输入层之外的所有层的每个神经元都只与前一层的所有神经元相连，即为全连接，通过接收前一层的输出数据，并将其进行加权计算进行加权求和，并通过一个非线性的变换结果输出给下一层神经元，这一过程中不存在与模型自身的反馈连接，因此被称为"前馈"。为了解决一些非线性的分类（得到的输出数据为离散的给定数据所属的类）、回归（得到的输出数据为数据背后的拟合某个特定规律/函数）、预测（得到的输出数据为预测出来的连续的数值）等问题，激活函数必须是非线性的连续可导的函数，常用的主要有 Sigmoid 激活函数（也就是 Logistic 函数）、Tanh 激活函数、ReLU 激活函数、LReLU（Leaky ReLU）激活函数等，函数图像如图 3-16 所示。选择不同的激活函数可能有不同的效果，建议首选 ReLU 激活函数，因为迭代速度快，但有可能效果不佳，这时可以考虑使用 LReLU 激活函数。如果不用激活函数，就相当于每一层的输出都是上一层输入的线性函数。因此无论有多少网络层，输出都是输入的线性组合，与没有隐层的效果是一样的，这就是最原始的单层感知机的原理了，失去了神经网络的构造意义。

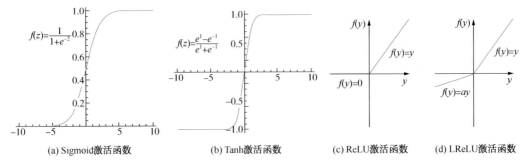

(a) Sigmoid激活函数　　　(b) Tanh激活函数　　　(c) ReLU激活函数　　　(d) LReLU激活函数

图 3-16　激活函数图像（据诸葛越等，2018）

在神经网络中采用随机梯度下降算法（SGD，Stochastic Gradient Descent）来训练模型，这一算法也被称之为反向传播（Backpropagation）算法，根据误差函数对每一层的输入计算偏导，在此基础上得到模型参数的梯度，整个网络结构和反向传播算法如图3-17所示。其中，（a）为一个只包含两个输入节点、两个隐藏节点和一个输出节点的简单的多层神经网络，通过扭曲输入空间使数据集（红线和蓝线代表的样本）更加线性可分。（b）为链式求导法则，表示两个影响量（x 对 y 的影响、y 对 z 的影响）是如何关联的。（c）为带有两个隐形层和一个输出层的神经网络的计算公式，每个公式都包含一个可以反向传播梯度的模块。（d）为计算反向传播值的等式。反向传播的等式可以重复在从输出层（网络形成预测结果的输出层）到输入层（外部数据的输入层）的所有模型中计算并传递每个模块权重的梯度。

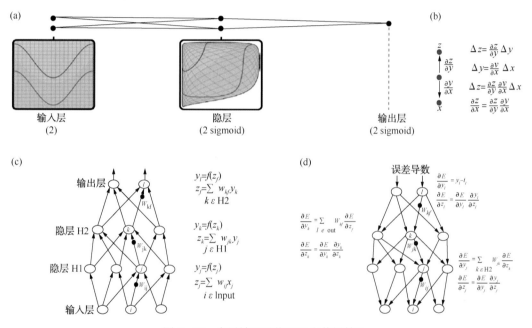

图3-17　多层神经网络和反向传播算法

（2）循环神经网络（RNN，Recurrent Neural Network）。

循环神经网络，通常用于处理一些序列的输入（例如关于语音或文本这种连续输入数据的问题）。基本思想是，一次只处理输入序列中的一个元素，并且将序列中之前元素的历史信息保存在隐藏单元的状态向量中，每一时刻的状态向量都由上一时刻的状态向量和当前时刻的输入所决定，将每一时刻的输入都映射为一个依赖其历史所有输入的输出，网络结构如图3-18所示，包括一个输入层（Input layer）、多个隐层（Hidden layers）、一个输出层（Output layer）。如果把隐层神经元上自己指向自

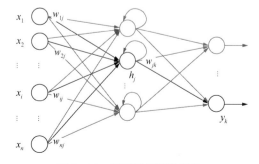

图3-18　循环神经网络结构

已的箭头去掉，就变成了全连接神经网络，如图 3-15 所示，因此这就是循环神经网络的关键所在。

将隐层的结构展开后如图 3-19 所示，其中，x 表示输入层的值；s 表示隐层的值；U 表示输入层到隐层的权重矩阵；o 表示输出层的值；V 是隐层到输出层的权重矩阵；在循环神经网络中，隐层的值 s 不仅取决于当前这次的输入 x 还取决于上一次隐层的值 s，因此权重矩阵 W 表示上次隐层的值作为这次的输入的权重。也就是说循环神经网络和多层前馈神经网络的区别就是隐层多了一个权重矩阵 W。

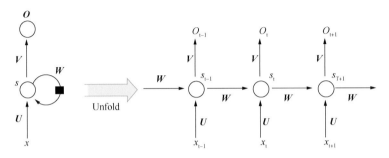

图 3-19 循环神经网络的隐层结构（据 Lecun Yann 等，2015）

得益于其结构和训练方式，循环神经网络在自然语言处理上扩展出了有很多应用，例如，在预测文本中下一个字符或序列中下一个单词上是很有效的。也可以被用来完成一些更复杂的任务，例如，可以训练一个模型，将一段英文"编码（Encode）"成一个语义向量，再训练另一个模型，将语义向量"解码（Decode）"成一段法文，这就实现了一个基于深度学习的翻译系统。

尽管循环神经网络设计的初衷是为了学习长期/长距离的记忆依赖，然而一些理论和实验的研究表明长期储存信息是比较困难的，并不能很好的处理较长的序列。一个主要的原因是，网络在训练过程中很容易发生梯度爆炸（Gradient Exploding）或梯度消失（Gradient Vanishing）问题，这导致训练时梯度不能在较长序列中一直传递下去，从而使其无法捕捉到长期/长距离的影响。为此，有学者提出了长短期记忆网络（LSTM，Long Short-Term Memory）、门控循环单元（GRU，Gated Recurrent Unit）等模型，结构如图 3-20 所示。

传统的 RNN 模型之所以不能够拥有很好的长期/长距离记忆，是因为每个单元都是经过简单的线性变换加上 tanh 激活函数，如图 3-20（a）所示，而相比之下，LSTM 和 GRU 要复杂得多。其中，LSTM 通过在循环神经网络的基础上引入一些特殊的中间神经元来控制长短期记忆的均衡，如图 3-20（b）所示，每个单元包含一个遗忘门（Forget Gate）用来控制上一时刻输入过来的单元状态中有多少可以保留到当前时刻；一个输入门（Input Gate）用来控制当前时刻网络的输入有多少保存到单元状态；一个输出门（Output Gate）用来控制单元状态有多少输出到 LSTM 的当前输出值中。在下一个时刻，与自身以一个权重连接，这一操作不仅复制了自己的状态而且累加了外部信号，因此比传统的 RNN 模型更加高效。GRU 是 LSTM 的一种改进版本，如图 3-20（b）所示，将遗忘门和输入门合并成了更新门（Update Gate），同时将记忆单元与隐层合并成了重置门（Reset Gate），进而让整个结构运算变得更加简化且性能得以增强，在某些任务上也有更好的效率和效果。

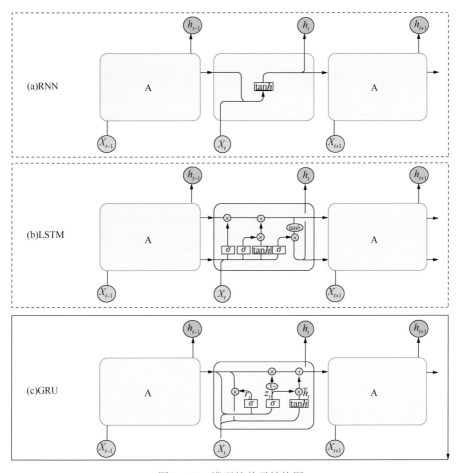

图 3-20　模型的单元结构图

（3）卷积神经网络（CNN，Convolutional Neural Network）。

与前向反馈神经网络相比，卷积神经网络更加易于训练，是模仿生物的视知觉（Visual Perception）机制进行构建的，属于一类包含卷积计算且具有深度结构的前馈神经网络。利用了局部感知原理，也就是人的大脑识别图片的过程中，并不是同时识别整张图，而是对于图片中的每一个特征首先局部感知，然后更高层次对局部进行综合操作，从而得到全局信息，网络的通用结构如图 3-21 所示，一般包括输入层（Input layer）、卷积层（Convolutional layer）、激活层（Activation layer）、池化层（Polling layer）、全连接层（Fully connected layer）、输出层（Output layer），其中，卷积、池化和激活是卷积神经网络的基本结构，相当于将原始的数据映射到隐层特征空间，然后将其输出的特征空间作为全连接层的输入，全连接层在卷积神经网络中起到"分类器"的作用，将学到的特征表示映射到样本的标记空间。现在一些大型的卷积神经网络（CNNs）通常由处于不同阶段（Stage）的多个上述结构前后连接、层内调整组成，不同阶段里的 CNN 可能会有不同的单元和结构，比如，卷积层的卷积核（Kernel/Filter）的大小可能不同，激活层的激活函数（Activation function）的选取可能不同，池化层的池化(Pooling)操作可能不同也可能不存在。

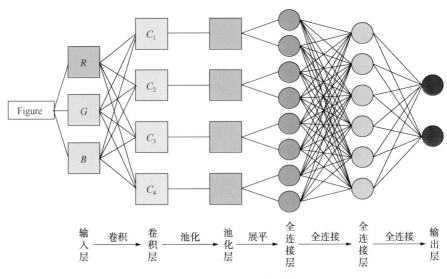

图3-21　卷积神经网络结构

卷积网络是被设计用来处理多队列数据的，例如一张包含三通道二维彩色像素强度队列的图片，许多数据形态是多维队列的形式。卷积神经网络中最基础的操作就是卷积和池化，其余操作(激活函数、全连接)类似于多层前馈神经网络。

卷积层：根据不同维度的多队列数据采用不同维度的卷积核进行处理，一维数据是包括语言的信号序列，采用1D卷积；二维数据是图像或声谱图，采用2D卷积；三维数据是视频或立体图像，采用3D卷积。以下分析的均为2D卷积，其卷积核的深度等于输入图像的通道数，例如在图3-22中，卷积核的深度为RGB通道数，即等于3，卷积过程就是卷积核的所有权重与其在输入图像上对应元素乘积之和，如图2-4所示为一个卷积操作的结果，即 $105×0+102×(-1)+100×0+103×(-1)+99×5+103×(-1)+101×0+98×(-1)+104×0=89$，然后将卷积核随 X 轴和 Y 轴根据给定的滑动步长进行平移扫描，可以得到输出空间的图像特征矩阵。有时候，由于特征图存在比较重要的角落和边缘信息，为防止这些信息在卷积后被丢失，通过填充(Padding)操作使得卷积核能够对边缘信息的提取更加充分。

计算输入输出特征矩阵的方法如下：设 $W×W$ 为输入特征矩阵的尺寸，$Width×Width$ 为卷积后的输出特征矩阵的尺寸，F 为卷积核大小，P 为填充值，也就是需要填充0的个数，N 为卷积核的个数，S 为卷积核滑动一次的步长，由于数据两边需要对称填充0相当于生成新的宽度为 $W+2P$ 的数据，把最后一个滑动窗口切除得 $(W+2P)-F$，这部分应该是 S 的倍数，即 $[(W+2P)-F]/S$；再把最后一个滑动窗口加上，即卷积后的输出数据的矩阵 $Width=(W-F+2P)/S+1$(注：若计算结果不为整数，则向下取整，即直接去掉小数点)。

卷积的方式除了以上这一常用的通过步长和零填充来进行的操作外，如图3-23(a)所示，还有其他的卷积方式，如，转置卷积(Transposed Convolution)，也可以称为反卷积(Deconvolution)，是一种将低维特征映射到高维特征来增加参数数量的卷积操作，如图3-23(b)所示；空洞卷积(Atrous Convolution)，也可以称为膨胀卷积(Dilated Convolution)，一种不增加参数数量而增加输出单元感受野，即通过给卷积核插入"空洞"来变相地增加其大小的卷积操作，如图 3-23(c)所示，这三类卷积操作的卷积核均为 3×3 大小，黄色表示卷积之前的特征矩阵，分别是(a)5×5、(b)2×2、(c)7×7，红色表示卷积之后的特征矩阵，分别是(a)2×2、(b)5×5、(c)3×3。

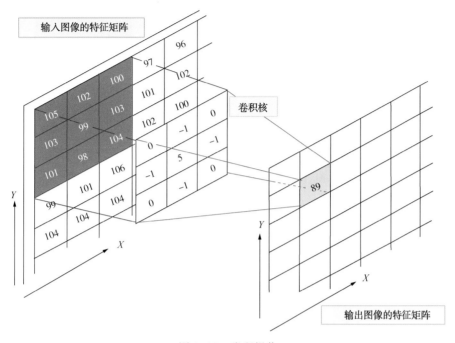

图 3-22　卷积操作

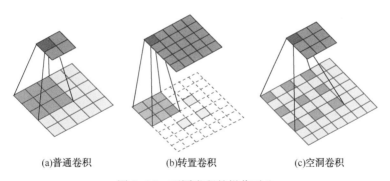

(a)普通卷积　　　(b)转置卷积　　　(c)空洞卷积

图 3-23　不同卷积的操作对比

　　池化层：池化，也可以称为下采样(Subsampled)或降采样(Downsampled)，主要目的是缩小原图像，使得图像符合显示区域的大小，在网络中主要用于特征降维并保留有效信息，压缩数据和参数的数量，一定程度上减小过拟合现象，同时提高模型的容错性，保持旋转、平移、伸缩不变性。采样操作有最大值采样、平均值采样、随机采样等。相应的，池化有最大值池化(Max Pooling)、平均值池化(Average Pooling)、随机池化(Random Pooling)等，最大池化被证明效果更好一些，计算方法如图 3-24 所示。

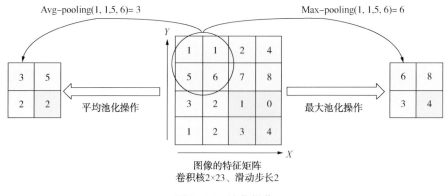

图 3-24　池化操作

相反，上采样(Upsampling)或图像插值(Interpolating)的主要目的是放大原图像，从而可以显示在更高分辨率的显示设备上，因此，上采样可以说是最大池化的逆操作(Unpooling)，使用近似的方式来反转得到最大池化操作之前的原始情况，记住做最大池化操作时最大项所在的原位置，其余位置填充为 0 即可，如下：

$$\begin{bmatrix} 1 & 1 & 2 & 4 \\ 5 & 6 & 7 & 8 \\ 3 & 2 & 1 & 0 \\ 1 & 2 & 3 & 4 \end{bmatrix} \rightarrow (\text{maxpooling}) \begin{bmatrix} 6 & 8 \\ 3 & 4 \end{bmatrix} \rightarrow (\text{unpooling}) \begin{bmatrix} 0 & 0 & 0 & 0 \\ 0 & 6 & 0 & 8 \\ 3 & 0 & 0 & 0 \\ 0 & 0 & 0 & 4 \end{bmatrix}$$

近年来，卷积神经网络的研究取得了很多成果，具体的关于物体和区域的检测、识别、分类、分割任务的应用，主要有交通标志、行人、人脸、文字等的识别；移动机器人、自动驾驶汽车中障碍物的识别；自然语言中的语音的识别等，这些任务都有相对丰富的带标签数据集供网络进行训练。

2）强化学习

强化学习的核心逻辑，就是智能体(Agent)可以在环境(Environment)中根据奖励(Reward)的不同来判断自己在什么状态(State)下采用什么行动(Action)，从而最大限度地提高累积奖励。

从"是否能对环境建模"出发，强化学习可以被划分为无模型的强化学习(Model-Free RL)和基于模型的强化学习(Model-Based RL)，具体算法划分如图 3-25 所示。二者之间的区别就是智能体能否为环境建模，也就是是否需要去学习一个函数可以预测状态转移和奖励。

Model-Free RL 中智能体只能按部就班，一步一步等待真实世界的反馈(奖励还是惩罚)，再根据反馈采取下一步的动作。Model-Based RL 为环境建模，智能体可以提前预测各种选择下的情况，并从这些预测过程中学到更多经验，选择这些情况中奖励值最大的那个策略，采取对应的动作。最著名的算法就是 AlphaGo 和 AlphaZero，虽然可以知道对手所有可能的环境，但并不知道对手真正会走到哪个位置，因此可以把对手的策略想象成环境的状态转移概率。但这类算法最大的一个缺点就是建模很困难，而且学习成本也非常大。

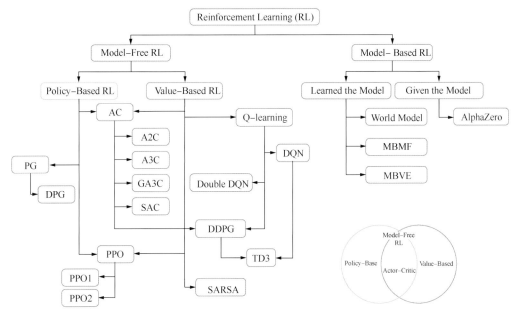

图 3-25　强化学习的分类

Model-Free RL 不关注建模，实现起来更容易，应用更广泛，根据参数化学习方式的不同，可以分为基于策略的强化学习（Policy-Based RL）和基于价值的强化学习（Value-Based RL）。Policy-Based RL 即目标是学到一种最优策略函数，也就是根据概率采取动作，所以每种动作都有可能被选中，只是可能性不同。Value-Based RL 即目标是学到一种最优价值函数，输出所有动作的价值，根据最高价值来选择动作。相比之下，Value-Based RL 更为确定，智能体就选价值最高的那个动作即可，而 Policy-Based RL 中即使某个动作的概率最高，也不一定会被选到。但以上所述的动作都是离散的，对于连续动作，Value-Based RL 是不能处理的，所以 Policy-Based RL 的优点之一就是能用一个概率分布在连续动作中选取特定动作。

Policy-Based RL 中的经典算法是 Policy Gradient，通过计算策略函数的梯度来求得最优参数，核心思想就是，观测的信息通过神经网络分析，选择一个动作进行反向传递，使之下次被选的可能性增加。这时候如果奖惩信息告诉我们这次的动作是不好的会给予一定的惩罚，那动作可能性增加的幅度随之被减低；如果奖惩信息告诉我们这次的动作是好的会给予一定的奖励，那就让它下次被选中的概率增加，这样就能靠奖励来左右神经网络反向传递。这类优化方法都是 On-Policy Learning 的，就是在线学习，使用一个策略来更新值和选择新的动作。

由于是 On-Policy 的，这也就带来了一个很大的缺点，就是参数更新慢，因为我们每更新一次参数都要进行重新采样，想要训练的智能体和与环境进行交互的智能体是同一个；与之对应的就是 Off-Policy 的策略，即想要训练的智能体和与环境进行交互的智能体不是同一个，可以说是拿别人的经验来训练自己。那么为了提升训练速度，让采样到的数据可以重复使用，可以将 On-Policy 的方式转换为 Off-Policy 的方式。这就涉及了 Value-based RL，经典算法是 Q-learning，处理的动作是离散的，通过一个 Q-table 来进行状态转移和动作选择。输出所有动作对应的值，根据最高值来选择动作，值函数可以通过递归的形式表示，任意一个状态的 value 可以由其他状态的 value 得到。Sarsa 在近似状态—动作值函数时具有较强的收敛性，其状态转移策略和 Q-Learning 相同，会在 Q-Table 中挑选值较大的动作值施加在环境中来换取奖惩，不同的地方在于 Sarsa 的 Q-Table 更新方式是不一样的。因为 Sarsa 是 On-Policy 的，而 Q-learning 是 Off-Policy 的，这也就导致 Q-learning 估计接下来的动作值后不一定会选择该动作，但 Sarsa 说到做到，估计接下来的最大动作值后就一定会选择该动作。

还有就是结合策略函数和动作值函数，经典算法是 Actor-Critic 框架。算法分为两部分，即一部分为 Actor 一部分为 Critic，分别涉及了两个神经网络，每次都是在连续状态中更新参数，Actor 的前身是 Policy Gradient，可以轻松地在连续动作空间内选择合适的动作，但因为 Actor 学习效率比较慢，可以使用一个 Value-based RL 的算法比如 Q-Learning 作为 Critic 就可以学习奖惩机制并进行更新。

对于具有有限状态空间和动作空间的简单任务，这些基础的经典强化学习算法能够取得不错的效果，但是，当现实中的任务和问题变得越来越复杂时，往往会涉及较大甚至连续的状态空间和动作空间，此时很难用经典的强化学习来进行处理。近年来，随着深度学习理论的不断完善和发展，深度学习与强化学习结合的研究越来越受到关注，成为近几年人工智能领域的研究热点，由此产生了深度强化学习(DRL，Deep Reinforcement Learning)在各个领域都取得了广泛的研究和应用。

类似于强化学习的分类方法，根据参数化学习方式的不同，深度强化学习可以分成基于值函数的深度强化学习算法(Value-Based DRL)和基于策略的深度强化学习算法(Policy-Based DRL)。

Value-Based DRL 主要是通过深度神经网络来近似评估状态-动作值函数，并根据网络输出值的大小来选择相应的动作。例如，在经典的 Q-learning 中，如果还是采用 Q-Table 来存储复杂任务中的可选状态，恐怕计算机有再大的内存都不够用，而且每次在表格中搜索对应的状态也是一件很耗时的事。因此在 Q-learning 的基础上引入深度学习，生成了深度 Q 网络(DQN，Deep Q-Network)，使用深度神经网络代替了经典 Q-learning 中的 Q-Table，将状态和动作当成网络的输入，然后经过网络分析后得到动作的 Q-value，不需要在表格中记录 Q-value，而是直接使用神经网络生成 Q-value；或者只输入状态值，输出所有的动作值，然后按照 Q-learning 的原则，直接选择拥有最大值的动作作为下一步要做的动作。同时，还采用了经验重放机制减弱数据之间的相关性，提高网络的稳定性，并缩短训练时间。这是深度强化学习中最具有代表性的算法，随后还有在 DQN 的基础上的改进算法，如 Deep Double Q-Network(DDQN)使用两个不同的网络，即选择动作的网络与评估动作的网络，两个网络的误差分布不一样，可以使得策略评估和动作选择相分离，有效的缓解 Q-value 的过度估计问题；Deep Dueling Q-Network（Dueling-DQN），将动作优势值和状态—动作值函数分开分别学习二者的策略，从而更好地把强化学习与神经网络结构进行结合，以提升 DQN 的算法性能。

尽管 Value-Based DRL 在许多领域都能获得很好的性能，但存在与 Value-Based RL 类似的问题，也就是只能处理有限的离散的动作空间的问题，面对连续动作空间的任务，用这类算法很难处理。因此，一些学者试图将深度学习引入到 Policy-Based RL 中提出了 Policy-Based DRL，其中经典的算法包括深度确定性策略梯度算法（DDPG，Deep Deterministic Policy Gradient），把确定性策略梯度算法（DPG，Deterministic Policy Gradient）与 Actor-Critic 框架进行结合；分布式近端策略优化算法（DPPO，Distributed Proximal Policy Optimization），通过引入旧策略和更新之后的策略所预测的概率分布之间的 KL 散度来控制参数的更新过程，有效避免训练过程中的震荡现象。

通过以上这些知识挖掘方法，可以提取到各种各样数据的信息，汇聚成有效的知识供业务人员使用和管理人员决策。

3.2 知识发现

知识图谱技术（详见 2.2 节）和知识挖掘技术（详见 3.1 节）都是人工智能技术的重要组成部分，以结构化的方式描述、挖掘客观世界中的概念、实体之间的关系，提供了一种更好的表达、组织、管理和理解互联网上的海量、异构、动态的数据和信息的能力，可以从原始的数据中提取得到我们所需要的有效的有价值的知识，使得互联网的智能化水平更高，将互联网的信息表达成更接近于人类认知世界的知识形式。我们都知道，应用知识远比拥有知识要更加重要，因此，建立一个具有语义处理能力与开放互联能力的知识库，可以在知识检索、知识问答、知识推荐等智能信息服务中产生应用价值。此外还有一些其他领域的垂直行业应用，如金融风控、公安刑侦、司法辅助、教育医疗等，本节仅介绍知识检索、知识问答和知识推荐这三个较为常见的应用场景：

（1）智能知识搜索：对实体信息的精准聚合和匹配、对关键词的理解以及对搜索意图的语义分析等，常见的企业应用有 Google、Bing、Facebook、百度等通用智能语义搜索引擎和知网、天眼查等专业智能语义搜索引擎。

（2）智能知识推荐：将知识图谱作为一种辅助信息集成到推荐系统中以提供更加精准的推荐选项，常见的企业应用有淘宝、亚马逊等电商平台和头条新闻、Facebook 等新闻软件。

（3）智能知识问答：匹配问答模式和知识图谱中知识子图之间的映射，常见的企业应用有微软小冰、阿里小蜜等智能问答机器人和 Apple Siri、Amazon Echo、天猫精灵等私人助理。

3.2.1 知识搜索

知识搜索是指信息检索的发展进入了智能化阶段，建立在以用户需求为基础的知识整合传播途径和完善的互动机制，例如评价，交流，修改等。知识搜索引擎（Knowledge Search Engine）的出现力图解决企业、个人能够快速、准确地获取知识的难题，它并非单纯的是一种搜索工具，它首先是知识管理的一种实现理念与工具，集成了"知识汇聚、知识发现、知识分类、知识聚类、知识门户的构建"等技术，将用户搜索的关键词映射为知识图谱中客观世界的概念和实体并返回搜索结果，通过搜索引擎软件完成最终的知识管理。

根据面向的目标领域和面对的目标用户的不同，目前的搜索引擎可以分为通用型知识搜索引擎和专业型知识搜索引擎，这一相关的知识搜索技术也已经有了很多的落地应用，二者之间的区别如表3-8所示。

表3-8　知识搜索引擎分类区别

要　　素	通用型知识搜索引擎	专业型知识搜索引擎
面向的目标领域	普遍领域	专业领域
面对的目标用户	普通用户	专业用户
处理的知识类别	一些常识性的大众熟知的知识	一些专业性知识
强调的知识范围	横向的广度	纵向的深度
落地应用	Google、Bing、Facebook、百度	知网、天眼查

搜索引擎发展过程从所采用的技术上来划分主要经历了如下四个时代。

1）目录分类的时代

国外的 Yahoo 和国内的 hao123 是这个时代的代表，也可以称为是"导航时代"。通过纯人工搜集整理的方式把属于各个类别的高质量网页进行分类，用户通过分级分类目录来查找高质量的网站，但这种方式存在的问题是可扩展性不强，虽然收录的网站质量一般较高，但绝大部分网站还不能被收录。

2）文本检索的时代

早期如 AltaVista 等是这个时代的代表。采用一些信息检索模型来计算用户查询关键词和网页文本内容的相关程度。相对于分类目录，这种方式可以收录大部分网页，并按照网页内容和用户查询的匹配程度进行排序。但网页之间的链接关系没有被充分利用，因此搜索质量较差。

3）链接分析的时代

Google 率先提出并使用了 PageRank 链接分析技术，充分利用了网页内容的相似关系，并深入挖掘其中所包含的推荐关系，通过结合网页流行性和内容相似性来改善搜索质量。目前几乎所有的搜索引擎都陆续采取了链接分析技术，但这种技术存在的问题是并未考虑用户的个性化需求，只要输入的查询请求相同，所有用户都会获得相同的搜索结果。甚至有些网站为获取更高的搜索排名，将网页提高到与其质量不相称的位置，针对链接分析算法提出了许多作弊方案，这会严重影响用户的搜索体验，导致搜索结果质量变差。某搜索引擎输入关键词"中国石化"后，用户本意是想进入"中国石油化工股份有限公司"官网，但搜索结果首先是广告内容，这就是搜索质量变差的典型表现，一些广告商为了吸引用户，采用一些作弊手段来获取更高的搜索排名。

相应的，有作弊方案就有反作弊技术，除了自动检索并屏蔽通过各种手段提高搜索排名的现象，现在也出现一种屏蔽网络爬虫的现象，主要是商业公司之间的竞争策略，或者是垂直搜索和通用搜索的竞争，比如12306网站会屏蔽一些采用爬虫软件进行爬虫的操作防止客票数据和用户信息的泄露。

4）用户需求的时代

这一时代以理解并获取用户输入的关键词背后的真正需求为核心，例如，不同用户即使输入同一个关键词，其背后的目的可能不一样，比如同样输入"苹果"，一个青年和一个果农的目的会存在较大的差异，青年可能需要的是苹果手机相关内容，而果农可能需要的是可以吃的苹果；即使同一个用户输入同一个关键词，也会因为所处时间和场合不同，需求有所变化，比如一个用户在早上和晚上分别输入"天气"，就会根据时间和地点不同，搜索结果不同。

目前搜索引擎采取了很多技术尝试，如何从用户输入的简单的搜索关键词中获取用户的真正需求，本质是一个匹配的过程，即从海量数据中匹配用户的需求内容，需要判断哪些信息是和用户需求真正相关的。例如，可以结合用户发送关键词时的时间和地理位置信息、结合用户曾经的查询内容及相应的点击记录等历史信息，来试图理解用户此时此地的真正需求。此外，在展示搜索结果的同时还要对互联网上所发布内容是否可信进行判断，有时，同一个关键词的搜索结果得到的可能是矛盾的答案。

综上所述，可以搭建如图3-26所示的通用的搜索引擎架构，通常的流程就是用户输入关键词，搜索引擎需要对海量网页进行获取、存储、处理，然后返回搜索结果，同时要保证结果的质量，即目标是获取内容更全面、响应查询更快速、搜索结果更准确，这也是搜索引擎发展过程中面临的主要的技术挑战。

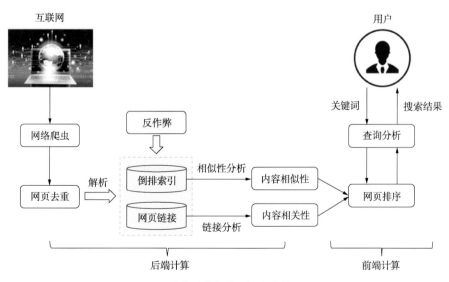

图3-26　搜索引擎架构（据张俊林，2012）

搜索引擎的后端计算系统首先通过网络爬虫技术将整个互联网的信息获取并存储到本地，这时会存在很大一部分内容是相同或相似的，然后通过网页去重技术进行检测并去除重复内容，随后对网页进行解析，抽取出的主体内容通过"倒排索引"这种数据结构进行保存，抽取出的指向其他网页的链接也会被保存下来，通过相似性分析和链接分析判断网页之间的相似性和相关性，为用户提供准确全面实时的搜索结果，并加快响应查询速度。

搜索引擎的前端计算系统首先接收到用户输入的关键词，对该关键词进行分析，结合用户信息来正确理解用户的真正需求。先在缓存中查找，缓存系统中存储了不同的查询意图对应的搜索结果，如果能在缓存中找到满足用户需求的信息，则直接返回给用户，这样既节省了存储资源又加快了响应速度。如果缓存中不存在，则采用网页排序技术，根据内容相似性因素（与用户查询相似的网页）和内容相关性因素（与用户查询相关的网页）实时计算满足用户需求的网页并排序输出作为搜索结果输出给用户。

还有一些基于搜索的互动式知识问答分享平台，用户自己可以有针对性地提出问题，其他用户可以自愿自发来解决该问题，也有一些专业相关用户可以提供全面、专业、权威的解决方案。同时，这些问题的答案又会进一步作为搜索结果，提供给其他有类似疑问的用户，帮助更多人解决类似的问题，此外还有个性化内容和相关问题推荐，从而达到分享知识、经验、观念的效果，提供这样一种全方位知识共享服务，可以称为是涵盖所有领域知识的、服务所有互联网用户的、内容开放的网络知识性百科全书，国内主要有知乎、百度知道、搜狗百科等。

随着技术的不断发展，知识图谱或知识计算引擎被认为是下一代搜索引擎，Google于2012年首先将知识图谱技术应用到搜索引擎中，也就是基于知识库的搜索引擎，其目标在于描述真实世界中存在的各种实体和概念及它们之间的关联关系，从而改进搜索结果，国内常见的这一类型的产品有搜狗智立方和百度知心。搜狗智立方是搜狗旗下的国内首家知识库搜索引擎产品，其整体架构如图3-27所示，其中，知立方知识库构建包括本体构建（实体挖掘、属性挖掘等）、实例构建（实体抽取、属性抽取、半结构化数据抽取等）、多源异构数据整合（实体对齐、属性决策、关系建立）、实体重要性度量、推理补充知识等一系列过程。百度知心是百度旗下的知识库搜索引擎产品雏形，尚未推广。两个搜索引擎的目标都是为了让用户获取有用信息和知识的方式更加简单快捷，与传统的通用型搜索引擎的区别在于，在普通搜索引擎下的"关键词搜索"，仅仅是简单的对互联网数据进行了爬取，用户搜索得到的信息和知识大多是碎片化的，没有经过处理的，因此还需要用户根据自己的实际需求进行相应的筛选，而知识库搜索引擎产品，引入了"语义理解"技术，通过理解用户的搜索意图，来对用户的搜索结果中的海量的碎片化信息进行重新整合和处理，如优化计算、分析挖掘等，使得搜索结果能将最核心的信息和知识准确且直接地展现给用户，满足更多用户更加精准的个性化需求，还可以给出完整的知识体系，让用户能够更加全面全方位地了解这一知识，同时还保证了知识库中知识的真实性和准确性。例如，在搜狗智立方中输入关键词"Machine learning"进行学术相关知识的搜索，可以得到如图3-28所示的搜索结果，可以看到下方有知识图谱相关选项进行知识的扩展（上位词、下位词）。

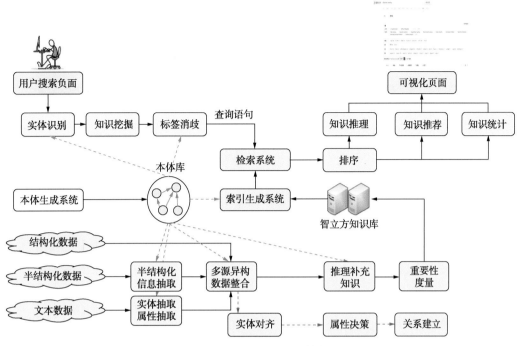

图 3-27　搜狗智立方整体架构

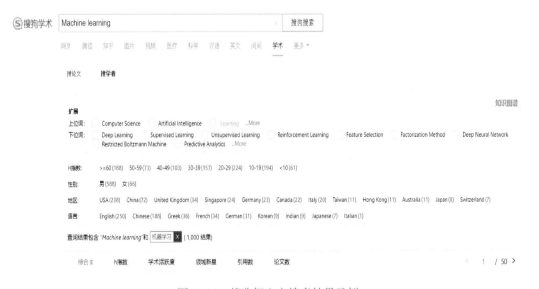

图 3-28　搜狗智立方搜索结果示例

除了以上这些通用型搜索引擎外，还有一些面向专业人士的搜索引擎，例如，天眼查属于一种商业性的查询平台，主要收录全国的含企事业单位、学校等在内的多家社会实体信息，涉及多种数据维度，以"查公司、开公司"为核心服务于有需求的专业用户；知网属于一种学术性的查询平台，涉及多种数据维度，以"查论文、查学者"为核心服务于有需求的专业用户。

3.2.2 知识推荐

由于知识图谱特征学习为每个实体和特征学习得到了一个低维向量，而且在向量中保持了原图的结构和语义信息，所以一组好的实体向量可以充分且完全地表示实体之间的相互关系，因为绝大部分机器学习算法都可以很方便地处理低维向量输入。因此，利用知识图谱特征学习的优点，如，降低知识图谱的高维性和异构性；增强知识图谱应用的灵活性；减轻特征工程的工作量；减少由于引入知识图谱带来的额外计算负担，可以将知识图谱引入各种推荐算法中，这就是知识推荐，也可以称为基于知识图谱的个性化推荐系统。根据用户输入的关键词，映射为知识图谱中客观世界的概念和实体，显示出满足用户需求的结构化信息内容，现如今，市面上很多相关的产品都包含了这一技术，都属于这一技术的落地应用，比如天猫、京东：结合用户偏好个性化推荐商品；网易云音乐、酷狗音乐：结合用户偏好个性化推荐歌曲；当当网、卓越网：结合用户偏好个性化推荐书籍；淘票票、猫眼：结合用户偏好个性化推荐电影等。在缝洞型油藏开发知识管理过程中所涉及可推荐的基础数据如图 3-29 所示。

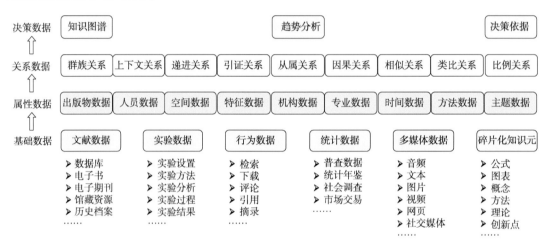

图 3-29 缝洞型油藏开发知识管理中可供推荐的数据

将知识图谱特征学习作为辅助信息引入到推荐系统中，主要有三种方式，即依次学习、联合学习、交替学习，三者的区别如图 3-30 所示，可以有效地解决传统推荐系统存在的稀疏性和冷启动问题，其中，KGE 即为知识图谱嵌入(Knowledge Graph Embedding)。

1) 依次学习(One-by-one Learning)

首先使用知识图谱特征学习得到实体向量和关系向量，然后将这些低维向量引入推荐系统，学习得到用户向量和物品向量。缝洞型油藏开发知识管理的知识推荐等级次序为：企业内外相关标准规范；前人处理类似问题的方法；同行类似的专利技术；业界专家咨询；现有技术研究成果查询；相关理论研究。以新闻推荐(DKN, Deep Knowledge-Aware Network for News Recommendation)为例，将知识图谱实体嵌入与神经网络相结合，将新闻的语义表示和知识表示融合形成新的嵌入表示，以此来进行用户新闻推荐。这种方法考虑了不同层

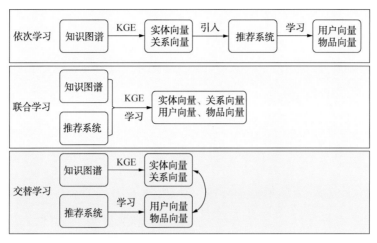

图 3-30　知识图谱特征学习应用到推荐系统的方法

面上的信息，实验证明比传统的方法效果好。如图 3-31 所示，新闻标题和正文中通常存在大量的实体，实体间的语义关系可以有效地扩展用户兴趣，然而这种语义关系难以被传统方法(话题模型、词向量)发掘。因此将知识图谱引入特征学习，遵循依次学习的框架。

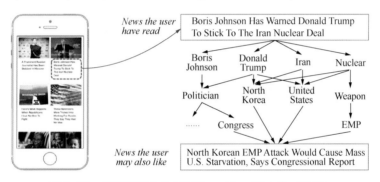

图 3-31　新闻推荐含义(据 Wang HongWei 等，2018)

（1）提取知识图谱特征，具体步骤如下：

① 实体连接：从文本中发现相关词汇，并与知识图谱中的实体进行匹配。为了更准确地刻画实体，使用一个实体的上下文实体特征(Contextual Entity Embeddings)，一个实体的上下文实体是该实体的所有一跳邻居节点，上下文实体特征为该实体的所有上下文实体特征的平均值。例如，可以构建所有与实体"石油"相关的上下文实体即专家，如图 3-32 所示。

② 知识图谱构建：根据所有匹配到的实体，在原始的知识图谱中抽取子图。子图的大小会影响后续算法的运行时间和效果，子图越大通常会学习到更好的特征，但所需的运行时间越长。

③ 知识图谱特征学习：使用知识图谱特征学习算法学习得到实体和关系向量。

（2）构建推荐模型，DKN 中提出了如图 3-33 所示的一个基于 CNN 和注意力机制的新闻推荐算法，包括两部分内容。

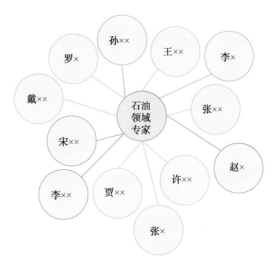

图 3-32 "石油专家"的上下文实体示例

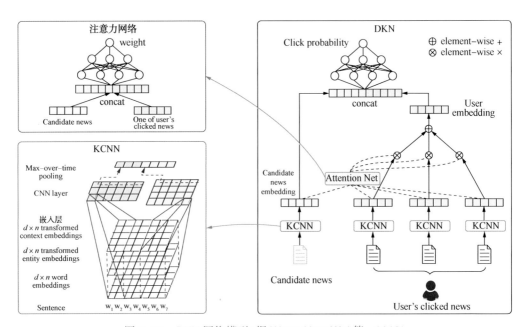

图 3-33 DKN 网络模型(据 Wang HongWei 等、2018)

基于卷积神经网络的文本特征提取:将新闻标题的词向量(Word Embedding)、实体向量(Entity Embedding)和实体上下文向量(Context Embedding)作为多个通道,在 CNN 的框架下进行融合;

基于注意力机制的用户历史兴趣融合:在判断用户对当前新闻的兴趣时,使用注意力网络(Attention Network)给用户历史记录分配不同的权重。由于注意力机制的引入,DKN 可以更好地将同类别的新闻联系起来,从而提高了最终的正确预测的数量。

依次学习的优点在于知识图谱特征学习模块和推荐系统模块相互独立。在真实场景中,特别是知识图谱很大的情况下,进行一次知识图谱特征学习的时间开销会很大,而一般而言，知识图谱远没有推荐模块更新地快。因此可以先通过一次训练得到实体和关系向量，以后每次推荐系统模块需要更新时都可以直接使用这些向量作为输入，而无须重新训练。

依次学习的缺点也正在于此：因为两个模块相互独立，所以无法做到端到端的训练。通常，知识图谱特征学习得到的向量会更适合于知识图谱内的任务，比如连接预测、实体分类等，并非完全适合特定的推荐任务。在缺乏推荐模块的监督信号的情况下，学习得到的实体向量是否真的对推荐任务有帮助，还需要通过进一步的实验来推断。

2）联合学习（Joint Learning）

将知识图谱特征学习和推荐算法的目标函数结合，使用端到端（End-to-End）的方法进行联合学习。在推荐系统中存在着很多与知识图谱相关的信息，"缝洞型油藏开发中的例子"，以电影推荐为例：

（1）结构化知识（Structural Knowledge），例如导演、类别等；

（2）图像知识（Visual Knowledge），例如海报、剧照等；

（3）文本知识（Textual Knowledge），例如电影描述、影评等。

Collaborative Knowledge Base Embedding（CKE）模型是一个基于协同过滤和知识图谱特征学习的推荐系统，网络结构如图3-34所示。使用如下方式进行三种知识的学习，并将目标函数与推荐系统中的协同过滤结合，最终得到用户/物品向量，以及实体/关系向量。

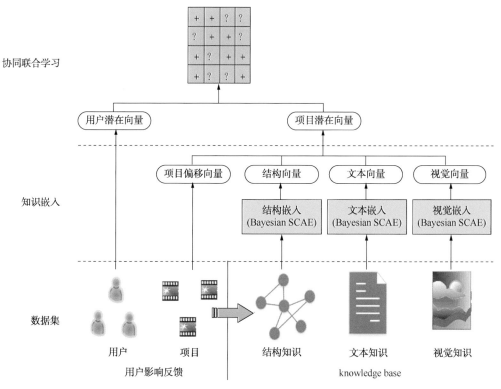

图3-34　CKE网络模型（据Zheng Fuzheng等，2016）

93

（1）结构化知识学习：基于距离的翻译模型 TransR，可以学习得到知识实体的一种泛化能力较强的向量表示。

（2）文本知识学习：去噪自编码器，可以学习得到文本的一种泛化能力较强的向量表示。

（3）图像知识学习：卷积—反卷积自编码器，可以学习得到图像的一种泛化能力较强的向量表示。

Ripple Network 模型如图 3-35 所示，模拟了用户兴趣在知识图谱上的传播过程，整个过程类似于水波的传播：一个用户的兴趣以其历史记录中的实体为中心，在知识图谱上向外逐层扩散；一个用户的兴趣在知识图谱上的扩散过程中逐渐衰减。

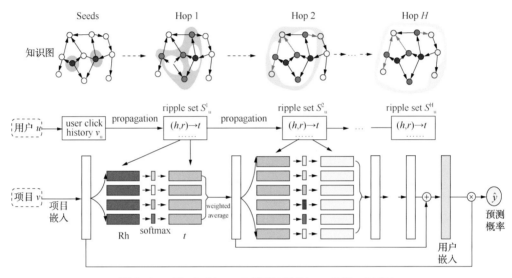

图 3-35　Ripple Network 模型（据 Wang F 等，2018）

图 3-36 展示了用户兴趣在知识图谱上扩散的过程，以某一个用户看过的"Forrest Gump"为中心，用户的兴趣沿着关系边可以逐跳向外扩展，并在扩展过程中兴趣强度逐渐衰减。

联合学习的优劣势正好与依次学习相反。联合学习是一种端到端的训练方式，推荐系统模块的监督信号可以反馈到知识图谱特征学习中，这对于提高最终的性能是有利的。但两个模块在最终的目标函数中结合方式以及权重的分配都需要精细的实验才能确定。联合学习潜在的问题是训练开销较大，特别是一些使用到图算法的模型。

3）交替学习（Alternate Learning）

推荐系统中的物品和知识图谱中的实体存在重合，因此两个任务之间存在相关性，将知识图谱特征学习和推荐算法视为两个分离但又相关的任务，使用多任务学习（Multi-task Learning）的框架进行交替学习，知识图谱特征学习和推荐算法两者的可用信息可以互补；知识图谱特征学习任务可以帮助推荐算法摆脱局部极小值；防止推荐算法过拟合；提高推荐算法的泛化能力。

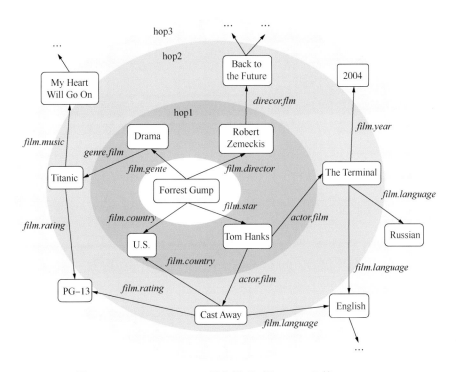

图 3-36　Ripple Network 网络模型(据 Wang F 等，2018)

MKR 模型的框架如图 3-37 所示，其中左侧是推荐任务，右侧是知识图谱特征学习任务。推荐部分使用用户和物品的特征表示作为输入，预测的点击概率作为输出。知识图谱特征学习部分使用一个三元组的头结点和关系表示作为输入，预测的尾节点表示作为输出。由于推荐系统中的物品和知识图谱中的实体存在重合，所以两个任务并非相互独立。在两个任务中设计了交叉特征共享单元(Cross-Feature-Sharing Units)作为两者的连接纽带，交叉特征共享单元是一个可以让两个任务交换信息的模块。由于物品向量和实体向量实际上是对同一个对象的两种描述，他们之间的信息交叉共享可以让两者都获得来自对方的额外信息，从而弥补了自身的信息稀疏性的不足。同时，在训练过程中，采用交替训练的方式：固定推荐系统模块的参数，训练知识图谱特征学习模块的参数；然后固定知识图谱特征学习模块的参数，训练推荐系统模块的参数。

交替学习是一种较为创新和前沿的思路，其中如何设计两个相关的任务以及两个任务如何关联起来都是值得研究的方向。从实际运用和时间开销上来说，交替学习是介于依次学习和联合学习中间的，训练好的知识图谱特征学习模块可以在下一次训练的时候继续使用(不像联合学习需要从零开始)，但是依然要参与到训练过程中来(不像依次学习中可以直接使用实体向量)。

在推荐系统中，有时候还会用到用户画像。最早是交互设计之父 Alan Cooper 提出的用户画像(Persona)的概念：用户画像是真实用户的虚拟代表，是建立在一系列真实数据(Marketing data，Usability data)之上的目标用户模型。通过用户调研去了解用户，根据他们的目标、行为和观点的差异，将他们区分为不同的类型，然后每种类型中抽取出典型特征，

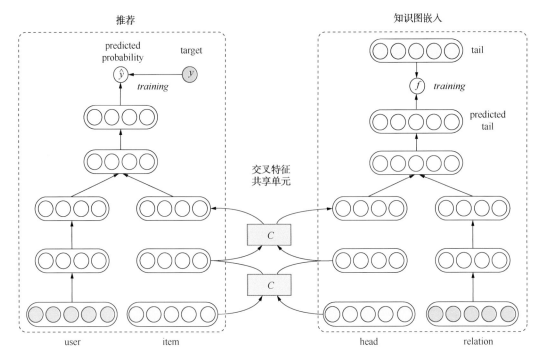

图 3-37　MKR 网络模型（据 Wang Hongwei，2019）

赋予名字、要素、场景等描述，就形成了一个用户画像。借助用户画像，可以帮助推荐系统理解用户的个性化需求，想象用户使用的个性化场景，收集用户的一些个性化数据和信息，为用户打上各种各样的标签，或者根据不同的业务场景设计不同的标签，逐步形成完整的有效的用户特征画像。当需要选择某部分用户群体做精细化运营时，就会采用用户画像筛选出特定的群体。传统的用户画像方法主要有：

（1）基于路径的用户画像：基于图谱的多路径召回，或多路径推荐，然后根据路径的转移概率进行排序从而达到推荐的效果，比较适合简单的推荐系统，或者推荐系统的冷启动阶段。

（2）基于图特征的用户画像：计算出节点和关系在网络中的特征表示，采用特征表示进行召回和排序；此类方法比较适合稠密网络，不适用于冷启动阶段。

但有时候通过这样的方法得到的用户数据和信息往往只是一般意义上的，而得不到更深层次的信息。因此，传统的用户画像方法也存在以下两点问题：

（1）数据不完整性，也可以说是数据稀疏性。导致这个问题的可能原因是数据的隐私保护，很多时候可能了解用户不愿谈及的某方面内容对于完善推荐系统来说是非常重要的，因此就缺失大量有用的信息，现有信息对用户的理解就是一个碎片式的，很难召回完整的目标客户。

（2）数据不准确性，也就是说对用户画像的理解有时候是有误的，可能会导致错误的推荐。可能原因有很多，一是机器还无法理解这些标签，也就无法做出精准推荐。二是在某些跨领域场景下，由于缺失推荐对象（用户和商品）之间的历史交互信息，推荐可能就会失效，这就是著名的冷启动问题。三是没有针对推荐给出合理的解释，导致用户可能不会完全接受这一推荐结果，目前这个问题可以利用大规模知识库来产生解释，从而实现能够给出带解释的推荐给用户。

针对以上的问题，产生了采用知识图谱来做用户画像的相关研究，通过行为数据收集与分析，得以增补该用户特征之外的更多信息，并从更深层面了解用户。

（1）基于社交图谱的标签扩展。

对于第一个标签稀疏的问题，用户的标签是稀疏的(大部分用户标签缺失)，但社交网络不是稀疏的。因此可以利用知识图谱进行信息补全，最简单有效的方法就是基于社交图谱的标签扩展，即"人以群分物以类聚"，采用标签传播算法(LPA, Label Propagation Algorithm)、社区发现算法(Louvain)等解决这一问题，划分出来的社群具有一定的相似性，那么标签也具有相似性，可以将有标签的信息复制到没有标签信息的节点上，不会影响最终的结果。

（2）基于知识图谱的标签扩展。

基于社交图谱的标签扩展采用的是社交图谱网络，这里的知识实际上是一个由标签构成的概念网络。举一个标签联想的例子，比如看到一个研究缝洞型油藏技术的专家想到他的专业、发表论文到某个期刊，一个学者说他也研究缝洞型油藏技术，可以联想到他可能认识这位专家，也可能发表过或者将会发表论文在这个期刊等等。这就是一个联想推理的过程，所以这里的标签扩展是一个标签概念的扩展和关联，一个缝洞型油藏的标签可以扩展出专业、论文、期刊等一系列的标签，这样对于用户的画像会显得更加饱满。然后利用这样的标签联想的方法，对实体概念网络进行标签扩展，还是同一个例子，A 研究缝洞型油藏技术，B 也研究缝洞型油藏技术，通过缝洞型油藏技术这个实体概念将 A 和 B 关联到了一起，那 A 的其他标签也可以传播到 B。

总之，采用知识图谱做用户画像，就是在已有用户画像的技术上利用知识图谱的技术，如标签传播、社群发现、复杂网络等，或引入外部的知识库，去扩充或泛化标签。存储用户行为数据时最好同时存储发生该行为的场景，以便更好地进行数据分析，通过数学算法模型尽可能排除用户的偶然行为，进行行为建模，抽象出用户的标签。将收集到的信息进行整理和分析并归类，创建用户角色框架(更全面地反映出不同用户的状态变化)，构建用户画像。最后可以根据构建好的用户画像进行用户评估，做有针对性的知识管理(包括精细化管理和分类管理等等)，提高管理效率。

3.2.3 知识问答

人与机器通过自然语言进行问答与对话是人工智能实现的关键标志之一，因此知识图谱也被广泛用于人机问答交互中。知识图谱是实现人机交互问答的必不可少的模块。基于知识图谱的智能问答主要是将知识图谱视为一个较大规模的知识库来存储相关知识，在使用时，通过理解用户的问题并将其转化为对知识图谱的查询操作，获取该问题的答案并反馈给用户，现如今，市面上很多相关的产品都包含了这一技术，都属于这一技术的落地应用，比如微软旗下的小冰、百度旗下的小度、阿里巴巴旗下的天猫精灵、苹果旗下的 Siri 等人工智能小助手。随着机器人和物联网设备的智能化浪潮，这些应用技术也已被用于车载、家居、手机等场景，为人们的生活提供了很多便利，为人们的社交增添了很多乐趣，也帮助人们随时随地扩展知识面。

基于知识图谱的典型问答技术主要包括：基于语义分析、基于图的匹配、基于模板的学习、基于表示的学习和深度学习以及基于混合模型等。这种智能机器人的优化目标一般是用户长时间段内的对话轮次（CPS，Conversation-turns Per Session）。优化过程会使用强化学习的 Explore & Exploit（EE）策略（详见 3.1.3 节），即探索（Explore）已知好的策略的同时，也会去尝试（Exploit）未知效果的策略。

例如，微软小冰的能力主要包含两块，核心闲聊（Core Chat）和各类技能（Skills），整个系统结构如图 3-38 所示。其中，闲聊就是一般的对话，即对话管理模块，决定当前对话交给技能库中的哪个技能处理，对应的技能产生答复返回给用户；技能是在某些方面的能力，如天气咨询、讲笑话、看图作诗等。

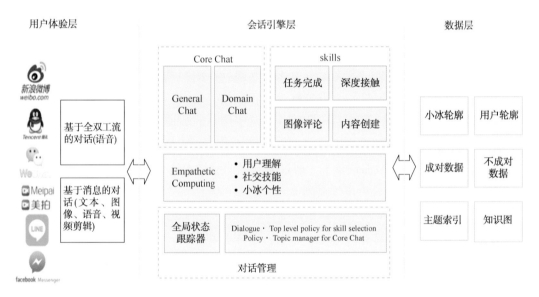

图 3-38　微软小冰系统结构（据 Zhou L 等，2020）

参 考 文 献

［1］Duda R O，Hart P E，Stork D G . Pattern classification［M］. John Wiley & Sons，2001.

［2］Jolliffe I T . Principal component analysis［J］. Journal of Marketing Research，2002，87（4）：513.

［3］Chiang L H，Russell E L，Braatz R D . Partial least squares［J］. Springer London，2001.

［4］王翰钧 . 基于 RBF 网络的地理实体信息推理方法研究［D］. 桂林理工大学，2012.

［5］Agrawal R，Srikant R. Fast algorithms for mining association rules in large databases［C］//International Conference on Very large Data Bases（VLDB），1994，478-499.

［6］李旭 . 五种决策树算法的比较研究［D］. 大连：大连理工大学，2011.

［7］李航．统计学习方法［M］．北京：清华大学出版社，2012.

［8］Quinlan J R．Induction of decision tree［J］．Machine Learning，1986，1(1)：81-106.

［9］Quinlan J R．C4.5：Programs for machine learning［R］．San Mateo，CA：Morgan Kaufmann，1993.

［10］Quinlan J R．Data Mining Tools See5 and C5.0［J］．Research Gate Net，2008.

［11］Sargeant A，McKenzie J．The lifetime value of donors：Gaining insight through chaid［J］．Fund raising management，1999，3022(7)．

［12］Leo B，Jerome H F，Richard A O，et al．Classification and regression trees［M］．Taylor & Francis Group，LLC，2017.

［13］Yusya R R，Septyandy M R，Indra T L．Flood risk mapping of jakarta using genetic algorithm rule-set production(garp)and quick unbiased efficient statistical tree(quest)methods［J］．IOP Conference Series Materials Science and Engineering，2020，875：012051.

［14］Anil K J．Data clustering：50 years beyond k-means［J］．Pattern Recognition Letters，2010，31(8)：651-666.

［15］王千，王成，冯振元，等．K-means 聚类算法研究综述［J］．电子设计工程，2012，20(07)：21-24.

［16］Arthur D，Vassilvitskii S．K-means++：The advantages of careful seeding［C］//Annual ACM-SIAM Symposium on Discrete Algorithms(SODA)．Society for Industrial and Applied Mathematics，2007，1027-1035.

［17］Elkan C．Using the triangle inequality to accelerate k-means［C］//International Conference on Machine Learning(ICML)，2003，147-153.

［18］Sculley D．Web-scale k-means clustering［C］//International conference on World Wide Web(WWW)，2010，1177-1178.

［19］Newling J，Fleuret F．Nested mini-batch k-means［C］//Conference and Workshop on Neural Information Processing Systems(NIPS)，2016.

［20］Zhang T，Ramakrishnan R，Livny M．Birch：An efficient data clustering method for very large databases［C］//Special Interest Group on Management of Data(SIGMOD)，1996(25)：103-114.

［21］Zhang L，Ramakrishnan R，Livny M．Birch：A new data clustering algorithm and its applications［J］．Data Mining and Knowledge Discovery，1997(1)：141-182.

［22］Guha S，Rastogi R，Shim K．Cure：An efficient clustering algorithm for large databases［J］．Information Systems，1998，26(1)：35-58.

［23］Murtagh F，Legendre P．Ward's hierarchical agglomerative clustering method：Which algorithms implement ward's criterion［J］．Journal of Classification，2014，31(3)：274-295.

［24］Hasan M S，Duan Z H．Hierarchical k-means［J］．Emerging Trends in Computational Biology，Bioinformatics and Systems Biology，2015：51-67.

［25］王鑫．基于高斯混合模型的聚类算法及其在图像分割中的应用［D］．中北大学，2013.

［26］Ester M，Kriegel H，Sander J，et al．A density-based algorithm for discovering clusters in large spatial databases with noise［C］//International Conference on Knowledge Discovery and Data Mining(KDD)，1996：226-231.

［27］Qian W N，Gong X Q，Ao Y Z．Clustering in very large databases based on distance and density［J］．Journal of Computer Science and Technology，2003，18(1)：67-70.

［28］Ankerst M，Breunig M M，Kriegel H P，et al．Optics：Ordering points to identify the clustering structure

［C］//ACM SIGMOD International Conference on Management of Data，1999.

［29］Bengio Y，Courville A，Vincent P. Representation learning：A review and new perspectives［J］. IEEE trans-actions on pattern analysis and machine intelligence，2013，35(8)：1798-1828.

［30］邱锡鹏，神经网络与深度学习［M］. 机械工业出版社，https：//nndl. github. io/，2020.

［31］Lecun Y，Bengio Y，Hinton G. Deep learning［J］. Nature，2015，521(7553)：436-444.

［32］Schmidhuber J. Deep learning in neural networks：An overview［J］. Neural Networks，2015，61：85-117.

［33］诸葛越，葫芦娃. 百面机器学习［M］. 人民邮电出版社，2018.

［34］零基础入门深度学习［M］. https：//zybuluo. com/hanbingtao/note/541458，2017.

［35］Sutskever I. Training recurrent neural networks［D］. University of Toronto，2012.

［36］Lakoff G，Johnson M. Metaphors we live by［J］. Journal of Japanese Society for Artificial Intelligence，1987，2：127-128.

［37］Rogers T T，McClelland J L. Semantic cognition：A parallel distributed［M］. MIT Press，2004.

［38］Bengio Y，Simard P，Frasconi P. Learning long-term dependencies with gradient descent is difficult［J］. IEEE Transactions on Neural Networks，1994(5)：157-166.

［39］Hochreiter S，Schmidhuber J. Long short-term memory［J］. Neural Computation，1997(9)：1735-1780.

［40］Cho K，Merrienboer B V，Gulcehre C，et al. Learning phrase representations using rnn encoder-decoder for statistical machine translation［J］. Computer Science，2014.

［41］Zeiler M D，Taylor G W，Fergus R. Adaptive deconvolutional networks for mid and high level feature learning［C］//IEEE International Conference on Computer Vision(ICCV)，2011，2018-2025.

［42］Chen L C，Papandreou G，Kokkinos I，et al. Deeplab：Semantic image segmentation with deep convolutional nets，atrous convolution，and fully connected CRFs［J］. IEEE transactions on pattern analysis and machine intelligence，2018，40(4)：834-848.

［43］Ciresan D，Meier U，Masci J，et al. Multi-column deep neural network for traffic sign classification［J］. Neural Networks，2012，32：333-338.

［44］Sermanet P，Kavukcuoglu K，Chintala S，et al. Pedestrian detection with unsupervised multi-stage feature learning［C］//International Conference on Computer Vision and Pattern Recognition(CVPR)，2013.

［45］Vaillant R，Monrocq C，LeCun Y. Original approach for the localisation of objects in images［J］. Vision，Im-age，and Signal Processing，1994，141：245-250.

［46］Tompson J，Goroshin R R，Jain A，et al. Efficient object localization using convolutional networks［C］//Conference on Computer Vision and Pattern Recognition(CVPR)，2014.

［47］Bottou L，Fogelman-Soulié F，Blanchet P，et al. Experiments with time delay networks and dynamic time warping for speaker independent isolated digit recognition［C］//EuroSpeech，1989，89：537-540.

［48］Simard D，Steinkraus P Y，Platt J C. Best practices for convolutional neural networks［C］//Document Analy-sis and Recognition(ICDAR)，2003，958-963.

［49］Hadsell R，et al. Learning long-range vision for autonomous off-road driving［J］. Journal of Field Robotics，2009(26)：120-144.

［50］Farabet C，Couprie C，Najman L，et al. Scene parsing with multiscale feature learning，purity trees，and optimal covers［C］//International Conference on Machine Learning(ICML)，2012.

［51］Collobert R，et al. Natural language processing（almost）from scratch［J］. Journal of Machine Learning Research，2011，12：2493−2537.

［52］Sainath T，Mohamed A R，Kingsbury B，et al. Deep convolutional neural networks for LVCSR［J］. Acoustics，Speech and Signal Processing，2013，8614−8618.

［53］Watkins C J，Dayan P. Q−learning［J］. Machine Learning，1992，8（3−4）：279−292.

［54］Sutton R，Barto A. Introduction to reinforcement learning［M］. MIT Press，2017.

［55］Lagoudakis M G，Parr R. Model−free least−squares policy iteration［C］//In Advances in Neural Information Processing Systems，Curran Associates，2002，1547−1554.

［56］Lecun Y，Bengio Y，Hinton G. Deep learning［J］. Nature，2015，521（7553）：436−444.

［57］Schmidhuber J. Deep learning in neural networks：An overview［J］. Neural Networks，2015，61：85−117.

［58］Silver D，Huang A，Maddison C J，et al. Mastering the game of go with deep neural networks and tree search［J］. Nature，2016，529（7587）：484−489.

［59］Peng X B，Berseth G，Panne M V D. Terrain−adaptive locomotion skills using deep reinforcement learning［J］. ACM Transactions on Graphics，2016，35（4）：81−95.

［60］Mnih V，Kavukcuoglu K，Silver D，et al. Human−level control through deep reinforcement learning［J］. Nature，2015，518（7540）：529−533.

［61］Hasselt H V，Guez A，Silver D. Deep reinforcement learning with double q−learning［C］//AAAI Conference on Artificial Intelligence，2015，2094−2100.

［62］Wang Z，Schaul T，Hessel M，et al. Dueling network architectures for deep reinforcement learning［J］. arXiv preprint arXiv：1511.06581，2015.

［63］Lillicrap T P，Hunt J J，Pritzel A，et al. Continuous control with deep reinforcement learning［J］. arXiv preprint arXiv：1509.02971，2015.

［64］Silver D，Lever G，Heess N，et al. Deterministic policy gradient algorithms［C］. In International Conference on Machine Learning，MIT Press，2014.

［65］Heess N，Dhruva T B，Sriram S，et al. Emergence of locomotion behaviours in rich environments［J］. arXiv preprint arXiv：1707.02286v2，2017.

［66］张俊林. 这就是搜索引擎：核心技术详解［M］. 北京：电子工业出版社，2012.

［67］Sergey B，Lawrence P. The anatomy of a large−scale hypertextual web search engine［J］. Computer Networks and ISDN Systems，1998，30（1−7）：107−117.

［68］张坤. 搜狗−面向知识图谱的搜索技术［EB/OL］. 百度文库，2019，https：//download.csdn.net/download/qq_ 22424571/11222165.

［69］张蹇. 传统搜索引擎与智能搜索引擎比较研究［D］. 郑州：郑州大学，2012.

［70］Wang H W，Zhang F Z，Xie X. Dkn：Deep knowledge−aware network for news recommendation［C］//World Wide Web Conference（WWW），2018，1835−1844.

［71］Zhang F Z，Yuan N，Lian D F，et al. Collaborative knowledge base embedding for recommender systems［C］//KDD，2016，353−362.

［72］Wang H，Zhang F，Wang J，et al. Ripplenet：Propagating user preferences on the knowledge graph for recommender systems［C］//CIKM，2018，417−426.

[73] Wang H W, Zhang F Z, Zhao M, et al. Mkr: A multi-task feature learning approach for knowledge graph enhanced recommendation[J]. arXiv: 1901. 08907, 2019.

[74] Raghavan U N, Albert R, Kumara S. Near linear time algorithm to detect community structures in large-scale networks[J]. Physical Review E, 2007, 76(3): 1-11.

[75] Kirianovskii I, Granichin O, Proskurnikov A. A new randomized algorithm for community detection in large networks[J]. IFAC PapersOnline, 2016, 49(13): 31-35.

[76] Zhou L, Gao J, Li D, Shum H Y. The design and implementation of xiaoice, an empathetic social chatbot [J]. Computational Linguistics, 2020, 46(1): 1-62.

4 油藏开发知识共享与区块链技术

> **提要** 本章主要通过介绍区块链的基础概念，结合区块链技术与知识管理的关系分析，进而形成基于区块链技术的缝洞型油藏开发知识管理架构。

4.1 区块链的基本概念

4.1.1 区块链的基本架构

区块链的概念最早来源于比特币，比特币是区块链技术的第一种展现形式，比特币的创始人中本聪在 2008 年发表了一篇名为《A Peer-to-Peer Electronic Cash System》的论文，论文描述了他对电子货币的构想以及实现方式，并在第二年发布了第一个用于承载比特币获取以及交易的软件，区块链技术就此问世。

区块链技术至今已经有了十多年的发展历程，每一种新兴技术的发展道路总是曲折的，起初大多数人们并没有关注区块链技术本身，而是着重关注于电子货币，随着时间的推进人们开始逐渐着眼于电子货币背后的技术，开始不断挖掘、改进区块链技术，在近几年区块链技术呈现急速发展态势，技术生态不断完善，技术本身也有了很大改进，技术的研究人员增加，区块链技术的相关论文也逐渐增多，技术体系日趋成熟。

区块链本身经历了十多年的发展，技术的成熟度其实已经很高，其本身也被各行各业进行试验，总体证明了技术的可用性，技术本身的价值也不断被挖掘出来。区块链技术出现的初期是对技术进行探索证明的时段，在对技术进行完探索之后，是国内外技术人员对区块链技术进行研究的时段，是技术成长期，近几年是技术的应用研究时期，人们不断探索区块链技术在行业领域的应用方式和应用价值。因为区块链最初起源于电子货币，所以金融领域率先展开了对区块链技术的探索，后续交通运输、法律、政务、医疗、销售、物联网、审计等行业也展开了对区块链技术的研究。

区块链本质是一个多种技术融合的产物，从狭义上讲区块链是一种数据存储结构，数据的基本存储单元为"块"，数据存储方式为链式存储结构因此技术名称为"区块链"，从广义上来讲区块链是一种具备保护数据安全、提升数据共享效率的数据库。

分布式网络、点对点传输、加密技术、数据库技术等多种技术使区块链拥有了其本质特性。数据存储是区块链的基础服务，在数据存储之外，区块链技术还提供了对数据本身的安全保护、共享传输、可靠存储等高层次服务。

区块链的基本数据单元如图 4-1 所示，从整体来看区块和区块之间利用哈希值作为链接，每一个当前区块哈希值的产生都和上一区块相关，因此形成了整个链式结构。每一个区块本身分为区块头和区块体两部分，在区块头部分包含了上一区块哈希值、随机数、当前区块哈希值、时间戳、Merkle 树根节点和版本信息等内容。其中前一区块哈希值是由前一区块传递而来随机数的产生是计算当前区块哈希值的一个组成部分，时间戳是对区块产生时间的真实记录，保证区块的可追溯性，Merkle 树是为了保存区块内信息而形成的基本数据结构，版本信息是对区块进行验证信息规则的版本，不同版本的区块验证方式不同，因此要记录区块的版本信息。区块体之中存储的为事物信息，通俗来讲为交易信息，每一个区块并不是只存储一个事务的信息，多个事务之间仍然利用哈希函数来构建联系。

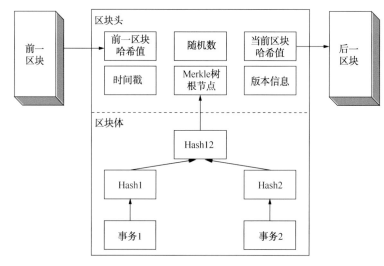

图 4-1　区块结构图

区块链区块结构的区块头部分的主要功能为保证链式结构的完整性，因为区块头的存在，对于区块的伪造是不可能的，哈希值的嵌套生成以及哈希过程涉及的随机数、时间戳内容极大地提升了哈希值的伪造难度，伪造成本几乎与重新建链的成本相当，甚至更大。区块体部分，对于每笔业务都进行了数字签名处理，区块体内的业务数据之间存在联系性，赋予了数据不可篡改的属性。因此不论是整体结构上还是局部区块结构，区块链都具有健壮性，可以很好地保护数据不被伪造或者篡改。

国内外学者们也提出了区块链的技术架构，邵奇峰等学者将区块链的技术架构整体划分为系统网络、共识机制、底层数据、智能合约和实际应用五层。袁勇将区块链的技术架构主要分为底层数据、系统网络、共识机制、激励机制、智能合约和实际应用六层，如

图 4-2所示为技术架构图的详细内容。数据层为区块链的基础层，定义了数据区块结构和数据存储的链式结构，包含了时间戳、哈希函数、Merkle 树结构和非对称加密等对数据进行安全处理的技术。网络层主要负责解决数据传输及验证的问题，主要利用 P2P (Peer to Peer) 网络、传播技术和验证技术实现数据的安全、可靠、快速传输。共识层主要包括区块链各个节点应用的共识机制，如工作量证明机制 (PoW，Proof of Work)、权益证明机制 (PoS，Proof of Stock)、股份授权证明机制 (DPoS，Delegated Proof of Stake) 等。激励层的存在主要是因为区块链最初应用于电子货币，将经济学因素纳入了区块链的技术范围中，主要包括激励的发行机制以及相关的分配机制等。合约层是对区块链智能合约以及智能合约相关的脚本代码、算法机制的集成，智能合约是区块链发展形成的重要特性，创造性地赋予了区块链可编程的特点。应用层是对区块链各种应用的描述，其中货币和金融领域仍然是区块链的主要应用场景，目前除了货币和金融，人们也越来越多地探索区块链在其他社会领域的应用。

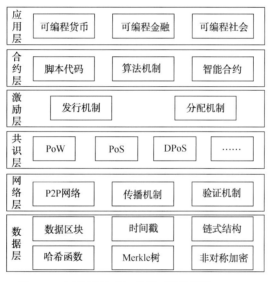

图 4-2　区块链技术架构图（据袁勇等，2016）

4.1.2　区块链的类别

区块链在发展的过程中形成了三种主要模式，分别适应于不同的应用场景，划分的依据主要是区块链的开放范围，即面向的对象所属范围不同，三种模式分别为公有链、联盟链和私有链，开放程度从高到低为公有链、联盟链和私有链，三种模式有不同的侧重点。

公有链是区块链最初形成的模式，最初比特币就是以公有链的模式进行普及，比特币最初是以电子货币的构想被设计的，需要很多人参与。公有链目前是国内外运用比较广泛的模式，其相关的应用众多，并且应用集中在电子货币以及金融领域。公有链的模式支持个体的随意加入，进行链上数据以及相关操作记录的读取，但是如果想要进行链上数据写入，必须通过竞争获取相关资格，这是保证公有链正常运作的根本。根据公有链的规模以及运作模式，我们可以得出公有链需要消耗大量的计算资源，此外公有链不被单一或者某些个体掌控，它主要依靠加密机制和对链上数据写入资格的竞争机制保障系统和数据的安全稳定。

联盟链的是从区块链的组织模式和参与方的关系角度展开定义的，从组织规模上来讲，联盟链的群体范围是具备界限的，与公有链成员随意加入不同，联盟链的成员必须经过认可才能加入链中，联盟链中的成员可以扩充也可以进行删除，整体是可以控制的，组织更加灵活。联盟链中的节点拥有不同的类型，其功能也是不一样的，需要由管理人员进行指定。联盟链同样是以无中心化的形式进行组织的，以保证节点的信息共享，解决信息不对称的问题，构建联盟成员的信任体系，由对人的信任转换为对技术的信任。

私有链主要是对区块链的安全性进行利用，私有链的模式仍然具备中心化的特点，私有链是受具体的组织和机构掌控的，链上节点的加入和删除都有严格的规定，受到严格的管控。私有链上各个节点的权限划分明确，对于数据的操作需要具有相对应的权限。私有链的意义在于其安全机制，保证数据的安全、不可篡改。由于私有链的规模比较小，所以私有链对于系统的存储和运算规格要求不高。

4.2　区块链的核心技术

区块链技术本身主要由加密算法、Merkle 树、数字签名、智能合约、共识机制、分布式数据管理六个关键技术构成。

4.2.1　加密算法

区块链一个核心功能就是保证数据的安全性，所以涉及很多密码学的内容，密码学在区块链中的主要作用分为两方面：保护数据隐私、确定链上数据的归属方。区块链上的数据对于区块链上的各个节点是公开透明的，链上数据均为用户的隐私数据，一旦发生数据泄露的状况就会导致用户隐私严重泄漏，因此需要利用加密技术对链上数据进行加密处理。区块链可以利用的加密算法包括对称加密、非对称加密和哈希算法。哈希算法是单向加密算法，主要是为数据生成相应的哈希值。区块链中的账本数据是各个节点都可以获取的，所以出于保障用户隐私的目的，不能直接将数据以明文的形式存储，除此之外，区块链的账本会存储不同节点之间的交易联系，如果存在恶意节点获取数据进行相关分析可以得到用户之间的关联关系，出现用户隐私泄露的状况。因此区块链中的数据并不是直接进行存储，而是将数据经过哈希处理之后存储数据的哈希值。相比于对称加密，区块链更常用非对称加密进行数据加密处理。非对称加密算法的密钥与对称加密算法不同，非对称加密算法密钥包括公钥和私钥两部分，对称加密算法只有一个密钥，非对称加密算法需要利用公钥进行数据加密，数据解密时需要利用私钥解密，同时也可以利用非对称加密算法的私钥进行签名、公钥验证。非对称加密的过程简单来说甲乙双方进行信息传输时，甲方首先生成一对密钥包括公钥和私钥，将公钥进行公开，乙方使用甲方的公钥对需要传输的信息进行加密后传输给甲方，甲方得到信息后可以利用自己的私钥进行解密得到信息，当甲向乙传递消息时过程相反。同时，甲方可以利用自己的私钥对信息进行签名，乙方可以利用甲方的公钥对信息来源进行签名验证。

哈希函数的主要作用是将各种形式数据，如图片、字符、文件等进行相关处理，形成唯一对应的定长哈希值。哈希函数利用 H 表示，数据利用 M 表示，哈希值利用 h 表示，哈希函数的形式为 $h=H(M)$，以哈希函数的形式对数据进行加工之后生成哈希值。哈希值相当于是数据的身份信息，如果对数据进行修改会直接导致数据的哈希值发生改变，每份数据的身份信息是唯一的。在区块链中，哈希函数主要的作用是保证数据不被篡改，对区块链中的数据进行哈希处理之后，数据一旦被篡改就会发生哈希值改变的状况，这样就可以形成对数据的监督。

哈希函数具有单向性、抗碰撞性。关于单向性，对于特定的哈希值去寻找对应的符合相关的数据值是不可行的，即对于给定 h^*，寻找对应的 M^*，使得 $h^*=H(M^*)$ 是不可行的。关于抗碰撞性，寻找两个不同的数据使得两个数据的哈希值是相同的是不可行的，对于给定哈希值，寻找对应的明文也是不可行的，更直观的来讲，对于给定 M，去寻找不同的 M^*，使得 $H(M^*)=H(M)$，是不可行的。

4.2.2 Merkle 树

默克尔树（Merkle 树）又称作哈希树，所以默克尔树本质上来讲是二叉树技术和哈希函数的结合。默克尔树的最底层的叶子节点用于存储数据以及数据本身的哈希值，中间节点和根节点存储的为对应孩子节点内容的哈希值。因为哈希函数的特点，只要叶子节点存储的数据内容发生改变，所有节点的值都会发生改变，底层叶子节点数据的改变会一层层传递至顶层的根节点，所以实际上根节点是对整个默克尔树的摘要。因此，区块链利用默克尔树结构可以防止数据被篡改，一旦默克尔树的根节点确定下来，所有的数据块是不可改变的。

4.2.3 数字签名

区块链中的数据还具有一个重要的属性：所属权，链上的所有数据需要确定发布者是谁，谁又可以进行使用，密码学的数字签名技术可以用于实现这一需求。电子数据具有易于传播的特点，电子数据作为一种数据资产，与物理形式的资产不同，很难判断数据的归属方，如何确定电子数据的所属权一直是一大问题。因此，区块链集成了数字签名技术，对链上的数据进行签名处理。

在区块链的组织架构中存在统一身份认证中心这一结构，区块链上所有节点都经过统一身份认证中心进行认证，当需要进行确权事务时，节点需要向统一身份认证中心提交申请即可确认节点数据资产的归属。区块链以分布式的方式进行部署，不再具有统一的中心，区块链拥有无中心的特点，在这种环境背景下，区块链上各个节点的身份需要其他各节点进行背书认证，当链上的多数节点认可时，其身份才是有效的。同时在这种背景下中心化模式的身份认证会带来大量的沟通成本，不适用于区块链节点之间的身份认证，数字签名的存在为身份认证问题提供了新的解决方案，用户可以利用公私钥机制，分发公钥给所有节点，利用私钥进行数据签名，得到公钥的节点可以利用公钥验证数据的签名，同时没有私钥的情况下是无法伪造签名的，所以签名是安全可靠的。

数字签名本质上是对物理签名的模拟，利用密码技术产生不可篡改的身份认证效果。对数据进行数字签名主要包含三个过程，密钥对的生成、对数据进行签名、验证数字签名。上文非对称加密算法技术小节中介绍了加密的过程，数字签名技术流程和非对称加密算法流程类似。数字签名技术生成的密钥对包含公钥和私钥两部分，其中公钥是需要向外部进行公开的，私钥部分是需要生成方自身安全保管的、非公开的。公私钥的生成算法可以保证密钥对的安全，即无法通过已知的公钥去计算私钥。区块链中一般将节点账户的地址作为公钥，一个用户可以拥有多个公钥，公钥与用户的个人身份信息无关，无法通过公钥来判断推导用户的身份信息，这样的设计可以保证用户的个人隐私。用户得到经过签名的数据可以确定数据的来源，即得到数据的归属者信息；可以保证数据的完整性，即保证数据不被篡改；数据的发送者无法否认自己发送过的数据。

经典的数字签名算法包括椭圆曲线签名算法和环签名算法。椭圆曲线数字签名算法是将椭圆曲线密码和数字签名算法进行结合的产物，它利用椭圆曲线方程的基本性质来生成密钥，在实际运用中需要限制椭圆曲线的范围，因为密码学要求运算是有限的，所以需要将椭圆曲线限制在有限域上，有限域顾名思义其中的元素个数是有限的，并且在有限域中的加减乘除运算都满足特定的规则。Rivest 等在 2001 年针对匿名消息泄露秘密的问题提出了环签名算法，环签名是一种特殊的群签名算法，与群签名不同的是它不需要建立群的过程并且没有可信中心。环签名算法又可以细分为门限环签名、关联环签名、可撤销匿名性的环签名和可否认的环认证和环签名。环签名算法具有无条件匿名和不可伪造的特性。

零知识证明最早是在 1985 年被提出的，零知识证明旨在不泄露证明者的有益信息的状况下可以让验证者判断被证明论断的正确性。以问题的解为例，证明者要向验证者证明自己知道问题的解，证明者只需要出示与问题的解无关的信息即可，这个过程为零知识证明的过程。零知识证明在密码学中被广泛应用于验证环节。零知识证明分为交互式和非交互式两种，在区块链中被广泛应用的是非交互式零知识证明，证明节点可以将证明内容直接广播给所有节点，让各验证节点自行进行验证，这样可以大大节省证明时间，提高证明的效率。

4.2.4　智能合约

智能合约的基本架构如图 4-3 所示，总体来说，区块链上的智能合约包括基础设施层、合约层、运维层、智能层、表现层以及合约之上的应用层这 6 个层次。

基础层包括支持智能合约运行的基础环境，它们是智能合约运行的必要条件，基础环境直接影响智能合约的属性以及相关设计模式。在区块链上执行智能合约需要依赖共识机制、点对点传等区块链基础技术，智能合约的运行结果以及之间产生的操作记录、数据等都需要记录在分布式账本之中。共识机制以及激励机制的不同会影响智能合约的安全性、设计方式和执行性能。开发环境指的是智能合约编写、部署、运行的环境，智能合约本质上来说还是运行在区块链上的代码，需要集成开发环境、开发工具等基础设施。

图 4-3　智能合约基本架构（据欧阳丽炜等，2019）

合约层是对智能合约的保存，合约参与方将约定的规则、条款利用代码进行实现，合约层在保存智能合约的同时提供智能合约的对外调用接口，规定了智能合约的执行规则、关于数据交流的通信规则以及智能合约的调用权限。

运维层包括了对智能合约进行动态调用的机制设计，另外包含了对智能合约安全性保证的内容，包括对智能合约的形式化验证以及对合约执行的环境、合约本身的安全性检查，形式化验证主要包含针对性的验证算法，确保合约的代码和规则的一致性。对智能合约进行的维护的相关操作，如更新、迭代等也都在运维层中。

智能层是对于智能合约与人工智能技术结合的设想，与智能算法进行结合，实现合约的自动感知、决策，提升合约的安全性并且从合约层面出发提高事务的执行效率。

表现层是智能合约在现实应用上的具体展现形式，包括去中心化的实际应用、组织方式、企业模式和社会形态。

应用层是在前面五层的基础上，在各行业领域的具体实现，智能合约已经在金融、交通、物联网、供应链、保险、医疗等领域产生了相对成熟的应用。

智能合约架构为智能合约在各行业领域的标准化应用提供了完整的参考协议框架，用户可以通过智能合约中的具体参数内容判断智能合约的操作模式和执行状态。智能合约的主体部分由协议模块和参数模块组成。

智能合约的协议是对合法文本的程序化实现，其中合法文本是由专门的标准机构颁布的，协议部分包含规定的合法的文本模式和标准参数，标准参数部分中的所有参数都有具体的标识，代表着合约的不同类型，从另一方面来讲智能合约的协议是其实例化的参考模板。

智能合约的参数由合约创建主体共同规定，参数的创建依赖于实际的业务功能、业务模式和业务流程，合约的参数与世界业务的各个模块对应，主要包含数据管理、账户管理、链码管理等模块。智能合约的具体逻辑实现需要规定标准的文本和合法的参数，是利用程序语言对实际业务进行的具体实现，这个过程需要合约的涉及方共同参与，体现了区块链无中心化的特点。合约中的所有参数都是合约的重要内容，参数不仅直接反应各参与方之间的业务联系，并且关系到合约的实际执行过程。

智能合约的存储方式分为链上存储和链下存储两种方式，链上存储指的是将智能合约直接保存在区块链上，链下存储是将智能合约进行哈希函数处理之后，将其哈希值存储在区块链上。目前众多区块链选择使用线上存储的方式，具体流程为编写好智能合约之后将智能合约传输至链上，在调用时从链上加载智能合约的代码然后执行，这种方式很明显具有一定的缺点，首先是从智能合约的执行效率上来讲，在执行时多了从链上加载代码的过程，降低了链码执行的效率，其次从存储上来讲，链上存储的方式毫无疑问会消耗存储空间，随着时间的推移将会造成沉重的存储负担，不仅如此链码存储在链上会带来链码更新迭代困难的问题。链下存储方式是将利用哈希函数处理智能合约后得到的结果存储在链上，通过建立将链码哈希值作为索引的网络用以存储能合约代码。

智能合约的执行需要特定的环境，目前比较流行把智能合约放在虚拟机或者容器之中，这样做的目的是智能合约放在沙箱环境中执行，将智能合约相关的资源与外界环境隔离开来，提升智能合约的安全性。虚拟机是通过软件技术模拟实现的具有完整物理机功能的平台，虚拟机的运行环境是完全隔离的，在物理机中能够使用的功能在虚拟机中也都可以使用，受众比较广的虚拟机软件有 VirtualBox、VMware。虚拟机可以减少区块链的建设成本，同时虚拟机的使用可以在一定层面上提升区块链的运行效率，虚拟机具有比较高的兼容性，用户可以根据自己的需求建立不同类型的虚拟机，虚拟机的部署比较快速，加之云服务的发展，所以目前大多区块链采用轻量级的虚拟机来进行建设，比如以太坊就是如此，以太坊的英文名称为 Ethereum virtual machine。

容器技术的目的同样是将操作系统进行虚拟化，达到轻量化、快捷部署的目的同时将资源进行隔离。不算容器的依赖环境，容器本身相比于虚拟机更加轻量化，启动速度比较快。容器之间是相互独立的，容器之间的变化不会相互影响，同时容器赋予了运行环境可以移植的特点，利用容器技术可以大大提升开发效率。但是容器的部署需要庞大的架构，随着容器数量的增加对容器管理的复杂度也会急剧增长。目前流行的区块链架构 Hyperledger Fabric 将智能合约部署在 Docker 之中，将其作为合约的执行环境。

智能合约实质上是需要在区块链上执行的代码，影响智能合约执行效率的有两个因素，一个是对智能合约进行调用的速度，即调用指令的执行效率，另一个是支撑智能合约运行的环境的启动速度。相对于调用指令的执行效率，运行环境的启动速度更加重要，因为在轻量化的沙盒环境中，智能合约本身包含的 I/O 指令很少，所以指令代码的优化比较简单，但是每次对智能合约的调用都必须在新的沙盒环境中进行，整个沙盒环境的启动速度会直接影响智能合约的运行效率。

智能合约是利用程序语言实现专业领域的业务规则，涉及不同领域的专业知识，合约关系到合约各方的实际利益，因此智能合约要有强逻辑性，并且对准确性、一致性要求非常高，除此之外还需要保证智能合约的安全性。为达到以上需求，对合约进行验证是重要途径。随着区块链的不断普及，智能合约的数量不断增多，利用传统的人工审计的方式对智能合约进行验证的方式无法满足当前大量智能合约开发的安全验证需求。形式化方法包括形式规约和形式化验证，形式规约是利用精确的语句对系统性质和系统行为进行描述，形式化验证是以形式约束为基础，将系统的行为和系统的性质进行联系，进而验证系统是否满足规约要求的一种方式。以数学理论为基础的形式化验证方式已经被广泛认可，公认为最可靠的安全验证方式。在计算机领域，通常结合数学理论和计算机基础理论，在计算机软硬件领域广泛应用形式化验证。

对智能合约进行形式化验证的过程首先是生成智能合约，然后依据合约文本形成形式化描述，然后利用数学理论和计算机基础理论对智能合约进行形式化验证，最后是进行一致性测试。生成智能合约是指利用计算机程序语言参照合约文本，实现文本到代码的转换过程。形式化描述的建立过程需要利用专门的建模工具和语言对智能合约的原始文档进行建模。一致性测试的过程是对给定标准的验证，检验被验证的系统是否符合标准的要求，通过实例化的代码验证合约代码与合约文本的一致性。形式化验证可以提升合约的安全性和可信性。

区块链系统与大多分布式系统相同需要具备扩展性，区块链上的节点需要根据业务需求进行删除或者增加，因为业务需求的多变性，对区块链本身就有了扩展性的要求。水平扩展和垂直扩展是进行系统扩展的两种常用方式，主要用于解决大规模的业务场景下的系统规模变化问题。垂直扩展是针对串行系统设计的，主要方式为提升单台设备的硬件性能，垂直拓展直接带来成本上的消耗，单机设备的升级和替换会带来巨大的开销，此外单机设备的最强性能终究是有限的，容易到达技术瓶颈。水平扩展将系统的串行模式改变为并行模式，在并行模式下只要增加服务器的数量就可以提升整个系统的性能，因此相比于垂直扩展，水平扩展是当下互联网公司架构经常采用的模式。

区块链的核心架构是分布式系统，在分布式的基础上加上密码学进行系统的安全防护，区块链更类似于分布式数据库，链上数据存储在各个分布式节点之中，在数据库的基础上进行数据的交换与计算，智能合约在整个过程中起的作用就是对数据交换和计算规则的定义及执行，链上所有数据操作必须通过智能合约，智能合约相当于区块链数据流动的瓶颈，要提升区块链系统的性能，对智能合约的改进，如并发执行等是重要途径。

4.2.5 共识机制

共识机制是区块链系统实现去中心化信任的关键核心，它将区块链上各个节点主体之间对彼此的信任转换为对于共识机制技术的信任。共识机制是区块链上所有节点共同建设的一套需要整个系统需要遵守的规则，节点的操作权力经由共识机制管控，共识机制决定了各个节点实现数据一致性的方式。区块链系统通过共识机制调控各节点，实现节点的共同协作，保证数据在各个节点上的一致性。共识机制的设计需要从分布式系统和区块链系统安全性两方面考虑，既要实现区块链上分布式节点之间的协调统一，又要保证区块链的安全，预防拜占庭问题以及其他可能存在的数据篡改等安全问题。因此，不同场景下的区块链系统需要采取不同的共识机制，针对业务场景的特点，设计专门的共识机制。

共识机制分为两类，一类是经典分布式系统中的共识机制，另一类是专门针对区块链系统设计的共识机制。共识机制最早可以追溯到 1975 年，由计算机领域中的经典问题"两军问题"，发展到"拜占庭将军问题"，再到解决"拜占庭将军问题"方法的提出，是共识机制的基本发展路线。对于共识机制的评价主要依据安全性、可扩展性、吞吐率、交易时间、去中心化程度以及资源占用情况六个指标。

安全性是指共识机制对于专门攻击的防御能力，在存在恶意节点的情况下系统通过共识机制能够保证数据一致性的能力，安全性是共识机制应当具有的最重要、最基本的属性。

可扩展性是指在区块链节点增加的情况下，在不同的共识机制下系统处理交易的性能变化情况。

吞吐率是指区块链系统对事务的处理效率，一般采取每秒钟系统处理事务的数量作为基本单位。

交易时间是指交易从发起到网络中到确认交易整个过程消耗的时间，交易确认时间越短交易被篡改的可能性就越低。

去中心化程度是指共识机制存在情况下，区块链数据读写的权力分散程度，区块链的去中心化思想要求的是权力分布于参与共识机制的各个节点，而不是某一些节点。

资源占用情况是指为实现共识机制带来的系统资源消耗，需要从共识机制的时间复杂度和空间复杂度进行评估。

经典分布式共识机制分为部分同步网络一致性、异步一致性和同步一致性算法三类。部分同步网络分布式一致性的经典算法有 Paxos、PBFT、Hot-Stuff、SBFT 等。异步网络分布式一致性的经典算法有异步二元拜占庭一致算法（ABBA，Asynchronous Binary Byzantine Agreement）、MinBFT、蜜獾拜占庭容错协议等。同步网络分布式一致性的经典算法有高效同步拜占庭共识（ESBC，Efficient Synchronous Byzantine Consensus）、Ouroboros BFT、Flexible BFT 等。

在经典分布式共识机制的基础之上，国内外学者研究设计了专门针对区块链系统设计的共识机制，基于工作量证明的共识机制、基于权益证明的共识机制、采用单一委员会的混合共识机制、采用多委员会的混合共识机制是比较主流的共识机制。

工作量证明机制最早被设计用来解决垃圾邮件的问题，邮件需要经过进行一定的计算量才可以发送。基于工作量证明的共识机制主要防止恶意节点伪造身份进而进行女巫攻击，比特币和以太坊都支持工作量证明共识机制。基于工作量证明的共识机制存在的最明显的问题是需要消耗巨大的算力资源，同时还面临日蚀攻击、双花攻击和自私挖矿攻击的威胁。

为了解决工作量证明带来的巨大算力消耗问题，基于权益证明的共识机制被研究出来，这里的权益指的是节点拥有的资产，在比特币中具体指的就是账户拥有的比特币的数量，根据用户拥有的资产的数量占比来确定数据记录者，持有资产比例越高，成为下一个数据记录者的可能性就越高。权益证明的概念首先在 PPCoin 中引入，随后又产生了委托权益证明等共识机制。基于权益证明共识机制同样面临攻击威胁，类型主要包括无利害关系攻击、打磨攻击、长程攻击和权益窃取攻击。

混合共识机制指的是将经典的分布式共识机制依照区块链的特点进行改造，集合区块链共识机制形成新的共识方法。主流做法是通过工作量证明或者权益证明选举产生委员会，然后委员会按照经典的分布式共识机制运作。混合共识机制分为单一委员会和多委员会两种方式，单一委员会指的是整个区块链系统产生一个委员会进行管理，多委员会是指将区块链网络划分为不同的区域，每个区域由指定的委员会进行管理，多个委员会以并行的方式进行运作。

除此之外还有一些以不同指标为基础的共识机制，如能力证明机制、消逝时间证明、融入知识证明的工作量证明等。

4.2.6　分布式数据管理技术

区块链技术的提出主要是为了解决传统金融机构的中心式数据存储方式带来的信任问题，中心式的记账方式会造成信息不对称现象的产生，而区块链采用分布式架构，利用点对点传输、加密算法和共识机制等技术达到去中心化的目的。中本聪对于比特币的构想是在美国次贷危机的背景下形成的，当时的金融机构采用的是集中式的清算模式，存在信任问题，中本聪建立的电子货币采用分布式的方式进行记账，记账操作公开透明，数据存储以去中心化的方式，数据可以追溯，并且在加密技术的保障下数据不可篡改，这些特点避免了集中式账本的弊端。传统的中心化记账方式如图 4-4 所示，所有的包括业务各方、审计方、银行的账单都存储在清算中心。交易产生的所有数据都以集中存储的方式存储在清算中心，交易各方只能通过清算中心获取数据，这样的弊端非常明显，交易的顺利进行依赖于大家对清算中心的高度信任，同时清算中心面临的风险也是最大的，清算中心关系到交易各方的利益，一旦清算中心发生数据泄露的状况，整个清算中心的数据将不再具有可信性，对交易的打击是毁灭性的。

基于区块链的分布式数据存储交易模式如图 4-5 所示，交易各方的数据以共享账本的方式存储，区块链网络中的各方都拥有一份完整的交易数据，数据的存储经过密码学的处理，以提升数据整体安全性。链上各方都保存有账本数据，链上节点无法伪造数据或者篡改数据，也无法对产生的数据抵赖。相比于集中式、中心化的存储方式，区块链的去中心化存储方式保证了数据的快速共享。区块链还是在分布式技术的基础上进行融合创新形成的技术，区块链中的数据存储方式和分布式数据库相同，区块链上存储的为结构化数据，数据从逻辑上均属于同一个系统，但是在物理上以分布式的方式存储在区块链网络中的各个节点上。因此区块链网络具有众多分布式特点。

1）分布式

区块链中的数据存储方式为逻辑模式上集中，物理方式上分散，数据分布式存储在各个用户的物理机或者服务器上。区块链上的每个节点都拥有一份完备的数据，各个节点的数据是一致的。

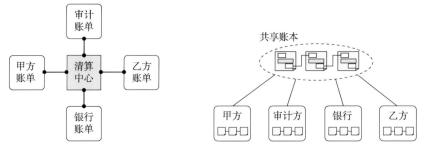

图 4-4　传统集中式记账方式　　　图 4-5　区块链的分布式记账方式

2）透明性

区块链系统的操作是透明可见的，区块链上的所有授权节点都可以查询数据的操作记录，节点拥有的共享账本是对区块链上所有数据的记录，链上数据的操作都必须通过智能合约进行，并且所有的操作都具有时间和操作者等信息记录，数据的一致性通过共识机制进行维护。

3）自治性

自治性指的是区块链上的节点可以自行决定交易的对象和时间，同时节点本身具有数据查看的权利。从通信模式上来讲，区块链上的节点进行的交易决定不受其他节点的约束，可以与其他链上节点进行数据交互。从查询模式上来讲，区块链节点本身就可以进行完整数据的查询。

4）可伸缩性

区块链的可伸缩性指的是区块链上的节点数量是可以进行拓展的，区块链允许节点的退出和加入。在公有链的模式下节点是可以随意加入的，加入的节点可以获取公有链上的信息，同时节点也可以随意退出，节点的退出不会影响系统的运行，因为区块链的所有节点都拥有链上信息的备份，从另一个角度来讲，区块链具有容错性，单节点的损坏不会导致系统瘫痪。联盟链的模式下节点并非是随意加入的，虽然从技术上联盟链支持节点的扩展但是，节点的加入需要获取联盟成员的一致认可和同意。私有链的情况仍然属于中心化的模式，节点的加入退出都由具体主体指定。

区块链首要解决的问题就是信任问题，前文提到中心化的方式造成了信息不对称的问题，其次区块链解决了在不可信环境下的数据信任问题。非信任环境指的是系统中的数据存在被随意篡改的可能性，并且系统账户又无法识别篡改后的数据，这就会使系统的数据缺乏可信性。传统的分布式系统是建立在完全可信的环境之中的，系统的节点管理采用的是统一的方式，节点之间是充分互相信任的。所以区块链系统和传统的分布式数据库在节点管理和数据管理上存在明显的差异。如图 4-6 所示，是区块链系统与传统分布式系统的数据管理流程图，通过对比图可以看出两个系统在以下方面存在差异。

1）拓扑结构无中心化

区块链的网络节点的拓扑结构以去中心化模式为目标，以点对点的分布式模式为基础

114

进行设计，区块链的网络结构与基于 P2P 网络结构进行建立的数据库系统类似。如图 4-6
（b）所示，区块链节点之间的通信时通过通信控制器（CM）进行，通信过程中只以邻居地址
为基础，所以网络可以实现节点的随意加入和退出，动态变换。如图 4-6（a）所示，为传统
的分布式系统的架构图，虽然传统分布式系统的数据存储在不同的物理环境之中，但是网
络结构采用的是中心化的模式，存在主从关系，节点的地址和各个节点之中的数据结构信
息存储在全局的网络管理层，服务于系统的数据查询，便于系统的全局优化。

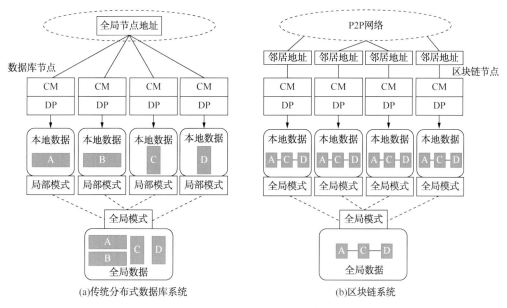

图 4-6　区块链系统与传统分布式数据库系统对比

2）数据分布方式

进行分布式的数据管理需要对数据进行处理，通常的数据存储模式分为两种，分类的
依据为对数据的处理方式。第一种为将数据分割为互不相交的数据片，将这些数据片分别
存储在不同的网络节点之上，这一种为分割式的数据存储方式，其中数据的分割方式有水
平分割和垂直分割两种。第二种是直接将数据进行复制，然后存储在多个节点之上，这种
为复制式数据存储方式，复制的方式同样有两种分别为部分复制和全部复制。分割式的数
据存储方式可以节省数据的存储空间，但是在进行数据查询的时候需要访问所有的节点，
并且需要在节点之间进行数据的传输，虽然存在如半连接算法等优化方式，但是查询和传
输效率仍然比较低。复制式的数据存储方式以空间为代价提升数据查询效率，但是需要保
证数据的一致性。区块链系统的数据存储采取全复制式数据存储，区块链上的所有节点都
存储了的具有全局性质的全部数据，换句话来讲数据在区块链中是全局共享的。不同于区
块链系统，传统的分布式系统主要利用复制式的存储方式，它在全局模式的基础上创建局
部模式，之后对数据进行垂直和水平切片操作，分布式节点上存储全局数据切片后的数据
副本，然后利用数据切片的元信息管理技术进行全局数据的访问和查询操作。目前市面上
很多基于分布式数据库技术的数据仓库系统，如 HBase、Kudu 等，都是采用中心式的元数

据管理节点进行数据副本分布式信息的管理。

3）数据查询处理

区块链系统中的账本信息通常需要经过存储全局共享数据的节点在本地执行查询操作。区块数据的存储是基于文件的存储方式，这种存储方式缺乏对数据的索引结构，因此在区块链系统中的数据查询一旦执行就是以顺序扫描的方式遍历所有区块数据，这种账本查询方式会存在效率方面的瓶颈。键值对数据库是目前大多数区块链系统采用的数据查询优化方式，以 Key-Value 的存储形式提高数据的访问效率。比特币和以太坊等公有链模式的区块链系统都利用 LevelDB 等键值对数据库存储数据，建立数据索引并查询数据。需要注意的是，目前支持智能合约的区块链系统比如以太坊、fabric 等，智能合约的存储、执行操作是嵌入在系统的记账功能中的。因此，智能合约的调用执行是在所有共识机制约定的节点上进行的。传统分布式系统对数据的查询处理主要是基于数据备份的大小和分布位置进行优化，而专门面向大数据的分布式系统主要采用并行计算的思想对数据查询进行优化。

4）数据一致性维护

数据一致性是分布式数据库需要解决的关键问题，数据一致性关系到数据的正确性和可信程度，区块链系统中的共识机制是保证区块链各节点数据一致性的核心机制。前文介绍了共识机制的相关内容，区块链的数字货币应用开发中通常采用工作量证明机制来实现分布式一致性保护，工作量证明通常为解决 SHA256、Ethash 等算法的数学难题。毫无疑问的是这种证明方式需要耗费大量的算力资源，并且数据的存储效率不高，所以权益证明机制和授权权益证明机制相继被应用。工作量证明机制的最大缺陷是共识形成的效率过低，也就是数据记录的效率低，一个区块数据的一致性需要在其后面产生一定数量的区块之后才能够被验证。实用拜占庭容错算法、Paxos 算法、Gossip 算法、RAFT 算法等面向维护数据一致性的高效算法是分布式数据库系统经常利用的技术手段，上文也提到，混合型共识机制在不断被开发。

5）数据安全机制

区块链最核心的特点就是安全性，区块链利用了一系列密码学手段保障数据安全、用户隐私和系统安全。区块链系统为用户提供了数据溯源、数据防篡改和数据加密功能。区块链中的数据是不能直接修改的，所以在设计模式上避免了数据篡改的可能性，如果想要对区块链上的数据进行篡改，就需要计算前后区块的哈希值，并且区块之间的哈希值是相互嵌套的，篡改数据并且让链上的所有参与者认可需要花费大量的算力生成区块，付出高昂的代价，相比于传统中心式和分布式数据库系统的数据篡改难度要高得多。区块链上的数据是全局共享的，所有的节点都可以直接得到完整数据，所以区块链的数据可访问性非常高，但是传统数据库系统的数据访问需要对用户身份进行验证进而控制数据的访问权限。区块链采用基于非对称加密技术的交易方式进而保障用户的身份信息，实现匿名数据传输，保障链上数据共享的隐私性问题，但是这种方式存在缺陷，一旦用户丢失或者遗忘了密钥，那么用户将会有不可逆的数据损失。

综上所述，区块链相比于传统的分布式数据库系统具有以下几个方面的不同，首先在功能上区块链系统利用密码学技术提供了防篡改机制、数据验证机制、智能合约机制和共识机制，因此区块链在非可信环境下的使用是非常合适的，其次区块链网络架构具有更好的分布性、数据具有更好的透明性和可信性，最后与传统的分布式数据库系统相比，区块链的网络架构、数据存储和检索方式都具有明显的差异。

不同的区块链系统支持的查询操作是不同的，受到区块链的数据内容和存储结构以及区块链的架构影响。根据查询的数据类型，可以把区块链系统的内部数据查询功能分为区块链账户查询、链上交易查询和智能合约查询。这里我们讨论的查询是区块链本身提供的查询功能，不是在区块链系统的基础上进行二次开发等得到的查询功能。

1）区块链账户查询

区块链账户查询指的是对系统中的账户地址以及账户相关状态进行的查询，通常与交易验证相关。交易验证主要是验证账户的正确性，在数字货币的应用中还包括货币余额或者验证是否存在双重支付，通常需要由区块链中的记账节点执行此操作。比特币和以太坊等电子货币系统均使用了代币以作为记账即数据记录奖励，因此他们的账户查询主要是对账户地址以及其拥有的数字货币进行查询。

2）链上交易查询

链上交易查询是指对发生在区块链上的业务进行访问，主要是对数据的操作记录进行查询，例如电子货币应用中可以实现支付的验证。Fabric 超级账本区块链系统在内部设计了基于区块索引值的检索结构，用于实现快速查找区块数据和业务操作的功能，区块索引的方式支持对多种业务数据的访问，包括基于业务交易编号、交易验证码和区块编号等，以此来获取区块和业务信息。在 Fabric 超级账本中数据在写入区块之前，需要执行基于状态数据的区块验证，在这个过程中需要通过对状态数据的访问达到区块正确性验证的目的。

3）智能合约查询

智能合约查询是指对智能合约的版本号、开发时间等相关信息进行查询。Fabric 超级账本的智能合约也称为链码，与以太坊智能合约不同的是，Fabric 的链码并没有通过序列化的处理方式然后存储到区块中，而是直接部署运行于 Docker 容器之中。链码的执行过程主要是在链码被实例化之后，用户对数据的读写需要首先调用智能合约然后智能合约通过与背书节点（Endorser node）建立连接来通讯，然后再通过背书节点访问区块链中的业务数据。

4.3 区块链与知识管理

4.3.1 区块链与知识共享

知识共享是知识管理的关键，只有知识在组织范围内全面共享，提升知识的可得性，才可以实现对知识的全方位管理。知识共享指的是在特定的组织范围内，组织中的所有个体、团队之间通过知识交流传输产生的知识在全范围内可得的现象，知识共享的本质特征是知识对于组织范围内的所有个体都是可得的。知识本身的特性包括被信任性，指的是形成知识的必要条件是需要人们信任，但是知识的形成过程最开始不会涉及全范围内的个体，因此知识在最开始形成的时候是无法普及全部个体的。

萧伯纳曾经说过："你有一个苹果，我有一个苹果，大家相互交换，各得一个苹果。你有一种思想，我有一种思想，大家相互交换，各得两种思想。"这句话诠释了知识共享本身的意义所在，知识本身是可以互相传递的，知识的交换会使交换双方共同受益。知识本身就是可以提高人们生产力的重要资源，个体本身掌握的知识数量在很大程度上影响着个体的生产力以及能力，因此扩大知识在组织团体之间的流动范围，必然有益于提升组织团体的生产效率。事实上知识共享这个行为在早期人类社会就广泛存在，火种传递、狩猎技巧传递、纺织手段传递等这些早期人类社会生活的必需技能的传承过程都是典型的知识共享，但是当时人类社会的交通极其落后，不同种族部落之间很少有交流，所以部落之中产生的知识绝大部分只能在部落之中共享。

知识共享的范围不是固定的，可大可小，小到可以是某个团体，大到可以是整个人类社会，知识的流动不受强制约束，没有明确的界限，但是因为知识的传播会提升社会生产力，提高生产效率，提高生活质量，所以所有的组织都朝着知识共享范围最大化的目标前进。

随着互联网的发展，信息时代已经到来，人类社会产生了知识经济，人们对于知识的管理逐渐重视，这些条件促使知识共享在知识管理中的地位与意义日益显著。因此，知识共享作为知识管理的重要措施和最终目标被提出来，尽管知识共享被人们共同认可，但是由于信息传播的问题还是存在知识不对称的状况，如何在这种环境下改善知识主体之间的知识交流共享问题，引起了社会各行业、各领域的广泛关注和高度重视。

知识即为财富，知识即为力量，已成为信息时代大众的共识。为了社会的更好发展，知识理应成为全人类共同的财富，而不应被某个团体独占。但是因为信息传播、团体利益纷争等这些原因，知识的可得性对于不同的知识主体是不同的，知识不对称的现象由此产生，知识分布不对称的存在造成了知识垄断现象，进而使人类社会有了知识贫穷和富裕的差距，在很大程度上阻碍了知识的高效传播和利用，不利于人类社会的共同发展。由上述可知，知识应该在一定程度上被共享，而不是被局限。

知识不对称指的是知识不均衡地分布在知识主体之间，知识主体之间存在知识量的差异。知识主体是指知识宿主，从个人到组织再到地区和国家等都可以作为知识主体，其中个人和组织是基本的知识主体单位。知识主体之间的知识不对称具有多种原因，任何知识主体都拥有特定的知识量和主体自身独特的知识结构，像是世界上不存在两片完全相同的雪花一样，知识主体本身的差异决定了不会存在两个拥有完全相同知识量和知识结构的知识主体，所以知识在主体间不对称的现象是正常的。知识不对称是必然现象，任意两个知识主体间的知识都是不对称的。知识不对称的存在才迫切需要知识共享。因为有知识不对称，所以知识主体之间存在知识差，因而知识共享才有必要性和可能性。与此同时，由于知识不对称能给知识拥有主体带来竞争优势，又造成了知识共享难以进行的局面。我们需要建立知识不对称和知识共享之间的协调机制，并且广泛普及，只要我们能够掌握就可能有效地进行知识主体之间的知识共享。

知识共享具有多种形式，不同的知识共享方式对知识共享的效果影响也不尽相同。只有对不同层次和不同类型的知识共享方式进行深入研究，才能最大程度上发挥出知识共享的作用。知识共享可以根据不同的标准来划分，划分标准的不同使得知识共享的类型也不同。知识共享的划分标准有知识主体、知识内容、共享层次、知识存在形式。

按知识共享的主体来划分，可将知识共享分为：个人知识共享，组织知识共享，地区知识共享和国际知识共享。因为上文说到不同个人、组织、地区和国家之间知识不对称的现象是必然存在的，知识差是必然存在的，给知识流动创造了必要条件，所以这些主体之间可以建立知识共享关系。

按知识共享的方式来划分，可将知识共享分为：显性知识共享和隐性知识共享。显性知识共享指的是通过物理物品比如书本、画卷等进行知识传递，主要通过各种可记录的文献形式进行，而隐性知识共享指的是不利用具体的知识载体进行知识共享，主要通过会议、交流等非文献形式进行。

按知识共享的层次来划分，可将知识共享分为：数据共享，信息共享和知识共享。第一章的DIKW层次架构指出了数据、信息和知识的层次关系，知识是存在于数据和信息之中的，知识共享不单是指知识这个层次，还包括数据和信息层次的共享，知识共享在不同的层次其共享效率是不同的。面向数据层和信息层的知识共享，需要知识提纯的过程，即从数据和信息中提炼隐含的知识然后再进行知识的传递，效率比较低，而知识共享是直接的、高效的。但是在互联网时代，数据和信息的体量远比知识量大，所以知识共享主要还是数据层和信息层的知识共享，知识层的知识共享较少的另一个原因是在知识层存在各种障碍。

按知识共享中知识存在的形式来划分，可将知识共享分为：非文献类型知识共享，文献类型知识共享和网络知识共享。不同的知识本身的形式是不同的，目前主要是以文献类型知识共享为主，非文献类型知识和网络知识的共享还需要进一步发掘和扩展。

知识就是资源和财富，是人们在进行竞争时获取领先地位的关键要素，这已经成为人类社会的共识。随着各领域的竞争加剧，利益冲突在知识主体之间的日益发生，对于知识的争夺不断显露出来。人们常说竞争与合作是相互依存的，有竞争的地方就有合作，合作之中又存在着竞争，但是在现实之中往往是竞争和利益冲突占据主要地位，合作和利益共赢往往是次要的，合作的目的往往是为了更好地进行竞争。互联网时代的到来，知识成为了一种经济资源，使得知识的地位不断上升，成为各主体必争的重要战略资源。业务主体只有占据更多的知识资源，才可能在进行竞争的时候占据主动地位。正是在利益冲突的背景之下，知识主体之间才会想要获取更多的知识，才会进行知识共享。要使得知识共享的过程更加有效地进行，就必须均衡知识主体之间的合作与竞争关系，促使知识主体间的合作需求大于竞争需求，这样知识共享才有更大可能顺利高效进行。

就算知识主体之间存在更高的知识共享需求，知识共享还受到知识生产和知识沟通成本这些问题的约束，在社会之中不存在无偿的给予，没有知识主体会无偿地共享知识给其他知识主体，不仅仅是因为生产知识和提炼知识需要耗费大量成本，也是因为知识主体需要获得回报，需要得到的回报包括精神和物质回报两种，需要看知识主体着重需求的类型。知识沟通和传递的过程可以随时进行，但是要快速、高效实现知识共享需要的条件很高，是非常困难的，因为知识共享中获得利益较多的往往是在竞争之中处于劣势的一方或多方。

在社会竞争中，知识不对称现象的存在以及对知识的垄断可以使拥有知识的一方获得竞争的优势。知识产权法的产生是为了保护知识所有者对知识的拥有权，更高层次上是为了促进知识主体不断创造新知识，提高对知识创造的积极性，但是知识产权法等一系列对知识的保护制度又在无形之中阻碍了知识传播和交流的过程，毫无疑问也成为了知识共享过程中的重要障碍。知识产权制度对于知识的保护不仅阻碍了知识势差中处于高位的知识主体之间的知识共享，也导致知识势差中处于低位的知识主体之间无法进行知识共享。因为知识产权制度保护的通常是处于优势的知识主体，而更希望进行知识共享的多是处于劣势的知识主体，这就会导致优劣两者之间的知识势差不断增大，相应的知识贫富差距的鸿沟也越来越深。这就形成了"马太效应"，受到知识产权制度保护的一方获得的知识数量越多，产出新的知识的可能性就越高，进一步的就越更加不希望进行知识共享。

知识产权制度是对知识的合理保护，在这种背景下要想促进知识共享的高效顺畅进行，就必须打破知识产权保护制度的限制，知识主体需要充分了解知识产权保护规则并对规则进行合理利用。与此同时，知识主体需要为人类社会负责，从社会的共同利益出发，不断改善现有的知识产权保护机制并发掘形成新的知识产权保护机制，不断平衡知识产权保护和知识共享之间的关系，只有这样才能从本质上解决知识产权制度限制的问题。

经过若干世纪的探索人类形成了金字塔模式的等级制度用来进行组织和管理，是组织和管理的基本结构形式，金字塔式的等级制度权利划分严格，权力、资源、信息和知识等流动方向固定，总是从金字塔的最顶端不断向下流动，底层主体得到的资源已经流过了过重重的中层机构，金字塔式的等级制度在当今社会依旧是根本的管理和组织形式，任何国家、地区，或者是企业、组织均遵守这种模式。数据、信息和知识也是如此，不断地从上向下流动，但是却鲜有交互反馈或者知识的从低到高流动，处于金字塔底层的人员只能被动地接受或者简单地服从，只有同一层次的主体之间才能交流，金字塔结构的中层和下层之间的交流受到严格的限制，这是由严格的等级制度决定的，只要仍然是这个制度，现状就无法改变，这就是人们常说的知识等级结构，它是知识的传播和共享的重大障碍。知识主体的等级在金字塔结构之中被划分明确，知识的传播被禁止，要避免这种状况知识主体需要做的是创建新的结构形式。

随着信息传播方式的不断发展，社会趋向信息化发展，知识成为了经济的重要组成部分，在这种背景下僵硬的知识等级结构在极大程度上限制了信息和知识的流动，这与信息社会和知识经济社会对于知识传播速度和弹性的迫切需要正好相反，人们开始对等级制度产生怀疑，因为僵硬的知识等级结构不能满足知识社会存在的种种需求，这样就迫使知识个体开始自发地互相传播数据、交流信息以及分享知识，进而产生了知识网络组织，任何属于网络组织的成员均可以自由地进行知识交互，相互分享数据、信息和知识。

尽管现在人们可以方便地进行知识交流，但是仍然有多种自然障碍干扰人类的知识共享和交流过程，这主要包括：

（1）时间障碍。知识的传播受到时间的限制，特别是对于隐性的知识共享，我们随意地进行交流、座谈等知识传播过程，不能同过去的许多伟大的知识创造者交流，不能同时参加所有知识交流的过程，不能同时接受不同时间线的知识输送。

（2）空间障碍。知识的传播受到空间障碍的限制，知识传播不可能是全范围的，同时我们也不能全方位参与到世界上现存的所有知识共享网络。

（3）技术障碍。知识的共享受到技术障碍的限制，我们缺乏高效、快速参与到知识网络之中的手段，缺乏获取不同知识网络中知识的手段，目前对于许多以各种各样形式保存的知识我们缺乏解读和共享的手段，比如在计算机和互联网中广泛存在的经过重重密码处理的、需要权限或者密码的知识信息，最重要的是我们缺乏有效的知识管理技术去打破时空限制与其他知识主体进行交流。

（4）语言障碍。知识的交流受到语言障碍的限制，人类的主要交流方式是语言和文字，但是不同的知识主体之间的语言和文字是不同的，因此我们不能高效地同不同语言标准的人们相互分享知识。

（5）知识结构。知识共享的另一大障碍是不同的知识结构，它阻碍我们进行新的知识的获取，因为个体的知识接触面相比于人类社会现存的知识是非常渺小的，所以大量的知识都超出了我们的知识结构范围，我们很难接受并理解，所以知识共享的难度很大。

（6）知识污染。人类社会经过长期的发展形成众多的知识，在众多知识之中对于不同知识个体的有用知识是非常有限的，大量无用的知识造成了负担。

自然障碍不是知识个体在知识共享和交流过程中的唯一障碍，大量的社会障碍存在于知识共享和交流过程中，这是我们很难解决和克服的。社会障碍包括社会环境障碍和人为障碍。社会环境障碍主要指的是意识形态、社会政治制度、经济条件、科技水平、文化背景和教育形势等方面的差异；人为障碍主要包括对知识的蓄意破坏、知识主体之间的歧视、交流壁垒、知识产权保护制度、社会等级制度和自由限制等，这些人为产生的障碍往往会比自然障碍的影响更加广泛和严重。

尽管许多障碍存在于知识共享的过程中，但这并不意味着无法进行知识共享。如果我们能够解释这些障碍背后的本质原因，就可以有效地进行知识共享。这些本质原因就是知识共享的本质规律和机制，是影响知识共享开展的根本所在。

知识本身如同势能一样，水流和热的传递一样，总是从高势能流向低势能，知识总是从知识富裕的主体流向知识贫瘠的主体，知识主体之间的知识总是存在差异，是不对称的，所以知识流动必然存在于知识主体之间。

知识本身是即可以双向流动也可以单向流动的，但是知识在大部分情况下是单向流动的。知识主体之间在知识方面的贫困和富有不是绝对的，都是相比较而言的，知识主体在某些方面的知识量比较多并不代表在其他方面的知识丰富，但多数情况下是正好相反的，知识主体之间的知识差存在于不同层面的知识之中，因为不同的知识主体拥有不同的知识量和知识结构并且存在较大差异。

纵向和横向流动也是知识的传播方式，纵向和横向流动指的是在时间层面和空间层面上知识的传播和积累。知识的纵向传播表现为不同时间线上的知识主体通过向后代不间断相传知识以及文献记录保留等方式进行，而知识的横向传播则表现为同一时间线的知识主体之间通过多种多样的形式传播、交流、共享显性和隐性知识，显性共享的典型代表为海量文献，隐性共享的典型代表为形式多样的会议。

要保持知识在知识主体之间的不间断流动，知识主体就必须根据知识发展的特点不断地调整自身的知识结构，提升知识主体拥有的知识量。为实现这一目标目前主要是通过知识主体的结构调整和不断学习两种手段来实现。这就是为什么人类社会中人才流动成为普遍现象的原因，当知识主体之间的知识在数量和结构上达到某种意义上的平衡后，知识主体之间知识共享的效率就会降低，这会造成个体在知识主体中的地位被埋没的情况。这种情况下要想保持知识在知识主体之间的不间断流动，需要通过中断知识的流动和共享以此保持知识势能差的存在。

在知识共享的过程中，人们不可避免地会遇到知识主体之间竞争与合作的矛盾。竞争的原因是利益冲突一直存在于知识主体之间，从而导致生存危机，而这些危机的主要来源是其他的知识主体。合作产生的原因是知识主体之间存在利益一致的情况，主体自身的利益与其他知识主体的利益是共存的。

当知识主体间的利益冲突大于利益一致时，竞争的力就大于合作的力，于是各知识主体便会在知识共享中设置各种障碍，即社会障碍，知识共享就不能顺利进行。而当知识主体间的利益一致大于利益冲突时，合作的力就大于竞争的力，于是各知识主体在知识共享中就会积极克服各种自然障碍，保证知识共享顺畅进行。

当知识主体之间的利益冲突比主体之间的利益一致更加严重时，主体之间就会偏向进行竞争而非合作。因此，每个知识主体都会在知识共享中制造各种的障碍，这就是所谓的社会障碍，这时知识共享是无法顺利进行的。当知识主体的利益统一比利益矛盾更强盛时，主体之间就会偏向进行合作而非竞争，因此，知识主体会积极克服知识共享中的各种自然障碍，确保知识共享的顺利进行。

知识主体间知识共享的动力主要来自其共同的利益，以及知识主体对共同利益的判断。只要调节知识主体间的利益平衡，就能调节知识共享。

知识主体之间进行知识共享的驱动力主要来自于他们的共同利益和知识主体对共同利益的评估，因此可以通过对知识主体之间的利益平衡性调整，就可以调节知识共享的效率。

知识共享同时受外部机制和内部机制的制约，一方面制约是来自外部事务的驱动力（我们统一将它定义为外力），另一方面制约是来自内部事务的牵引力（我们统一将它定义为内力）。不同层次的知识主体内部之所以存在知识共享，是因为一方面它们作为一个整体共同面对外部竞争压力，即存在生存危机，因而使得在外力中，合作的力大于竞争的力；另一方面，在内力中也存在不同的作用力，那就是公正、平等和信任等，它们的存在共同协调维持了知识主体内部知识共享的平衡。公正，是指贡献知识的主体应该被尊重，并且可以获得相应的在物质方面和精神方面的回报，也就是说要提高知识创造和共享的积极性。平等，是指贡献知识的知识主体的地位应该是平等的，应该消除等级制度，知识在主体内部可以自由流动，不受制约，不存在歧视，也就是说要创造知识共享的自由环境和文化氛围。信任，是指贡献知识的主体间彼此可以相互信任，不会互相猜疑，公正和平等是知识主体间建立信任的基础。在知识主体内部，只有当这三个作用力的方向一致时，才能最有效地进行知识共享。

知识共享的对策是指为了消除知识共享中的障碍而采用的策略，主要是利用知识共享机制来规范隐性知识在各个主体间的共享。结合这两个因素，我们可以通过克服知识共享的障碍、培育知识共享文化氛围以及建立激励知识共享的机制等方式来规划知识共享的对策。

相比而言知识主体相对容易克服知识共享中的自然障碍，这主要是因为自然障碍只要拥有足够的意识和主观意志就可以客服，人为障碍和社会障碍是知识共享过程中最难克服的。

要克服知识共享中的各种社会障碍，首先要打破基于金字塔的层级结构，建立知识网络，将层级结构转变为网络结构。知识网络是指分布在各地的知识主体，通过内网、外网和互联网连接，交流思想和信息，交换资源的形式；也可以指将分散在不同地区的知识主体通过各种人际网络连接起来，进行思想和信息的交流以及资源的交换。这两个知识网络共同构成了一个巨大的知识共享网络。

要克服知识共享中的各种社会障碍其次是要突破知识产权保护壁垒，合理运用知识产权对于知识的保护规则。这就需要把两种类型的知识分离开来进行共享。一类是不受知识产权制度保护的知识，包括目前没有受到知识产权制度保护的知识和已经超过知识产权保护期限的知识；另一类是受知识产权制度保护的知识。这两类知识应采用不同的共享策略，前者可以采用多种灵活的共享方式，后者应保证在法律允许的范围内进行合理共享。

德尔菲集团的柯尔曾经说过："知识主体没有开展一个巨大的文化转变而要让知识管理系统能够很好地起作用是不可能的。"知识个体必须能够看到知识共享以什么样的方式让他们的工作更轻松或更好。开展知识共享可以使大部分个体受益，但是只有能够满足整个知识主体需求的知识管理才能使知识主体具有积极向上趋势。

知识共享的文化氛围是决定知识共享能否成功的关键因素。成功的知识共享需要人类社会共同尊重知识的文化氛围，需要人类社会对学习价值的高度认可，并需要人们重视在经验、技能、技术方面的创新。知识共享还需要与现有的主体文化相协调。知识共享如果不适应主体文化那么将无法取得很好的效果。知识主体想要实现知识共享，首先需要管理者思想开放，敢于挑战传统习惯，敢于突破固化的思维模式，实现管理模式从控制到支持、从监督到激励、从命令到指导的转变，形成上下共享学习的舒适环境，同时还要认识到贡献知识和与他人分享知识是一种合理的自然行为，并且需要自发地与其他知识个体自然地形成知识网络团队。

建设知识共享文化氛围的核心是建设学习型团队，构建知识学习型组织，培育知识共同体，聘请愿意分享的知识工作者，营造信任和公众认可的知识共享氛围，建立保障知识共享的相应制度，并且设置知识主管，指导企业知识共享，将知识共享文化落实到学习型团队和知识学习型组织中。

要建立适用于知识经济时代的知识共享激励机制，用相应的物质和精神奖励表彰、奖励创新和贡献知识的个人，鼓励他们的知识共享行为。营造浓厚的情绪管理氛围，树立知识个体以主体为中心的观念，增强知识个体的归属感，为个体创造更多继续学习的机会，从而提升个体素质。加大对个体创新共享的投入，提供充足资金给个体研究开发。让个体觉得在主体中进行知识共享会有收获，离开主题就会有损失。只有这样才能保证个体拥有知识共享的意识。

在大数据时代的背景下，现有知识图谱的构建和查询方式都是基于将分散的知识汇聚到一个集中的数据仓库之中。然而，现在是知识共享3.0时代，知识个体对于知识价值的认识越来越清晰，将知识汇聚到中心化的数据仓库上变得越来越困难，尤其是在独立隐私特征的领域，如医疗数据等知识。同时，由于现有数据仓库的中心化性质，在系统的安全方面存在严重的弊端。因此，设计去中心化的知识共享机制具有重要意义。区块链技术是近年来提出的一种技术方案，它采用去中心化的方式来维护可追溯、不可篡改的数据账本。

4.3.2 区块链与知识保护

用户的个人信息是用户的隐私，同时也是用户的宝贵财富。随着数字社会的不断发展，各种网站和应用程序都保留了大量的用户个人信息。这些信息存储在不同的网站和应用程序之间。用户需要在使用不同的网站和应用程序时进行注册和填写个人信息，但是用户不能控制这些信息的流动，也不能在网站上注销和删除自己的个人信息，甚至于一些缺乏安全措施的网站和应用程序存在用户信息泄露的风险。这些因素导致用户信息不受用户自身控制，用户隐私非常容易泄露，用户利益受到侵犯。

随着社会大众对用户信息重视程度的提升，中国政府颁布的《中华人民共和国网络安全法》对个人信息进行了明确界定，明确了企业和个人在信息保护方面的责任和义务。区块链技术起源于比特币的实现，经过近十年的发展，区块链技术日趋成熟，在各行业领域展现出了更多的可能性，它将以更快的速度流行起来，并像互联网一样影响当前的经济和社会。区块链技术也可以更好地应用于用户信息的保护，利用区块链在保障用户信息的同时促进信息共享和利用，也成为了一种新方式被人们尝试和研究。

随着区块链技术的诞生，信息的存储和控制也发生了革命性的变革，区块链技术是比特币首先采用的底层技术，它提倡去中心化、使用密码学控制，通过区块链技术实现的比特币在世界范围内赢得了众多用户的认可，比特币作为价值信息的一种数据表现，它实现了个人对数据的权属和控制，比特币只有通过私钥才能转移比特币，而私钥是由个人掌管控制。使用区块链技术的去中心化和密码学控制，用户信息也可以实现被用户所有，使用户拥有控制信息使用权的能力。

越来越多的公司和区块链开发人员意识到利用区块链建立的去中心化网络模式可以进行新的信任模式构建。公司和开发人员主动尝试将应用程序和数据移动到区块链网络之中，大量区块链应用出现后，用户在使用这些应用之前都必须进行注册，上传用户信息，进而生成用户主体。依靠区块链的去中心化特性，用户信息不需要分别存储在不同的应用程序中。区块链凭借其账户签名机制来确认其网络中数据的所有权，因此包含用户信息的数据可以清楚地表明归属用户，此外区块链还拥有加密授权机制，用户可以安全掌控用户信息的内容以及使用情况，这就是区块链技术赋予用户信息的所有权和控制权的可能性。

从个人信息的隐私保护立场讲，通过对区块链技术的研究可以形成新的保护策略，提供给用户隐私保护新的思路和方案。用户信息包含了用户的个人资料，甚至涉及隐私数据，这些数据在很大程度上影响着用户的生活。随着越来越多的APP以及网站出现用户信息泄漏更有甚者非法售卖的状况，用户数据被相关利益方非法泛滥使用，怎么样不影响用户利益并且保证用户信息的合理合法获取及使用成为了当下互联网时代所有用户都在着重关注的问题。目前个人信息的保护大多依靠法律，但是通过法律维权的方式存在两个缺点，一个是高成本，另外一个是法律维权存在滞后性，这都很大程度影响着个人信息的保护效果，在区块链技术产生之后，可以利用区块链技术的去中心化、不可篡改、数据共享等特性，设计专门用于用户数据保护的策略，加强用户对个人信息的控制力，预防个人数据利益被侵犯事件的发生。

从企业对信息的使用来看，通过明确划分用户对信息使用的责任和权利，可以提升用户共享信息的意愿。区块链系统包括信息安全存储、信息共享、隐私保护、数据追溯等功能，当前中心化的系统中是不具备这些功能的。区块链的数据机制在个人信息流通的使用方面极具价值，之前的用户信息被平台单方面占用，用户未获得权益保护，但是通过区块链，用户可以确认自己的信息权利，充分保护自身的利益，从而进一步促进用户数据的高效共享和价值挖掘。

传统的软件技术主要是中心化的，传统的网络架构是 C/S 模型，服务器控制业务流程并存储用户的数据，客户端为用户提供简单的交互。去中心化的模式可以确保每个用户都积极参与维护系统，区块链技术采用点对点网络 P2P 结构，相比于传统的 C/S 结构相对具有优势。

数据去中心化：由于点对点网络的特性，区块链中的所有数据都可以被链上任意节点获取，公有链上的每个节点在获取到数据后会自动将数据广播给邻近的节点，数据在区块链网络中所有节点之间的共享传输保证了节点之间信息的平等，数据和信息的平等是区块链在非信任环境下构建信任网络的基础。

权利去中心化：在区块链网络中，节点可以实现完全化开源，支持任何用户构建和运行，每个用户都可以建立自己的节点，并且可以完全访问并控制自己的节点。节点之间没有权限差异，它们可以获取区块链网络中输送到自己节点的全部数据，每个节点都有能力验证数据是否合法，每个用户都可以检查数据的正确性，以确保区块链网络中的数据是所有用户都认可的数据。

去中心化意味着网络中的每个节点都拥有相同的能力和平等的信息权利。区块链网络中的数据不会受到任何中心化节点的控制，与传统软件更多的是人或企业控制不同，区块链保证各个节点的平等，这是对需要维护利益的用户公平的基础。

区块链是一个去中心化网络，但是数据一定要保持一致性，区块链就是通过共识机制达成自治，自治最终形成了大家协商一致、被所有节点认可的数据。自治性是区块链共识机制的体现，参与的节点遵循共识机制，整个网络才会有自我治理能力。区块链网络由链上所有节点共同维护，对数据生成和传输的规则达成共识。区块链的一致性是全部节点的选择，由于节点之间是相互平等的，只能通过协商的方式来定义一致规则，最后由节点根据规则运行来生成最终的数据。

区块链的自治规则指的是链上数据的最终一致性是通过共识机制等多种不可预见的方式来保证的。不可预见的方式表明它不能被其他人捕获或控制，可以确保去中心化。比特币采用的工作量证明的共识机制是链上所有节点竞争计算，最先获得难题答案的节点决定了在这个时间段内将哪些数据写入区块链。同时链上的其他节点也会检验数据是否符合所有节点共同约定的规则，也会验证节点算出的答案是否正确。通过共识机制，实现了区块链网络的自治，最终保证了数据的一致性，区块链才可以被视为信任和价值的平台。

可验证性是区块链实现自主管理的基本条件，区块链中的节点是处于不信任环境中的，因此要求节点具有验证信息正确性的能力。然后区块链会预先定义规则，规则也是共识机制的一部分，因为数据对于链上节点是公开透明的，节点可以根据共识机制对数据进行验证。系统中的所有节点都可以在没有信任的情况下进行交易，链上数据和整个区块链系统的运作是公开透明的，在共识机制的规则允许范围内，节点具有对规则进行验证的能力，保证节点之间不能相互欺骗，进而才能实现区块链自治。

自治管理代表了用户可以节点身份参与区块链治理，作为节点可以选择自己信任的数据和规则，当大量节点选择了同样的规则后就会形成影响力。这是用户凭借个人参与凝聚影响力的制度设计，对于过去由企业来控制的软件来说，用户没有资格参与管理，区块链让用户拥有了投票的权利，参与制定规则并监督其他节点的执行，用户参与度的提高必然会增强用户维护自己权益的声音。

自治管理意味着用户可以作为节点参与到区块链的管理，作为节点拥有选择自身信任的数据和规则的权利，当大量节点选择相同的规则时就会对系统本身运作产生影响。这是一种系统设计，用户依靠他们的个人参与来聚集影响力。相比于过去由企业控制的软件，用户没有参与管理的资格，区块链允许用户通过投票的方式参与到制定规则以及监督其他节点执行的过程中，用户参与度的提高必然会增加用户维权的可行性。

4.3.3 区块链与知识溯源

溯源起源于1997年，当时欧盟为应对"疯牛病"问题建立了食品安全管理体系，主要用于跟踪记录有形产品或数字产品的过程，追溯货物的生产、运输、流通、销售等过程。目前，溯源技术在各行业解决信息造假问题中有着广泛的应用需求(图4-7)。

区块链技术的出现为可追溯数据的安全存储提供了可行的解决方案。区块链技术中的链状区块结构自然适合作为数据溯源的数据结构，区块链构建了一套协议机制来保证数据存储在每个参与业务过程中的节点上，参与节点将记录结果并验证，这种分布式协议架构确保存储的数据受到多方监督，保证数据无法被篡改，区块链链上的数据通过非对称加密算法保证。

目前，区块链在国内外各个领域溯源业务中的应用研究成为热点趋势。目前，百度、京东、阿里巴巴等互联网巨头以及国内各领域的各类创业公司都展开了这方面的研究。这些项目要么依托现有的区块链公链，要么自行创建联盟链，结合物联网和大数据技术研究构建分布式区块链平台。区块链溯源在国外的应用比国内更成熟，例如，沃尔玛和IBM使用联盟链来确保食品安全。通过对食品数据的溯源，可以提高食品供应链的透明度，从全方位保障食品的安全。马士基使用IBM的Hyperledger构建全球化的数字贸易平台，以提高运输流程的效率和流程透明度。

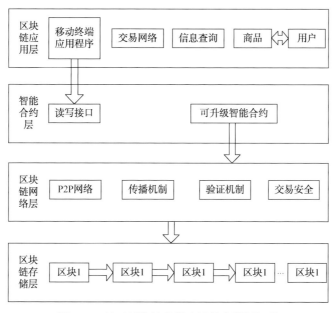

图 4-7　基于区块链的供应链信息溯源架构

区块链主要从三个方面保证数据的不可篡改：用户交易的不变性、历史记录的不变性、合约内容的不变性。传统的软件技术架构，服务器中的数据以及数据库可以由高层管理员进行查询和修改，存在人为篡改数据的可能性。虽然这可以提高在某些错误情况下更正数据的灵活性，但它把用户数据放在了企业管理者的手中。区块链要解决的是在非可信环境下的数据信任问题，区块链形成了以下三个不可篡改的方面。

用户交易不可篡改。不可篡改的主要实现方式来是通过基于密码学的区块链账户体系的非对称加密技术实现的。将用户账户地址作为公钥，所有用户交易信息都将通过账户私钥进行加密。经过密码学中的签名算法处理后的交易数据在没有私钥的情况下是不可伪造的，伪造的数据很容易被其他节点验证发现，这也在另外一个层面确保了用户签名的信息不会被篡改。

历史记录不可篡改。一旦用户交易数据被写入区块链，根据共识规则，改变已入链数据的成本将非常高，一旦信息被验证并添加到区块链中，它将永久存储在区块链中。以比特币为例，除非你可以同时控制系统中超过 51% 的节点，否则在单个节点上修改数据是无效的，控制 51% 的节点的成本是巨大的。通过破坏整条链的信任来获取利益的方式是行不通的，因此区块链的数据具有很强的稳定性和可靠性。

合同内容不可篡改。智能合约是将合约代码化并且可以自动执行技术。智能合约技术与区块链技术的相互结合，意味着在区块链上可以实现规则的可编程化。在智能合约技术的加持下，区块链的主体功能可以在很大程度上得到扩展，没有智能合约支撑的区块链只是一个可以记录数据的分布式账本，通过智能合约，除了数字货币以外区块链还可以实现其他专业领域的业务功能，这也是区块链与各行业融合的切入点。智能合约在区块链上发布后是不可变的，将成为数据并且永久被记录在区块链上，这说明应用的业务逻辑在区块链上是明确清晰的。对于用户来说，不可篡改提高了数据和合约的安全性，不用担心数据被其他个体修改，区块链凭借智能合约进一步增强了用户信任。但是传统软件技术下的数据掌握在管理员手中，管理员拥有最高的数据管理权限，可以在未经用户同意的情况下更改数据和逻辑，因此，区块链中数据的不可篡改以及安全存储更能获取用户的信任。

4.4　区块链在缝洞型油藏开发知识管理中的应用探索

京东于 2018 年 3 月发布区块链项目的白皮书，采用联盟链的形式，建立支撑自身落地应用的区块链 BaaS 平台，以区块链为"链接器"结合自身在云计算、大数据、人工智能、物联网等新技术上积累的经验，构建一体化的智慧供应链体系、零售网络和金融科技，拉近商品与客户的距离。此落地区块链项目主要应用于京东旗下商品防伪溯源方面。

百度于 2018 年第三季度发布旗下区块链项目百度图腾白皮书，采用联盟链的形式将图片版权信息永久写入区块链，基于区块链的公信力及不可篡改性，结合百度领先的人工智能识图技术优势，作品的传播可溯源、可转载、可监控，将改变传统图片版权保护模式。基于百度超级链技术构建内容版权链，将内容版权行业需要公信力或透明性的登记确权、维权线索、交易信息等存储在版权链上，版权链默认采用超级链的共识机制。基础层、服务层、平台层相结合，提供完整的存储、搜索、盗版检测与维权取证等服务。

4.4.1　区块链技术在缝洞型油藏开发中的应用设计

未来，缝洞型油藏开发的竞争将集中表现为深入油藏开发全生命周期流程，通过业务数据知识化和知识应用业务化的方式实现智慧油藏开发知识管理。在缝洞型油藏开发行业的区块链技术应用过程中，既要做到开发过程在企业内部的透明化，实现缝洞型油藏开发知识生态数字化，又要及时甚至提前响应用户的知识需求，提供适宜的知识解决方案。相比传统的系统架构，区块链技术通过分布式账本、点对点传输、信息安全等技术更容易地实现整个开发知识管理流程面向所有业务涉及方的全程共享化，其主要的应用场景建议如下：

1）知识追溯

目前，缝洞型油藏开发中的知识需要确定来源，目前对于缝洞型油藏开发中的知识多为中心化的管理方式，不便于对知识的修改记录进行管理。未来，对于缝洞型油藏开发形成的知识的追溯将围绕物联网以及移动终端等设备实现全过程操作环节的知识追溯；采用区块链存储技术，利用分布式账本不易篡改、易于共享的优势，对知识信息进行分发；此外，还可以通过区块链技术存储缝洞型油藏开发重要环节的知识信息。

2）知识共享

区块链网络可以将缝洞型油藏开发的所有参与方包括不同场景的开发人员（注水、注气等）连接起来，并通过区块链的分布式账本实现知识实时共享，增加项目全过程知识的共享程度。

3）知识确权

区块链网络中存储的知识可以保证知识的来源，以及用户对知识的操作权利。用户通过区块链进行数据的保存无法抵赖自己上传的知识，同时也无法对知识进行造假。

4.4.2　面向缝洞型油藏开发知识管理的区块链架构

如图4-8所示为面向缝洞型油藏开发知识管理的区块链部署架构，以地震成像与预测、油藏描述、地质建模、数值模拟为例，首先各个关键技术的自身业务系统与数据库进行双向连接，各个节点向区块链上进行知识数据上传，区块链系统最终提供知识上传、知识下载、知识统计和知识查询等功能。

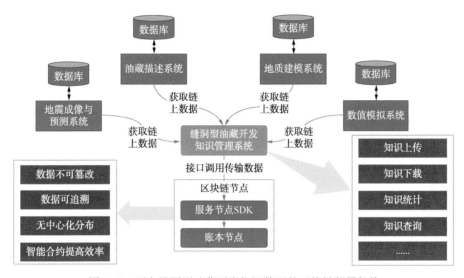

图4-8　面向缝洞型油藏开发知识管理的区块链部署架构

如图4-9所示为面向缝洞型油藏开发知识管理的区块链技术架构，以地震成像与预测、油藏描述、地质建模、数值模拟为例，各自的区块链节点构成区块链共识域，知识数据在共识域中共享传递，区块链系统域原有的业务系统之间数据双向传递，形成统一的数据流程，为最终的知识管理提供基础服务。

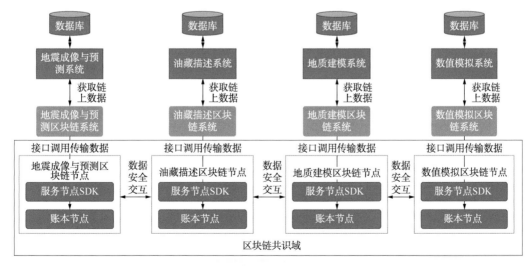

图4-9　面向缝洞型油藏开发知识管理的区块链技术架构

参 考 文 献

［1］ Nakamoto S B. A peer-to-peer electronic cash system［J］. White Paper，2008.

［2］ 邵奇峰，金澈清，张召，等．区块链技术：架构及进展［J］．计算机学报，2018，41(05)：969-988.

［3］ 袁勇，王飞跃．区块链技术发展现状与展望［J］．自动化学报，2016，42(04)：481-494.

［4］ 张国印，王玲玲，马春光．环签名研究进展［J］．通信学报，2007，28(05)：109-117.

［5］ 欧阳丽炜，王帅，袁勇，等．智能合约：架构及进展［J］．自动化学报，2019，45(03)：445-457.

［6］ 文庭孝，周黎明，张洋，等．知识不对称与知识共享机制研究［J］．情报理论与实践，2005(02)：16-
19，81.

5 油藏开发大数据管理技术

> **提要**　自从"大数据"一词在2014年3月首次写入政府工作报告以来，我国大数据战略正逐步形成和完善。随着大数据相关产业体系日趋完善，各类行业融合应用逐步深入，国家大数据战略不断深化。在缝洞型油藏开发的应用场景下，大数据技术正在发挥着越来越重要的作用。本章将从大数据技术与知识管理的关系说起，继而介绍大数据技术在缝洞型油藏开发知识管理中的应用，包括大数据知识获取、大数据知识存储、大数据知识挖掘以及大数据知识治理等方面的内容。本章内容旨在梳理大数据与知识管理的关系，并对大数据知识管理技术进行简要介绍。

5.1　大数据技术与知识管理

5.1.1　大数据技术综述

大数据起源于 2000 年前后互联网的高速发展时期。在 2001 年左右，Gartner 就大数据提出了如下定义：大数据指高速（Velocity）涌现的大量（Volume）的多样化（Variety）数据。这一定义表明大数据具有 3V 特性。

1）大量（Volume）

大数据的"大"首先体现在数据量上。在大数据领域，需要处理海量的低密度的非结构化数据，数据价值可能未知，例如 Twitter 数据流、网页或移动应用点击流，以及设备传感器所捕获的数据等等。在实际应用中，大数据的数据量通常高达数十 TB，甚至数百 PB。当前，全球数据量仍处于膨胀增长阶段，据国际权威机构 Statista 的统计，2020 年全球数据产生量达到了 59ZB（1ZB = 10^{12} GB），而到 2035 年，这一数字预计将达到2142ZB（图 5-1）。

2）高速（Velocity）

大数据的"高速"指高速接收乃至处理数据，数据通常直接流入内存而非写入磁盘。当前，许多应用系统都需要实时或近实时地处理数据，比如，美团和京东的商品推荐系统、短视频平台的视频推荐系统、高德的导航系统等等，这些系统都要求基于数据实时评估和操作，而大数据只有具备"高速"特性才能满足这些要求。

3）多样化（Variety）

多样化是指可用的数据类型众多。通常来说，传统数据大多属于结构化数据，使用关系型数据库能很容易处理。而随着大数据的兴起，网络日志、音频、视频、图片、地理位置信息等非结构化数据不断涌现，数据类型不断丰富，处理难度不断增大，通常需要经过额外的预处理操作才能获取数据信息并提供决策支持。

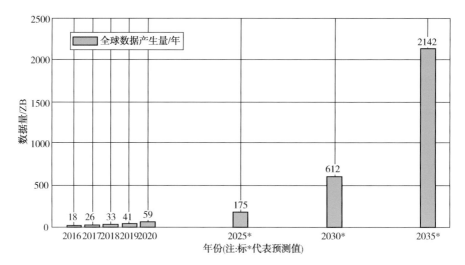

图 5-1　全球每年产生数据量估算图(据 Statista，2021 年 4 月)

在近些年，大数据的定义又新增了两个"V"：价值(Value)和真实性(Veracity)。

4) 价值(Value)

数据本身不产生价值，如何分析和利用大数据产生核心商业价值才是关键。一般而言，价值密度的高低与数据总量的大小成反比，价值密度低是大数据时代的一个显著特征。然而，大数定理告诉我们："有规律的随机事件"在大量重复出现的条件下，往往呈现几乎必然的统计特性。随着计算机处理能力的增强以及获得的数据量越来越多，可挖掘到的价值也会随之增多，并呈现出与真实情况近似相同的规律，这无疑使我们拥有了预测未来的能力。最终，我们都将从大数据分析中获益。

5) 真实性(Veracity)

真实性，即追求高质量的数据。数据的重要性就在于对决策的支持，数据的规模并不能决定其能否为决策提供帮助，数据的真实性和质量才是获得真知和思路最重要的因素，是制定成功决策最坚实的基础。追求高质量的数据是一项重要的大数据要求和挑战，即使最优秀的数据清理方法也无法消除某些数据固有的不确定性。然而，尽管存在不确定性，数据仍然包含宝贵的信息。我们必须承认、接受大数据的不确定性，并确定如何充分利用这一点，例如，采取数据融合，即通过结合多个可靠性较低的来源创建更准确、更有用的数据点，或者通过鲁棒优化技术和模糊逻辑方法等先进的数学方法。

2020 年以来，大数据的技术环境发生了变化，目前重点呈现出以下几点新的技术趋势：

(1) 控制成本按需所取成为主要理念。一般而言，存储与计算耦合的自建平台往往会带来额外的成本。存算分离可以将存储和计算这两个关键环节剥离开，形成两个独立的资源集合。两个资源集合之间互不干涉但又通力协作。每个集合内部充分体现资源的规模聚集效应，使得单位资源的成本尽量减少，同时兼具充分的弹性以供横向扩展。当两类资源之一紧缺或富裕时，只需对该类资源进行获取或回收，使用具备特定资源配比的专用节点进行弹性扩展或收缩，即可在资源需求差异化的场景中实现资源的合理配置。这样就可以有效地控制成本。在存算分离理念的基础上，Serverless、云原生等概念的提出进一步助力处理分析等各项能力的服务化。由此，数据的处理分析等能力摆脱了对于完整平台和工具的需求，大大降低开发周期、节省开发成本，同时服务应用由提供方运维，实行按需付费，消除了复杂的运维过程和相应的成本。当前，阿里云使用自身 EMR+OSS 产品代替原生 Hadoop 存储架构，整体费用成本估算下降 50%；华为则使用了自身 FusionInsight+EC 产品，存储利用率从 33% 提升到 91.6%。在能力服务化方面，国外最为出名的是 Snowflake 公司提出的数据仓库服务化（DaaS，Data warehouse as a Service），将分析能力以云服务的形式在 AWS、Azure 等云平台上提供按次计费的服务，成为云原生数据仓库的代表，并于今年以超过 700 亿美元的市值 IPO，成为软件企业最大 IPO 案例。

（2）自动化智能化数据管理需求紧迫。数据管理技术包括数据集成、元数据、数据建模、数据标准管理、数据质量管理和数据资产服务，通过汇聚盘点数据和提升数据质量，增强数据的可用性和易用性，进一步释放数据资产的价值。目前的数据管理平台仍然存在自动化、智能化程度低的问题，常常需要人工进行数据建模、数据标准应用以及数据剖析。随着机器学习和人工智能的不断进步，以减少人力成本提高治理效率成为当下数据管理平台研发者关注的重点。其中数据建模、数据标签、主数据发现、数据标准应用已成为几个主要的应用方向。在数据资产管理概念火热后，华为、浪潮、阿里云、Datablau 等数据管理平台供应商也在不断更新自动化智能化的数据管理功能。其中华为着重于智能化的数据探索，浪潮关注自动化的标签、主数据识别，阿里云实现了高效的标签识别以及数据去冗余。

（3）专注于图结构数据的图分析技术成为数据分析技术的新方向。图分析是专门针对图结构数据进行关联关系挖掘分析的一类分析技术。与图分析相关的多项技术均已成为热点的产品化方向，其中以对图模型数据进行存储和查询的图数据库（详见 5.3.3 节）、对图模型数据应用图分析算法的图计算引擎（详见 5.4.1 节）、对图模型数据进行抽象以研究展示实体间关系的知识图谱三项技术为主。通过组合使用图数据库、图计算引擎和知识图谱，使用者可以对图结构实体点间存在的未知关系进行探索和发掘，充分获取其中蕴含的依赖图结构的关联关系。根据 DB-Engines 排名分析，图数据库关注热度在 2013—2020 年间增长了 10 倍，关注度增长排名第一。图数据库、图计算引擎、知识图谱三项热点技术方向正在全球范围内加速产业化。国内阿里云、华为、腾讯、百度等大型云厂商以及部分初创企业均已布局这一技术领域。其中，知识图谱已经开始深入地应用于公安、金融、工业、能源、法律等诸多行业，纷纷落地内部试点应用。

（4）隐私计算技术稳步发展热度持续上升。除了数据分析挖掘，数据的共享和流通是另一个实现数据价值释放的方向。在数据安全事件频发的当下，如何在不同组织间进行安全可控的数据流通始终缺乏有效的技术保障。在数据合规流通需求旺盛的环境下，隐私计算技术发展火热。作为旨在保护数据本身不对外泄露的前提下实现数据融合的一类信息技术，隐私计算为实现安全合规的数据流通带来了可能。当前，隐私计算技术主要分为多方安全计算和可信硬件两大流派。其中，多方安全计算基于密码学理论，可以实现在无可信第三方情况下安全地进行多方协同计算；可信硬件技术则依据对于安全硬件的信赖，构建一个硬件安全区域，使数据仅在该安全区域内进行计算。在认可密码学或硬件供应商的信任机制的情况下，两类隐私计算技术均能够在数据本身不外泄的前提下实现多组织间数据的联合计算。此外，还有联邦学习、共享学习等通过多种技术手段平衡了安全性和性能的隐私保护技术，也为跨企业机器学习和数据挖掘提供了新的解决思路。

大数据技术依托于数据，大数据技术也因此围绕数据的整个生命周期进行展开。数据的生命周期常包含以下四个步骤：

（1）提取。原始数据产生后，需要进行提取。数据来源和类型众多，可以是设备的流式数据，可以是本地的批量数据，也可以是应用日志或移动应用用户事件和分析。此处涉及大数据的数据获取、集成与传输技术。

（2）存储。获得数据后，需要按照数据的冷热程度、数据所需的存储年限选取合适的存储模式。此处涉及大数据的存储技术。

（3）处理和分析。此阶段需要将存储的原始数据转换为实用的信息，常采用大数据挖掘技术。

（4）探索和直观展示。此阶段需要将分析结果转换为一种容易作出决策支持的数据展示模式，比如仪表盘、用户画像等。

以上的各个阶段，都需要大数据管理技术来合理组织并管理数据，进行元数据的组织和有效管理、进行数据质量的稽核以及实现隐私计算等。此处涉及大数据的知识治理技术。在5.2节至5.5节将对大数据技术进行具体地介绍。

5.1.2 传统知识管理与大数据知识管理

在大数据时代，知识管理技术也在逐步更新换代，呈现出与传统知识管理不一样的特征。

知识管理是企业（或其他机构）对内部知识资产进行的管理，其核心任务是将显性知识与隐性知识相互整合，通过知识获取、吸收、转移等过程，实现企业（或其他机构）的知识创新与价值创造。随着大数据时代的到来，学者们将对知识管理的关注焦点，由隐性知识向显性知识的转化，迁移到如何从海量多源异构的数据中挖掘知识价值。

学者们普遍认为，大数据环境下的知识管理需要快速处理更大体量的数据集，并以更优化的知识管理方法挖掘海量低密度数据的知识价值。叶英平等研究了基于网络嵌入的知识管理模型。与传统的知识管理研究相比，大数据在知识获取、知识存储、知识整合、知识使用等知识管理过程均有所不同，具体差异见表5-1。

表 5-1　传统知识管理过程与大数据知识管理过程差异表

流　程	传统知识管理过程	大数据知识管理过程	差　异
知识获取	面向组织外部的定向搜寻和主动获取	获取多源异构系统中的海量碎片化数据	数据范围扩大 数据体量增大
知识存储	私有知识库存储	共享分布式存储	存储容量增大
知识整合	结构化、可编码的数据整合	结构化、半结构化、非结构化并存的多源异构数据的逻辑整合	整合难度增大 整合方式更加丰富
知识使用	关键前提条件是隐性知识的显性化	关键前提条件是数据清洗与数据脱敏	由于数据共享使得知识使用方由单一主体变为多方主体

大数据知识管理过程与传统知识管理过程相比，扩大了知识获取的范围和体量，改变了知识获取的方向；扩展了知识的存储容量，突破了知识存储所有权力的限制；同时丰富并优化了知识整合的方式，使得最终产生的知识可以服务于多方主体。

5.1.3　大数据背景下的知识管理过程

根据传统知识管理向大数据知识管理的转变，可以概括出大数据背景下的知识管理过程如图 5-2 所示，即随着时间推移，逐渐深化知识的加工程度，通过海量碎片数据的收集完成知识获取，以分布式方式存储知识，通过处理多源异构数据完成知识整合，最终将数据分析结果应用于商业价值的实现。

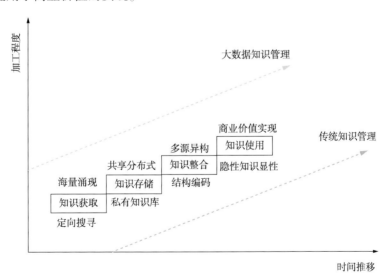

图 5-2　知识管理过程示意图

5.1.4　大数据背景下的知识管理技术工具

伴随着数据特征的不断演变以及数据价值释放需求的不断增加，大数据技术已针对大数据的多重数据特征逐步演进，围绕数据存储、处理计算的基础技术，与配套的数据治理、数据分析应用、数据安全流通等助力数据价值释放的周边技术组合起来形成了整套技术生态。图 5-3 展示了大数据技术体系图谱及相关代表性的开源软件。

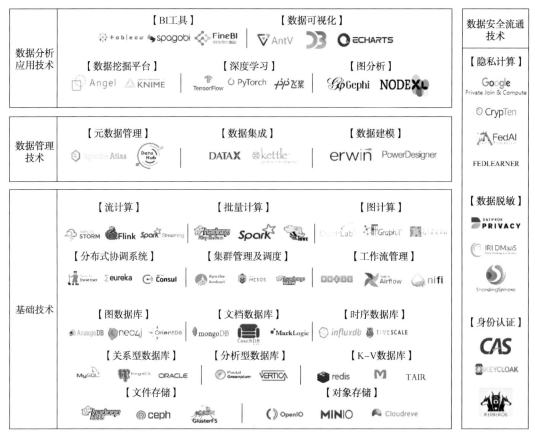

图 5-3 大数据技术体系及主要开源软件(据中国信息通信研究院)

针对大数据背景下的知识管理,数据仓库或大数据平台是必不可少的技术工具。大数据处理平台需要通过一系列的 ETL(Extract-Transform-Load,提取—转换—加载)工具和工作流管理界面操作,将存储在文件、关系型数据库、实时数据流等各类数据源中的结构化、非结构化、半结构化数据采集并集成到大数据集群中。其中,高价值的结构化数据可存储在 MPP 数据库❶中,非结构化数据、半结构化数据、价值密度低的数据可存储在 Hadoop 分布式文件系统或 HBase、MongoDB、Neo4j 等 NoSQL 数据库中。然后通过批处理 MapReduce、流计算 Storm、混合计算 Spark 等计算框架,以及高性能、高 SQL 兼容度的 SQL 引擎,辅以 BI 展示和数据挖掘工具,为上层应用程序提供标准 JDBC/ODBC/REST 接口、多种语言的编程 API 和 DaaS 接口。

对于大数据知识管理过程而言,从数据到知识的转变,需要历经数据仓库、联机分析处理、知识挖掘、知识呈现四个过程,伴随着数据流、信息流、知识流、价值流的形成。数据仓库负责数据的采集和存储,联机分析处理负责从数据中挖掘信息,知识挖掘负责从信息中挖掘行业知识,最终所有的数据、信息、知识的价值,都将通过知识图谱的方式进

---

❶ MPP(Massive Parallel Processing,大规模并行处理)架构是将任务并行的分散到多个服务器和节点上,在每个节点上计算完成后,将各自部分的结果汇总在一起得到最终的结果。采用 MPP 架构的数据库称为 MPP 数据库。常用的 MPP 数据库有 Greenplum、Gbase 等。

行呈现，产生的知识图谱最终将服务于我们的知识管理需求。

对于缝洞型油藏开发需求而言，基于大数据技术的知识管理与知识服务平台的架构图如图5-4所示。

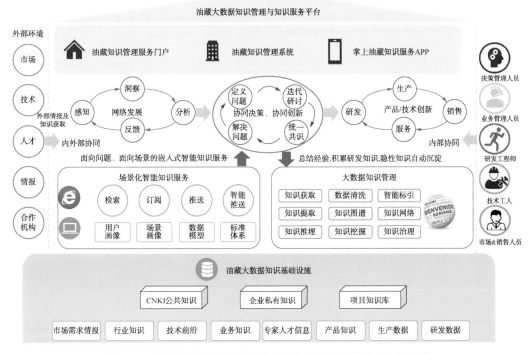

图5-4　缝洞型油藏大数据知识管理与知识服务平台总体架构图

在图5-4的架构图中，大数据知识管理的流程主要包括知识的获取和提取、知识的存储、知识的推理和挖掘、知识治理、知识图谱这几部分内容。油藏知识主要包含CNKI公共知识库、企业私有知识库、项目知识库等主要内容，我们的大数据知识管理服务平台首先需要对这些数据进行知识的提取，并将提取到的知识进行清洗、集成后有效存储起来。接下来，需要对存储的数据采用机器学习等算法进行数据挖掘，并将挖掘到的结果通过知识图谱的形式进行可视化展示。所有的数据结果最终可以通过油藏知识管理服务门户、油藏知识管理系统和掌上油藏知识服务 APP 进行查询。

5.2　大数据知识获取

5.2.1　知识的采集技术

缝洞型油藏知识的来源广泛，可以划分为两大类：业务数据知识和外部数据知识，如表5-2所示。

表 5-2　缝洞型油藏知识来源

知识来源	具体的知识	知识说明
业务数据知识	基础的业务资料	包括业务数据、科学实验数据、调查记录、原始报告等
	行业应用研究	包括油藏工艺技术、工程方案、应用程序等
外部数据知识	前沿理论知识	包括地震成像技术、缝洞结构表征技术、缝洞型油藏地质建模技术、油藏数值模拟技术、注水注气技术等
	专家知识	包括政策建议、智库成果、专家解读等专家知识
	行业报告	包括与油藏相关的专业的行业报告、咨询报告、决策方案等
	标准规范	包括国家或行业的强制标准、操作指南等与油藏相关的知识
	行业共识规律	包括行业内部使用的经验参数、经验方法和规律等
	其他经验知识	包括与油藏有关的案例、试点经验和其他企业使用的方法与技术等

　　业务数据知识通常以数据库、文本文件、流程图、程序等作为载体进行存储；外部数据知识来源众多，常以论文、期刊、软件著作、专利、报告等形式出现。针对不同的数据类型，数据采集的手段也各有差异。

　　对于业务数据知识的采集，常常会融合 Sqoop、Flume、Fluentd、Logstash、Chukwa、Scribe 和并行 ETL 等多种大数据采集技术和工具，从客户关系管理系统、仓库管理系统、采购管理系统等信息化系统中采集生产经营相关业务数据，提取不同系统间共享数据，获取油藏相关知识，消除信息孤岛对数据完整性的影响。

　　业内常用的几款数据采集平台：Apache Flume、Kafka、Fluentd、Logstash、Chukwa、Scribe、Splunk Forwarder。这几款数据采集平台利用分布式的网络连接，大都提供高可靠和高扩展的数据采集服务，如表5-3所示。

表 5-3　大数据采集平台一览表

大数据采集平台	是否开源（项目来源的企业）	优　点	缺　点
Flume	√（Cloudera）	※ 提供上下文路由特征 ※ 基于事务的采集，保证了数据的一致性 ※ 流量控制 ※ 高可靠，高容错 ※ 实时性好	配置烦琐
Kafka	√（Linkedin）	※ 架构解耦 ※ 流量控制 ※ 异步处理 ※ 高吞吐率	※ 消息丢失 ※ 消息重复 ※ 消息乱序 ※ 消息堆积
Fluentd	√（Treasure Data）	※ 日志采集方式丰富 ※ 流量控制 ※ 丰富的插件	※ 灵活性差 ※ 大节点下性能受限

大数据采集平台	是否开源 (项目来源的企业)	优 点	缺 点
Logstash	√(Elastic)	※ 可伸缩性 ※ 弹性 ※ 可过滤 ※ 可扩展插件生态系统	※ 消耗资源巨大 ※ 没有消息队列缓存，存在数据丢失隐患
Chukwa	√(Apache)	※ 灵活的、动态可控的数据源 ※ 高性能、高可扩展的存储系统 ※ 对数据的全生命周期提供了支持	※ 已经不再维护，项目不活跃
Scribe	√(Facebook)	※ 容错性好 ※ 扩展性好	※ 不提供负载均衡 ※ 已经不再维护，项目不活跃
Splunk Forwarder	×	※ 高可用，高扩展性	/

在这些数据采集平台中，Flume、Fluentd 是两个被使用较多的产品。如果你在使用 ElasticSearch，LogStash 是首选，因为 ELK 栈提供了很好的数据集成功能。Chukwa 和 Scribe 项目不活跃，已经多年没有维护，不推荐使用。Kafka 常存在数据丢失、乱序、堆积等问题，也不推荐使用。Splunk Forwarder 是一个优秀的商业产品，目前尚未开源，数据采集仍存在一定限制。

对于外部知识的采集，需要融合 Nutch、Snoopy 等搜索引擎和 Web 爬虫技术，从论文数据库、行业网站、自媒体、Web 等采集与油藏知识相关的论文、标准规范、行业报告、专家知识等内容。

5.2.2　知识的传输技术

在数据的传输过程中，我们通常需要考虑安全性、稳定性、可靠性、实时性等问题。

1）安全性

分布式系统通常由几十个甚至上百个节点组成，在数据传输过程中，节点与数据源之间、节点与节点之间，I/O 使用率较大，数据传输的安全性必须加以保证。传输交换安全是指保障与外部系统交换数据过程的安全可控。对于保密要求较高的数据，需要建立全面的数据保护措施，以防数据泄露。

2）稳定性及可靠性

数据传输的可靠性要求在数据传输过程中，集群内任何一个节点宕机或发生故障，控制中心都能够将这个节点上的所有任务快速切换到其他节点上，保证链路的高稳定性。同时，需要对部分传输链路提供数据准确性校验，快速发现并纠正传输数据，保证传输数据的可靠性。

3）实时性

在实时 ETL 中，数据源和数据目的地间仿佛由管道连接在一起，数据从源端产生后，以极低的延迟被采集、加工，并写入目的地，整个过程没有明显的处理批次边界。数据传输的实时性，才能够保证数据中台中的数据模型更新做到实时或近实时，构建在中台之上依赖实时数据流驱动的应用才能够满足业务的需求。

为了保证数据传输交换安全，需要采用接口鉴权等机制，对外部系统的合法性进行验证，采用通道加密、数据加密(使用 RSA 加密等加密算法对传输数据加密后进行传输)等手段保障传输过程的机密性，也可以将 API 访问统一改走 HTTPS 协议，解决数据被篡改的可能性。为了保证数据访问的安全性，可对数据访问做多层隔离，所有资源访问需要合适鉴权，避免越权访问，如图 5-5 所示。为了保证数据安全，需要防止 SQL 注入等攻击，做参数合法性检验，敏感信息过滤或脱敏等。需要注意的是，数据安全性绝不是一劳永逸的，需时刻保持警惕。

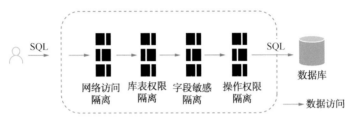

图 5-5　多层权限隔离体系

为了保证数据传输的稳定性和高可用性，一般的分布式系统都采用冗余技术的方式，使得任一单点故障不影响数据的正常传输。常用的冗余架构有：多租户隔离、灾备多活(图5-6)等，这些架构都是为了避免单点故障来保障分布式系统的高可用性和稳定性。

多租户技术是一种软件架构技术，是实现如何在多用户环境下共用相同的系统或程序组件，并且可确保各用户间数据的隔离性。在当下云计算时代，多租户技术在共用的数据中心以单一系统架构与服务提供多数客户端相同甚至可定制化的服务，并且仍可以保障客户的数据隔离。目前各种各样的云计算服务就是这类技术范畴，例如阿里云数据库服务(RDS)、阿里云服务器等。多租户在数据存储上存在三种主要的方案：独立数据库、共享数据库(隔离数据架构)和共享数据库(共享数据架构)。独立数据库方案即一个租户一个数据库，这种方案的用户数据隔离级别最高，安全性最好，但成本较高。共享数据库(隔离数据架构)方案即多个或所有租户共享数据库，但每个租户一个模式(Schema)；这种方案为安全性要求较高的租户提供了一定程度的逻辑数据隔离，并不是完全隔离。共享数据库(共享数据架构)方案即租户共享同一个数据库、同一个模式，这是共享程度最高、隔离级别最低的模式，这种方案的维护和购置成本最低，允许每个数据库支持的租户数量最多。

异地灾备和异地多活是全球数据库网络中两种典型的应用场景。通过异地灾备可以实现跨地域高可用，提升数据安全性和系统可用性。当发生机房或数据中心级别故障时，可以快速恢复业务。可以实现两地三中心(图 5-6)、两地四中心和三地六中心等架构。异地多活也叫多地部署，由于企业用户遍布全国或全球，数据需要打通，多地域都可以读写。全球地域都能访问同一个数据库，读写请求尽量发往本地集群。如跨境电商、微信等都是异地多活的典型案例。

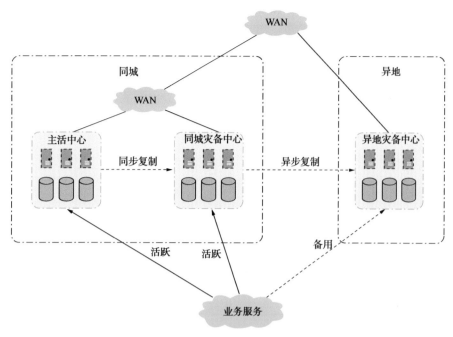

图 5-6　两地三中心可容灾分布式系统

　　为了保证数据传输的可靠性，常采用的策略有：冗余副本策略、机架策略、心跳机制、校验和等。数据冗余是保障存储可靠性、数据可用性的最有效手段，传统的冗余机制主要有副本(Replication)和纠删码(EC，Erasure Code)两种方式。HDFS 采用的就是副本冗余策略，默认保存 3 个副本。大型 HDFS 实例通常分布运行在由许多机架组成的集群中，一个机房中有很多机架，一个机架上有多个服务器，不同机架的机器通信需要经过交换机，HDFS 的副本放置策略为：在机架 1 上放置第一个副本，在另一个机架 2 上放置第二个副本，副本三和副本二放置在同一个机架上。这样放置的好处在于避免了一个机架出故障，导致所有数据丢失。同时同一个机架上的节点通信网络会比不同机架节点通信更好，副本二和副本三放置在同一个机架能够节省带宽。心跳机制是定时发送一个自定义的结构体(心跳包)，让集群中的其他节点知道自己活着，以确保连接的有效性的机制。校验和(Check-Sum)是冗余校验的一种形式，它通过错误检测方法，对经过空间或时间所传送数据的完整性进行检查的一种简单方法。

　　数据传输的实时性，取决于网络和数据库的繁忙程度。为了构建实时数据采集平台，也需要对技术选型进行细致的考量。首先，需要对数据源数据变化进行快速捕捉，常采用基于日志的解析模式、基于增量条件查询模式、数据源主动推送模式等方式。无论采用何种模式，所有程序都必须在同一个平台上运行。该平台需要解决分布式系统的共性问题，包括：水平扩展、容错、进度管理等，数据中台就是这样一个平台。当各类数据从源端获取后，首先需要被写入一个数据汇集层，之后再进行格式转换处理，直至写入目的地。对于实时或近实时的数据采集平台，数据汇集层常采用具有海量数据持久化能力的消息队列，如 ActiveMQ、RabbitMQ、RocketMQ(表 5-4)等，这可为后续的流式处理提供便捷。

表 5-4　常用消息队列中间件对比表

特　性	ActiveMQ	RabbitMQ	RocketMQ
Producer-consumer	支持	支持	支持
Publish-Subscribe	支持	支持	支持
Request-Reply	支持	支持	支持
API 完备性	高	高	低
多语言支持	支持，Java 优先	语言无关	支持
单机吞吐量	万级	万级	万级
消息延迟	—	微秒级	—
可用性	高(主从)	高(主从)	高
消息丢失	—	低	—
消息重复	—	可控制	—
文档完备性	高	高	中
首次部署难度	—	低	高

5.2.3　知识的清洗及集成技术

当我们使用数据采集工具从多源数据库中抽取数据后，由于这些数据源存在各种异构性及不一致性，因此需要对这些数据进行集成。数据集成把不同来源、格式、特点性质的数据在逻辑上或物理上有机地集中，从而为企业提供全面的数据共享。

在企业数据集成领域，目前通常采用联邦式、基于中间件模型和数据仓库等方法来构建集成系统，这些技术在不同的着重点和应用上解决数据共享和为企业提供决策支持。

数据集成可通过联邦数据库系统来实现。联邦学习最早在 2016 年由谷歌提出，原本用于解决安卓手机终端用户在本地更新模型的问题。联邦学习本质上是一种分布式机器学习技术或机器学习框架，其目标是在保证数据隐私安全或合法合规的基础上，实现共同建模，提升 AI 模型的效果。联邦学习按数据的分布特点可以分为横向联邦学习、纵向联邦学习和联邦迁移学习三类。在"联邦"的思想基础上，联邦数据库技术孕育而生，其体系结构如图 5-7 所示。联邦数据库系统是一组彼此协作且又相互独立的单元数据库系统的集合，它将单元数据库系统按照不同程度进行集成。对该系统提供整体控制和协同操作的软件叫联邦数据库管理系统，它允许数据库管理人员定义数据子集，这些子集统一形成一个虚拟数据库，提供给联邦系统内的其他用户使用。

中间件集成方法是另一种典型的模式集成方法，它使用全局数据模式，中间件系统不仅能够集成结构化的数据源信息，还可以集成半结构化或非结构化数据源中的信息，如Web 信息。基于中间件的数据集成系统，主要包括中间件和封装器，每个数据源对应一个封装器，中间件通过封装器和各个数据源交互。中间件处理用户请求，将其转换成各个数据源能够处理的子查询请求，并对此过程进行优化，以减少查询处理的并发性，减少响应时间。封装器对特定数据源进行了封装，将其数据模型转换为系统所采用的通用模型，并提供一致的访问机制。中间件将各个子查询请求发送给封装器，由封装器和其封装的数据源交互，执行子查询请求，并将结果返回给中间件，如图5-8(a)所示。

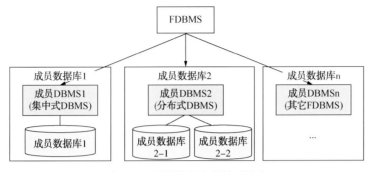

图5-7 联邦数据库的体系结构

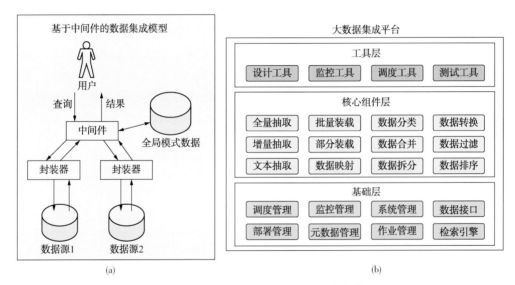

(a)   (b)

图5-8 基于中间件的数据集成模型(a)和大数据集成平台(b)

基于数据仓库的数据集成是最常用的一种数据集成模式。在进行数据集成过程中，如果数据源的数据质量较差，在进行数据转换的过程中，需要利用数据清洗技术，来解决数据质量问题。数据集成常通过数据集成平台来实现，一般的大数据集成平台如图5-8(b)所示，主要包含三部分：基础层、核心组件层、工具层。数据集成平台通常包含以下工具和技术：

（1）数据提取工具。借助此类工具，可以获取和导入数据，以便立即使用或储存起来供日后使用。

（2）ETL工具。ETL代表提取、转换和加载，这是最常见的数据集成方法。

（3）数据目录。此类工具可帮助企业找到并盘点分散在多个数据孤岛中的数据资源。

（4）数据清理工具。通过替换、修改或删除来清理脏数据的工具。

（5）数据迁移工具。此类工具用于在计算机、存储系统或应用格式之间移动数据。

图 5-9　数据集成过程中的数据处理技术

（6）数据连接器。此类工具可以将数据从一个数据库移动到另一个数据库，还可以进行转换。

（7）主数据管理工具。帮助企业遵循通用数据定义，实现单一真实来源的工具。

（8）数据治理工具。此类工具可以确保数据的可用性、安全性、易用性和完整性。

在数据集成过程中，常常需要使用高效的数据处理技术，如图 5-9 所示。数据处理包含了对数据进行转换、过滤、清洗、合并的过程，以实现对复杂、凌乱数据的标准化处理。平台一般支持对海量数据和常规量级数据的处理，支持数据转换的规则配置、格式转换、字段合并与拆分、数据聚合等功能。同时，数据集成平台可定制规则式的数据转换，实现不同数据粒度的转换，以及内嵌和扩展规则的转换处理。

当下主流的大数据平台（如阿里云的飞天大数据平台、华为的 FusionInsight 大数据平台、浪潮的云海 Insight 大数据平台等）都包含了数据集成的功能，如多源数据采集、数据质量稽核、格式转换等工具。数据集成可以将数据从孤岛式的多源异构数据库平台移动到数据湖中，以提高数据价值。数据集成已经成为知识获取不可或缺的关键步骤。

5.3　大数据知识存储

5.3.1　分布式文件系统

文件系统是计算机系统的重要组成部分，本地文件系统只能访问与主机通过 I/O 总线直接相连的磁盘上的数据。当局域网出现后，各台主机间通过网络互连起来。如果每台主机上都保存一份大家都需要的文件，既浪费存储资源，又不容易保持文件的一致性。于是就提出文件共享的需求，即一台主机需要访问其他主机的磁盘，这直接导致了分布式文件系统的诞生。分布式文件系统的产生有效解决了无限增长的海量信息存储问题。

分布式文件系统（DFS，Distributed File System）是指文件系统管理的物理存储资源不一定直接连接在本地节点上，而是通过计算机网络与节点相连文件系统管理的物理存储资源。分布式文件系统基于客户机/服务器（C/S）模式而设计，通常一个网络内可能包括多个可供用户访问存储资源的服务器。同时，分布式文件系统的对等特性也允许一些系统在扮演客户端的同时扮演服务端。例如，用户可以发布一个允许其他客户机访问的目录，一旦被访问，这个目录对于其他客户机来说就像使用本地驱动器一样。

相对于传统的存储方式，分布式文件系统具备如下优势：

（1）节约成本。分布式文件系统使用大量廉价的设备存储数据，对于企业，减少了购买昂贵存储服务器的成本，分布式文件存储技术的应用，使得企业对设备的维护以及管理成本大幅度降低。

（2）方便管理。分布式文件系统在设计时就考虑了数据的管理，特别是海量数据的管理，通过使用虚拟化技术，可以方便地完成数据的备份以及迁移等操作。

（3）扩展性好。支持线性扩容，当存储空间不足时，可以采用热插拔的方式增加存储设备，扩展方便。

（4）可靠性强。分布式文件系统包含冗余机制，自动对数据实行备份，在数据发生损坏或丢失的情况下，可以迅速恢复。

（5）可用性好。用户只需要拥有网络就可以随时随地的访问数据，不受设备、地点的限制。

典型的分布式文件系统有 Google 文件系统、Lustre、Hadoop 分布式文件系统、Fast 分布式文件系统、淘宝文件系统等。接下来将对这些典型的分布式文件系统进行简要介绍。

1）Google 文件系统

Google 文件系统（GFS，Google File System）是 Google 公司为了存储海量搜索数据而设计开发的面向搜索引擎的分布式文件系统，为大量用户提供高可靠、高性能、良好扩展的数据存储服务。主要用于大型的、分布式的、需要对大量数据进行访问的应用。它对硬件要求不高，只需运行在廉价的普通硬件上即可为大量用户提供总体性能较高的服务。在 Google 搜索引擎中，最大的分布式存储系统集群中已经广泛的在 Google 内部进行部署，能够同时支持数百个客户端的访问，是处理整个 WEB 范围内难题的一个重要工具。

一个 GFS 由一个 master 和多个 chunk servers 组成，并且能够被多个客户访问。master 在 GFS 中处于中心位置，存储整个文件系统的元数据，包括命名空间、访问控制信息、文件到 chunk 的映射信息以及任意 chunk 的位置信息。文件被 master 分成了固定大小的 chunk，chunk servers 在本地的磁盘上存储 chunk。为了保证数据的可靠性，GFS 中实行冗余数据机制，对于每个 chunk，存储 3 份冗余数据，这样即使其中某一个 chunk servers 死机后，仍可通过访问其他 chunk servers 来获得数据。master 可通过心跳消息与各个 chunk servers 保持同步，侦听各个 chunk server 的状态，并获取 chunk 位置信息。图 5-10 是 GFS 的基本架构。

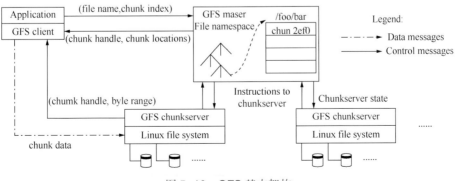

图 5-10　GFS 基本架构

2）Lustre

Lustre 是一个大规模的、安全可靠的，具备高可用性的集群文件系统，Lustre 名字是由 Linux 和 Clusters 演化而来，它是由 SUN 公司开发和维护。该项目主要的目的就是开发下一代的集群文件系统，可以支持超过 10000 个节点，数以 PB 的数量存储系统。因为其超强的计算能力和开源，所以通常用于超级计算机，Top 100 的 60% 超级计算机都使用该文件系统。

Lustre 是一个面向对象的文件系统。主要由三个部分构成：元数据服务器（MDS，Metadata Servers），对象存储服务器（OSSs，Object-Based Storage Servers）和客户端，Lustre 使用块设备来作为文件数据和元数据的存储介质，每个块设备只能由一个 Lustre 服务管理。Lustre 文件系统的容量是所有单个 OST 的容量之和。客户端通过 POSIX I/O 系统调用来并行访问和使用数据。图 5-11 是 Lustre 的基本架构。

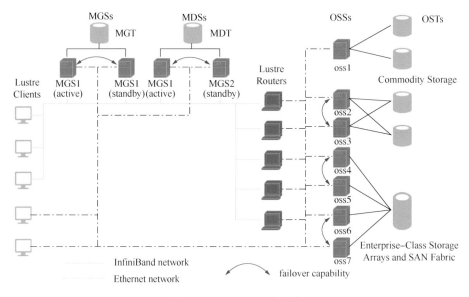

图 5-11　Lustre 基本架构

3）Hadoop 分布式文件系统

Hadoop 是一个分布式系统基础架构，由 Apache 基金会所开发。用户可以在不了解分布式底层细节的情况下，开发分布式程序，充分利用集群的威力高速运算和存储。Hadoop 的一个核心子项目就是基于 Java 开发的 Hadoop 分布式文件系统。HDFS 有高容错性的特点，并且设计用来部署在低廉的硬件上；而且它提供高传输率来访问应用程序的数据，适合那些有着超大数据集的应用程序。HDFS 放宽了 POSIX 的要求，可以流的形式访问文件系统中的数据。

HDFS 文件系统采用主从系统结构，一个提供元数据服务的 Namenode 节点和若干个提供数据存储的 Datanode 节点构成一个 HDFS 集群，分布式文件系统将元数据和应用数据分别存储在 Namenode 及 Datanode 中，各个服务器之间通过 RPC 协议进行通信。HDFS 命令空间是分层次的文件及目录结构，Namenode 维护命名空间树及文件块与 Datanode 之间的映射文件，Datanode 负责存储实际的数据。Datanode 与 Namenode 之间通过心跳信息进行通信，在通信中报告自己的运行状况。图 5-12 显示了 HDFS 的基本架构。

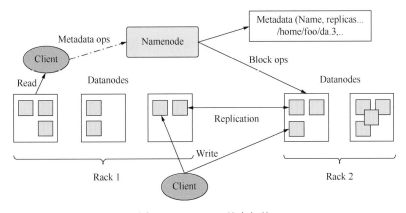

图 5-12　HDFS 基本架构

4）Fast 分布式文件系统

Fast 分布式文件系统（FastDFS，Fast Distributed File System），是由余庆根据 MogileFS 的设计思想改进而来的类 GFS"键值对"的轻量级开源分布式文件系统，目前只支持 Linux 等 UNIX 系统。FastDFS 是专门针对互联网应用（存储海量小文件）量身定做的系统，其主要功能包括：文件的存储、文件的同步、文件的访问等。它通过 C 语言实现，为文件的存取访问设计了专用的应用程序接口，因此可以为其定制客户端，目前客户端已经有了 PHP、Python、JAVA 等版本，已经有多家公司使用 FastDFS 来搭建存储平台及应用，如 UC、支付宝、赶集网等大容量存储应用。

FastDFS 中只有两个角色，跟踪服务器 Tracker Server 和存储服务器 Storage Server。Tracker Server 是 FastDFS 中心节点，它的任务是收集 Storage Server 的状态信息、调度客户端请求和负载均衡。Tracker Server 将收集的存储服务器状态信息存储在内存中，并且记录分组的信息，但是没有记录文件的任何索引信息，所以需要占用很少的内存。当收到 Client 和 Storage Server 发来的请求时，Tracker Server 在记录的分组和 Storage Server 信息中寻找需要的信息，然后做出应答。Storage Server 直接通过本地操作系统中的文件系统来存储文件，存储文件时直接存储整个文件，而不会对文件进行分块存储，客户端上传的文件和 Storage Server 上的文件一一对应，图 5-13 是 FastDFS 的基本架构。

5）淘宝文件系统

淘宝文件系统（TFS，Taobao File System）是淘宝内部使用的分布式文件系统，承载着淘宝主站上所有的图片、商品描述等数据存储。TFS 的设计初衷是为了解决淘宝网站海量小文件的存储问题，在淘宝开发人员的努力下，TFS 文件存储系统完全解决了淘宝海量小文件存储的问题。TFS 文件存储结构也采用了块的概念，TFS 文件存储系统中的块的大小默认 64MB，但是可以根据需求更改配置项更改块的大小。

TFS 文件存储系统分为两部分 NameServer 节点和 DataServer 节点，采用主从式架构，由两个 NameServer 节点和若干个 DataServer 节点组成，两个 NameServer 节点分别为一主一备，提高系统的安全性。

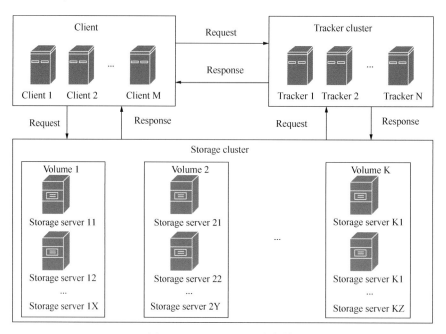

图 5-13　FastDFS 基本架构

　　NameServer 节点负责管理和维护 block 和 DataServer 的相关信息，包括 DataServer 加入、退出、心跳信息，block 和 DataServer 对应关系的建立和解除。DataServer 节点负责实际数据的存储和读写，正常情况下，每一个 block 都会在多个 DataServer 节点上存在，也就是说每一个文件都有多个备份，确保了数据的可靠性。在 DataServer 节点上，block 都是以主块+扩展块的形式存在的，一个 block 对应一个主块和多个扩展块。扩展块的应用是为了在文件大小发生变化时，如果主块的存储空间不够的话可以将数据放到扩展块里面。DataServer 内部为每一个 block 保存了一个与该 block 对应的索引文件（index），在 DataServer 启动时会把自身所拥有的 block 和对应的 index 加载到内存。图 5-14 展示了 TFS 的基本架构。

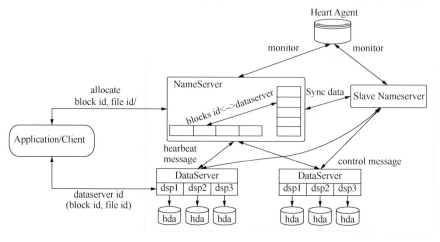

图 5-14　TFS 基本架构

这些不同的分布式文件系统，在数据存储、数据管理、数据共享、安全性、稳定性、可用性、扩展性等方面都是各有所长、各具特色，深入探析各类分布式文件系统的优势和特性，整合资源取长补短，将能在互联网+、AI等新的领域中发现更大的数据价值。

5.3.2　分布式数据库

传统的关系型数据库事务遵循ACID准则，但随着软件行业的不断发展，关系型数据库正面临着诸多挑战：

（1）高并发。一个最典型的例子就是电商网站，在双十一期间，几亿大军的点击造成在某一时刻的并发量是很高的，传统的关系型数据库肯定已经是不堪重负了，如Oracle的Session数量推荐的才只有500。

（2）高效率存储海量数据。在大数据时代，数据量已经不是用GB、TB来衡量了，而是PB、EB、ZB了，面对这海量的数据，如何高效地存储这些数据，关系型数据库无法解决这个问题，以Oracle为例，单机的物理扩展不仅成本高，而且难度也加大了。

（3）高可用高扩展。传统的关系型数据库如Oracle，RAC可以扩展数台机器，但是数量也是有限的。

针对这些传统关系型数据库无法解决的难题，分布式数据库的出现有效地解决了这一问题。分布式数据库系统，通俗地说，是物理上分散而逻辑上集中的数据库系统。分布式数据库系统使用计算机网络将地理位置分散而管理和控制又需要不同程度集中的多个逻辑单位（通常是集中式数据库系统）连接起来，共同组成一个统一的数据库系统。因此，分布式数据库系统可以看成是计算机网络与数据库系统的有机结合。

在分布式数据库系统中，被计算机网络连接的每个逻辑单位是能够独立工作的计算机，这些计算机称为站点（site）或场地，也称为结点（node）。所谓地理位置上分散是指各站点分散在不同的地方，大可以到不同国家，小可以仅指同一建筑物中的不同位置。所谓逻辑上集中是指各站点之间不是互不相关的，它们是一个逻辑整体，并由一个统一的数据库管理系统进行管理，这个数据库管理系统称为分布式数据库管理系统（DDBMS, Distributed Database Management System）。

在分布式数据库系统中，一个用户或一个应用如果只访问他注册的那个站点上的数据称为本地（或局部）用户或本地应用；如果访问涉及两个或两个以上的站点中的数据，称为全局用户或全局应用。由此可见，一个分布式数据库系统通常具备的特点有：物理分布性、逻辑整体性、站点自治性、数据分布的透明性、集中与自治相结合的控制机制、事务管理的分布性以及存在适当的数据冗余度。

按照分布式数据库控制系统的类型来进行分类，可以将分布式数据库系统分为以下三类：

（1）全局控制集中型DDBS。如果DDBS中的全局控制机制和全局数据字典位于一个中心站点，由中心站点完成全局事务的协调和局部数据库转换等所有控制功能，则称该DDBS为全局控制集中型DDBS。全局控制集中型DDBS的控制方式简单，有助于实现数据更新一致性。但由于全局控制机制和全局数据字典集中存放在一个中心站点，不但容易产生瓶颈问题，而且系统较脆弱，一旦该中心站点失效，整个系统就将崩溃。

（2）全局控制分散型 DDBS。如果 DDBS 中的全局控制机制和全局数据字典分散在网络的各个站点上，而且每个站点都能完成全局事务的协调和局部数据库转换，每个站点既是全局事务的参与者又是协调者，则称该 DDBS 为全局控制分散型 DDBS。这种系统可用性好，站点独立自治性强，单个站点故障、进入或退出系统，都不会影响整个系统的运行；但是全局控制机制的协调和保持信息的一致性较困难，需要有复杂的设施。

（3）全局控制可变型 DDBS。也称主从型 DDBS。在这种类型的 DDBS 中，根据应用的需要，将 DDBS 系统中的站点分成两组，其中一组的站点中都包含全局控制机制和全局数据字典（可能是一部分），称为主站点组，它的每一个站点都是主站点；另一组中的站点都不包含全局控制机制和全局数据字典，称为辅站点组，它的每一个站点都是辅站点或从站点（所以也称主从型）。全局控制可变型 DDBS 介于全局控制集中型 DDBS 和全局控制分散型 DDBS 之间，若主站点组的站点数目等于 1 时为集中型；若 DDBS 中全部站点都是主站点时为分散型。

分布式数据库，特别是以 NoSQL 为代表的数据库的出现，虽然可以解决高并发、高可用等问题，但是仍然不能完全替代关系型数据库，因为它本身也存在着不可克服的缺陷。分布式数据库满足 CAP 理论，即一个分布式系统不能同时满足一致性（Consistency）、可用性（Availability）和分区容错性（Tolerance of network partition）。一致性是指任何一个读操作总是能读取到之前完成的写操作结果。也就是在分布式环境中，多点的数据是一致的。可用性是指每一个操作总是能在确定的时间内返回，也不是系统随时都是可用的。分区容错性是指在出现网络分区（如断网）的情况下，分离的系统也能正常运行。因此，根据 CAP 原理常把 NoSQL 数据库分成了满足 CA 原则、满足 CP 原则和满足 AP 原则三大类。

NoSQL 数据库常分为 KV 存储数据库、文档存储数据库、图关系数据库、列存储数据库、对象存储数据库、时序数据库、搜索引擎数据库等，如表 5-5 所示。

表 5-5　NoSQL 数据库的分类

分　类	典型代表	特　征
KV 存储数据库	Riak KV Memcached Redis Hazelcast Ehcache	遵循"Key-Value（键—值）"模型，是最简单的数据库管理系统。可以通过 Key 快速查询到其 Value。一般而言存储时不管 Value 是什么类型格式，都能进行存储
文档存储数据库	MongoDB CouchDB Couchbase MarkLogic	文档存储一般用类似 json 的格式存储，存储的内容是文档型的。这样也就有机会对某些字段建立索引，实现关系型数据库的某些功能
图关系数据库	Neo4j OrientDB Titan Virtuoso ArangoDB	以"点——边"组成的网络（图结构）来存储数据，是图形关系的最佳存储选择

分　类	典型代表	特　征
列存储数据库	Hbase Cassandra Hypertable Accumulo	按列存储数据，方便存储结构化和半结构化的数据，方便做数据压缩，对针对某一列或者某几列的查询有非常大的 IO 优势
对象存储数据库	db4o Cache Matisse ObjectStore	受面向对象编程语言的启发，把数据定义为对象并存储在数据库中，包括对象之间的关系，如继承
时序数据库	InfluxDB RRDtool Graphite OpenTSDB Kdb+	存储时间序列数据，每条记录都带有时间戳，可以存储从感应器采集到的数据
搜索引擎数据库	Elasticsearch Solr Splunk MarkLogic Sphinx	存储的目的是为了搜索，主要功能是搜索

在上述 NoSQL 数据库的使用中，KV 存储数据库、文档存储数据库和列存储数据库使用得较为广泛，接下来分别选取 Redis、MongoDB、Cassandra 数据库进行介绍，并对这三种不同类型的 NoSQL 数据库进行对比分析。

1）Redis

Redis 是遵循 BSD 开源协议的存储系统，数据存储在内存中，因此具备极高的性能，可用作数据库、缓存和消息中间件。Redis 支持多种类型的数据结构，如字符串、哈希、列表、集合、带范围查询的有序集合、位图、hyperloglogs 和带半径查询的地理空间索引。

Redis 内置了复制、脚本语言编程、最近最少使用(LRU)淘汰、事务以及不同级别的磁盘持久化等功能，通过 Redis Sentinel 和集群自动分区机制实现高可用性。Redis 采用 C 语言编写，能运行在 Windows、MacOS X、Linux、Solaris 等操作系统上，不过 Linux 是其最佳的运行平台，无须第三方依赖，它提供了最广泛的编程语言接口。

Redis 本质上是一个 Key/Value 数据库，与 Memcached 类似的 NoSQL 型数据库。它支持的所有数据类型都具有 push/pop、add/remove 和执行服务端的并集、交集、差集等操作，这些操作都是具有原子性的，Redis 还支持各种不同的排序能力。Redis2.0 更是增加了很多新特性，如：提升了性能、增加了新的数据类型、更少地利用内存(附加档案功能，简称 AOF 技术)。Redis 支持绝大部分主流的开发语言，如：C、Java、C#、PHP、Perl、Python、Lua、Erlang、Ruby 等。

2）MongoDB

MongoDB 是排名第一的文档存储数据库，诞生于 2009 年，正好是云计算兴起的前夜。

MongoDB 采用 C++语言开发，能运行在 Windows、MacOS X、Linux、Solaris 操作系统上，提供了绝大部分计算机语言的编程接口。保存在 MongoDB 中的一条记录称为一个文档，类似 JSON 语法。

MongoDB 的主要优势包括：高性能、富查询语言(支持 CRUD、数据聚合、文本搜索和地理空间查询)、高可靠性、自动伸缩架构、支持多存储引擎。MongoDB 适合文档存储、检索和加工的应用场合，如大数据分析。

3) Cassandra

Cassandra 是在 Google 的 BigTable 基础上发展起来的 NoSQL 数据库，由 Facebook 于 2008 年用 Java 语言开发，目前被贡献给 Apache 基金会。Cassandra 被称为"列数据库"，这里的"列"不是指关系数据库中一个表中的列，而是由"键—值"对组成的列表。一个 Cassandra 运行实例管理很多键空间(Keyspace)，Keyspace 相当于关系数据库管理系统中的数据库，一个键空间包含很多列族。所以，Cassandra 中的寻址是一个四维或者五维的哈希表。

这几种数据库的比较如表 5-6 所示。

表 5-6　Redis、MongoDB、Cassandra 数据库对比表

要　素	Redis	MongoDB	Cassandra
协议	RESP	TCP/IP	TCP/IP
查询方法	MapReduce	MapReduce	MapReduce
数据复制	异步	异步	异步
开发语言	C	C++	Java
逻辑数据模型	内存存储	文档存储	列存储
CAP 支持	CA	CA	AP
数据持久性	内存	硬盘	内存+硬盘

由于在知识图谱的构建过程中，图关系数据库和图计算引擎经常使用到。因此，在下一节中，将着重详细介绍图关系数据库的相关内容。

5.3.3　图关系数据库

图关系数据库，简称图数据库，是近些年大数据领域热度颇高的领域，自 2013 年开始，图数据库的发展就一骑绝尘。全球最具权威的 IT 研究与顾问咨询公司 Gartner 在 2019 年的数据与分析峰会上预测 2020 年以后，全球图处理及图数据库的应用市场都将以每年 100% 的速度迅猛增长。DB-Engines 给出的 2021 年 6 月的图数据库管理系统的趋势图如图 5-15所示。截止到 2020 年，图数据库领域从图存储、图计算、图可视化、图应用已经是一个非常庞大且完整的体系。与传统关系型数据库不同，图数据技术主要关注数据间关系查询能力，是表示和查询关联关系的最佳方式。

图模型是图数据库表达数据的抽象模型。目前主流图数据库采用的图模型主要包括资源描述框架(RDF)和属性图(PropertyGraph)两种。其中 Neo4j、GeaBase、GraphStudio 都采用的是属性图的数据模型。

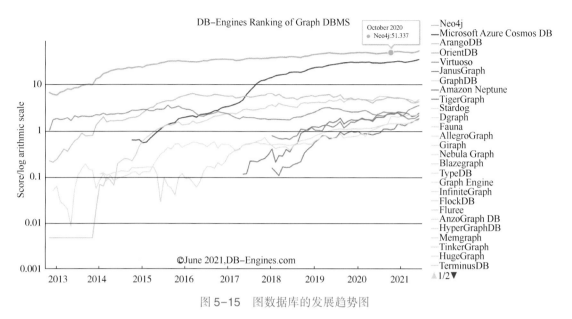

图 5-15　图数据库的发展趋势图

RDF 是由 W3C 提出的一组标记语言规范技术，基于 XML 语法及 XMLSchema 的数据类型，以便更为丰富地描述和表达网络资源的内容与结构。图 5-16 所示就是一个 RDF 图，其中节点表示为椭圆形并在它们的位置包含它们的 IRI，所有的谓词弧都用 IRI 标记，字符串文字节点已写入矩形。RDF 用主语 s(subject)、谓语 p(predicate)、宾语 o(object)(也有一些文献写作 subject，property，value)的三元组形式来描述 Web 上的资源。其中，主语一般用统一资源标识符 URI 表示 Web 上的信息实体，谓词描述实体所具有的相关属性，宾语为对应的属性值。这样的表述方式使得 RDF 可以用来表示 Web 上的任何被标识的信息，并且使得它可以在应用程序之间交换而不丧失语义信息。因此，RDF 成为语义数据描述的标准，被广泛应用于元数据的描述、本体及语义网中，很多机构和项目，如 Wikipedia，DBLP等都用 RDF 表达它们的元数据；IBM 智慧地球的研究中广泛采用 RDF 数据描述和集成语义。随着在语义网、非结构化数据管理、生物信息、数字图书馆等诸多领域的广泛应用，Web 上的 RDF 数据量飞速增长，据 W3C 的 SWEO 研究小组统计，互联网上 RDF 数据集中的 RDF 三元组数量已经高于 520×10^8。

RDF 数据可以被表示为一个带标记的图，图中的结点对应三元组中的主语和宾语，谓词为边。因此，大规模 RDF 数据上的查询可以看作是大图上的图匹配问题。然而，由于 RDF 数据图中包含很多文本信息，结点之间关联多，图规模巨大，导致 RDF 数据查询处理复杂、效率较低。因此，如何高效地执行 RDF 查询是重点和难点。RDF 查询处理的技术挑战，归结起来有以下几点：

（1）RDF 数据的组织与存储还没有确定的方案，导致查询处理解决方案的多样性。针对 RDF 数据的图结构，研究者们探索并设计了不同的数据组织与存储方案，主要包括基于关系数据库的组织存储方案、纯图存储的方案以及基本三元组的索引存储方案。对于不同的组织与存储方案，提出了不同的查询处理方法，包括基于数据库的查询方法、基于图的查询方法以及基本三元组上直接使用索引的方法等。目前还难以下结论哪种方案最佳。

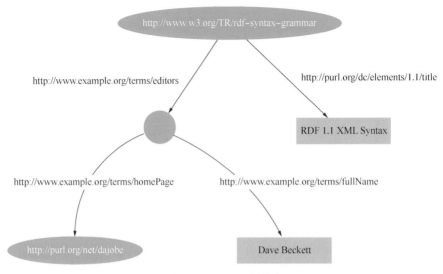

图 5-16　RDF 示例图

（2）RDF 数据的查询需求不断增加，导致查询语言的功能不断扩展。RQL，RDQL，SquishQL，MQL 以及 SPARQL 等都是针对 RDF 数据的查询语言。早期的一些 RDF 管理系统采用 RQL，RDQL 等作为查询语言，如 Sesame，Jena 等。近年来的大多数 RDF 相关研究都采用 SPARQL 作为查询语言。SPARQL 是 W3C 推荐的 RDF 查询语言，它与 SQL 的语法相似但不同。一些研究提出了在 RDF 数据上实现关键词查询。针对不同语言的查询处理框架不完全相同，例如：在一些研究中，采用将 SPARQL 映射为 SQL 的方法来执行查询；还有一些研究将 SPARQL 生成查询图，在图的基础上做进一步的查询处理。

（3）RDF 数据不仅是海量数据更是动态数据，导致查询处理基础平台的多样性。很多 RDF 数据集中的三元组数量都在亿级以上，这种量级的数据给查询带来许多障碍。目前的多数解决方案都是在静态数据集的基础上利用多种索引机制和一些预处理的优化策略等来提高查询效率，但随着社交网络的发展，网页上的数据经常被更新，因此在可更新的、动态的 RDF 数据集上进行查询处理是一个必然的趋势。面对海量的 RDF 数据，一些研究提出了对数据进行分布式存储，或者在目前流行的云平台上实现对 RDF 数据的查询，这种可扩展的模式使得动态数据集上的查询处理成为现实。

RDF 的数据模型是图，因此 RDF 上的查询处理可以被转换为大图上的子图匹配问题。为了提高查询效率，基于图的查询方法大都建立有效索引，首先在索引上匹配查询子图，减小搜索空间，再到缩小的子图上找到对应的查询结果。也有一些方法借助查询语言给定的起始和终止结点，在图上按路径搜索查询结果。

1）基于树形索引的方法

图的划分：GRIN 首先采用聚类的方法对 RDF 数据图中结点进行划分，按照主语进行聚类，将图中的顶点聚集到 C 个不相交的集合中，然后计算每个聚类的中心点和半径，根据聚类结果建立树状索引。

GRIN 是一颗平衡二叉树，采用自底向上的方法生成树结构。其叶子结点为 RDF 上的聚类结果，生成非叶子结点时，首先任意选取一个叶子结点，并找出与其距离最近的结点，然后计算这两个聚类的中心结点 C 及半径 r，由 C 和 r 构成这两个结点的父亲结点。重复此构造过程，直至最终生成根结点。由于随机选取结点，因此，GRIN 树并不唯一。设给定查询中的常量字串为 x，查询时在 GRIN 树中进行搜索，若树中的结点与 x 的距离小于结点中给出的半径，则表示在该 (C, r) 指定的范围中包含查询结果。之后，根据这些找到的 (C, r) 结点在 RDF 数据图的相应部分进行搜索找到结果。由于此时定位到的图远小于原始的 RDF 大图，因此可以调用内存算法进行快速匹配返回查询结果。

与 GRIN 类似，文献 [14] 也是在数据划分的基础上建立树形索引——PIG(parameterizable index graph)。PIG 中的每个结点都代表 RDF 数据图中的一组元素，这些元素具有结构上相似或相同的邻居结点，即一组无法根据出边和入边来区分的元素。查询时，首先从 PIG 中检索与查询图中的边同态的边，加入候选边集合，然后在候选边集合中执行 join 操作，找到结果。

S 树索引：GStore 在存储 RDF 图时对图中的每个实体进行编码序列化，存储为签名图(signature graph) G^*。查询时，按照 RDF 图的编码转换方法将查询也表示为一个签名图 Q^*，这样，查询被转换为在 G^* 上搜索 Q^* 的匹配问题。

GStore 在 G^* 上建立 VS-tree 来加速查询。按照 G^* 中的编码首先生成一棵高度平衡的 S 树(关于 S 树可参考文献 [16])，树中的每个叶子结点对应 G^* 中的一个顶点。如果两个顶点在 G^* 中有边相连，那么在 VS-tree 中也有边连接对应的结点，并且在边上加入原有的标签信息。若 S 树中两个顶点的孩子结点间存在边，则在 VS-tree 中为这两个顶点建立一条超边(super edge)，并且对这些相连的孩子结点做"或"操作，作为该超边的标记。这样自底向上的建立 VS-tree，直到生成根结点。查询时采用自顶向下的搜索方法在 VS-tree 中找 Q^* 在 G^* 上的匹配。因为 VS-tree 中的非叶子结点中包含其孩子结点间边的信息，则在自顶向下的搜索过程中通过这些信息减小搜索空间，将匹配定位在更小的图结构上。

生成结果树：RDF 上的关键词查询根据关键词和图建立倒排索引和基于图的索引，借助索引在数据图上匹配查询子图，并且将匹配结果生成结果树。

BLINKS 首先将图划分成子图/块(block)，在此基础上建立各块的摘要索引及块内的路径索引，对于用户提交的查询关键词，从至少包含一个关键词的某个块开始，采用反向搜索算法对图进行搜索，即搜索时选择最近访问过的结点的入边，沿该边反向访问其源结点，并将源结点和到源结点的最短路径加入结果树，一直找到所有关键词结点的根结点。

Steiner 树：在 RDF 数据图上搜索满足关键词的结果树，并且要找到一棵最小的结果树时，关键词搜索问题就演变成了图论中 Steiner 树问题。文献 [18, 19, 20] 都根据 Steiner 树问题来设计查询方案，即在 RDF 图中找到结点间路径最短且包含关键词信息最多的一棵结果树。为了提高查询效率，这些方法都在图上建立基于关键词的倒排索引和结点间的最短路径索引，采用启发式规则找到 Steiner 树问题的最优解。

文献 [18] 首先根据倒排索引确定包含每个关键词的句子结点，这样形成多个初始集合，然后从初始集合开始，利用路径索引将关键词结点可以到达的新的结点加入集合，直到一个结点同时属于每个集合。扩充集合时，根据 Steiner 树原理，每次选择当前势最小且距离当前要扩充的关键词结点最近的结点。这样得到的是备选结果树，算法继续循环，直至找

到前 k 个结果树。

文献[19]将 Steiner 树扩展为 Steiner 图，并将问题描述为在数据图上某个阈值范围内找半径(图中任意两结点间的最大距离为该图的直径)，同时包含更多关键词的子图。在文献[19]中，图被表示为一个布尔型的邻接矩阵(1 表示两个结点间有边存在，否则为 0)，通过对矩阵求 N 次方的多次迭代后找到半径小于阈值的图，则为候选 Steiner 图，然后根据索引找到包含关键词的前 k 个结果。

2) 基于路径匹配的方法

RQL，RDQL 等查询语言均支持路径表达式，BRAHMS 根据 RQL 表达式中指定的起点和终点，在图上进行深度优先搜索或宽度优先搜索找到匹配的路径。

文献[22]中首先利用 Web 上的 LD(Linked Data)(根据 URI 将 Web 上不同数据源之间的 RDF 数据联系起来)信息，将查询图扩充为上下文图(context graph)：扩充时以开始执行查询的结点作为根(root)，根据 LD 图中实体及实体间的联系，依次加入与结点关联的星形结构图。在加入的同时，利用 RDF schema 中的类(class)信息及词汇表信息，对要加入的内容进行筛选，去掉那些与查询不属于相同类(class)和域(domain)的点和边，上下文图存储在缓存中。这样，在生成时可以避免加入重复的信息。执行查询时，在生成的上下文图中进行路径匹配，从根结点开始分层搜索，找到那些边上的标签与查询中标签匹配的路径，得到查询结果。

基于图的方法将 RDF 数据和查询都表示为图，这样既保留 RDF 数据间的关联信息又不丧失语义信息。表 5-7 对比了几种基于图的查询实现方法。基于图的查询处理算法的时间复杂度及空间复杂度都与结点数目 n 有关，因此面临大数据时，基于图的查询处理方法效率都较低。因此在进行 RDF 查询时，往往使用基于图的分布式查询方法。

表 5-7　基于图的查询处理方法比较

查询策略	方　法	索引类型	结果模型		时间复杂度	空间复杂度
			树	图		
基于树的方法	GRIN[13]	基于树的子图索引		√	$O(n!)$	$O(n)$
	PIG[14]	基于树的子图索引		√	$O(kn)$，k 为索引中边的数目的最大值	$O(n)$
	GStore[15]	基于 S 树的子图索引		√	$O(n^2)$	$O(n)$
	BLINKS[17]	块上的路径索引	√		$O(kn)$，k 为块的数目	$O(\sum_n n_b^2)$，n_b 为块的数目
	Ref.[18]	倒排+路径索引	√		$O(kn)$，k 为查询相关的结点数	$O(n)$
	EASE[19]	r 半径图索引		√	$O(n^2)$	$O(n^2)$
	Kerag[20]	倒排+路径索引	√		$O(kn)$，k 为查询关键词的个数	$O(n)$
路径匹配的方法	BRAHMS[21]	基于哈希表的中心结点索引		√	$O(n^2)$	$O(n)$
	Ref.[22]	摘要索引		√	$O(kn^2)$，k 为结点的邻接点数平均值	$O(n)$

三元组数据存储通常是逻辑关联，三元组存储也包含在图数据库分类中。三元组存储并不是原生图数据库，其不支持免索引邻接，存储引擎也没有对属性图存储做优化。三元

组存储时将三元组元素分别储存，允许水平扩展，但快速遍历关系性能不佳。执行图查询时，需要把单独存储的元素创建连接——增加了查询的时间消耗。由于在伸缩性和延迟上的折中，三元组最常见的场景是离线分析，并不适用于实时在线交易。

属性图是一个由顶点、边以及顶点和边上的属性组成的图。在属性图中，顶点和边是最重要的概念。顶点是图中的实体，可以保存任意数量的属性。边在两个顶点实体之间提供定向的、命名的、语义相关的连接。两个顶点之间可以添加任意数量或类型的边。一般而言，满足以下特征的数据模型就被称为属性图：

（1）属性图包含节点（数据实体）和关系（数据连接）。

（2）节点可以有属性（键值对）。

（3）节点可以有一个或多个标签。

（4）关系有名称和方向。

（5）关系总是有一个开始节点和一个结束节点。

（6）与节点一样，关系也可以有属性。

图 5-17 所示的就是一个属性图。图中包含三个数据实体：Employee、Company 和 City。每个数据实体可以有多个键值对，比如实体 Employee 中的<"name"，"AmyPeters">、<"date_of_birth"，"1984-03-01">和<"employee_ID"，1>。各个实体间的关系通过带箭头的线来表示，关系有名称有方向，也可以有属性。

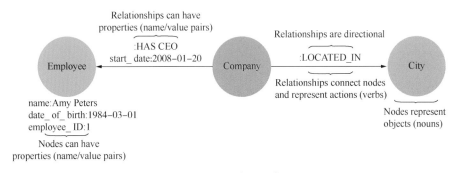

图 5-17　属性图示例

属性图结构直观，也便于理解，但也存在一定的局限性。在属性图的应用中，以下的需求是常见的但是却难以满足：①支持对图中模式的捕获；②支持验证和数据完整性；③支持捕捉丰富的规则；④支持继承和推理；⑤支持全局唯一标识符；⑥支持可替换的标识符；⑦保证图之间的连通性；⑧图形可进化性的更好解决方案。以上八点是属性图设计中没有解决的基本限制，原则上，在属性图中添加其中一些这样的功能是可能的——但实现起来并不容易或便捷。随着时间的推移，属性图的弊端和 RDF 图的优势正在不断显现出来，大家也将逐步从属性图数据库向 RDF 图数据库进行转变。

除了 RDF 和属性图外，超图也是常见的图模型。Berge C 于 1970 年第一次提出超图，并对超图理论进行了系统阐述。超图的理论基础是图论和集合论。具有共同属性特征的对象属于一个集合，不同的抽象层次可归属于集合的集合；如此构成以集合的包含关系为基础的结构，这种结构可用超图来表示。在数学上，超图（Hyper Graph）是一种广义上的图，它的一条边可以连接任意数量的顶点。形式上，超图 H 是一个集合组 $H=(X, E)$，其中 X 是一个有限集合，该集合的元素被称为节点或顶点，E 是 X 的非空子集的集合，被称为超边或连接。因此 E 是 $P(X) \setminus \{\varnothing\}$ 的子集，其中 $P(X)$ 是 X 的幂集。图 5-18 则为超图的一个例子。

图 5-18 是一个超图 H，$X=\{v_1, v_2, v_3, v_4, v_5, v_6, v_7\}$，$E=\{e_1, e_2, e_3, e_4\}=\{\{v_1, v_2, v_3\}, \{v_2, v_3\}, \{v_3, v_5, v_6\}, \{v_4\}\}$。尽管图的边各有一对节点，而超边是节点的任意集合，因而能包含任意数量的节点。然而，通常的研究更倾向于每个超边连接的节点数相同的超图：k-均匀超图(每个超边都连接了 k 个节点)。因此，2-均匀超图就是图，3-均匀超图就是三元组的集合，依此类推。

图数据库基于图模型，对图数据进行存储、操作和访问，与关系型数据库中的联机事务处理(OLTP)数据库是类似的，支持事务、可持久化等特性。图数据库根据底层存储实现的不同，可分为原生(Native)和非原生(Non-native)两种。

原生图数据库使用图模型进行数据存储，可以针对图数据做优化，从而带来更好的性能，例如 Neo4j。

非原生图数据库底层存储采用非图模型进行存储，在存储之上封装图的定义，其优点是易于开发，适合产品众多的大型公司，形成相互配合的产品线，例如 Titan、JanusGraph 底层采用 KV 存储非图模型。

在处理关联数据时，图数据库有三个非常突出的技术优势：高性能、灵活、敏捷。图数据库相较于关系型数据库和其他非关系型数据库，在处理深度关联数据时，具有绝对的性能提升。图数据库提供了极其灵活的数据模型，可以根据业务变化实时对数据模型进行修改，数据库的设计者无须计划数据库未来用例的详细信息。而且，图数据库的数据建模非常直观，而且支持测试驱动开发模式，每次构建时可进行功能测试和性能测试，符合当今最流行的敏捷开发需求，极大地提高了生产和交付效率。

图数据库的技术架构如图 5-19 所示，整体上采用分层架构的模式，从上往下依次是：接口层、计算层、存储层。

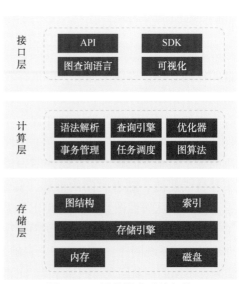

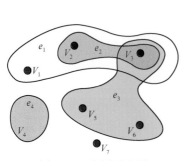

图 5-18　超图示意图　　　　图 5-19　图数据库系统架构

158

（1）接口层：接口层对外提供服务，有如下几种方式：

① 查询语言接口：提供除该图数据库原有查询语言之外例 Cypher、Gremlin 等主流图查询语言接口。

② API：提供 ODBC、JDBC、RPC、RESTful 等接口与应用端交互。

③ SDK：在 Python、Java、C++等编程语言中通过库函数的方式调用图数据库的接口。

④ 可视化组件：通过图形化界面的形式展示和实现用户的交互。

（2）计算层：提供对操作的处理和计算，包括语法解析、查询引擎、优化器、事务管理、任务调度和图算法实现等。其中，图算法可能是由图数据库本身提供，也可能是提供接口与图处理引擎对接。

（3）存储层：图数据库有原生和非原生存储两种存储方式，图存储引擎提供了图数据结构、索引逻辑上的管理。

主流的查询语言可以分为命令式（imperative）和声明式（declarative）。命令式查询语言是一种描述计算机所需作出的行为的编程范型，系统需要顺序依次执行用户的指令，要求用户具备一定的编程能力，但执行效率高。声明式查询语言允许用户表达要检索哪些数据，仅需在逻辑上表述清楚查询结果需要满足的条件，剩下的由数据库优化执行，对用户负担较小。例如 SQL 是典型的声明式语言，C++和 Java 是命令式语言。常见的声明式图数据库查询语言包括 Cypher，Gremlin 和 SPARQL，各查询语言的区别如表5-8所示。

表 5-8 图数据库查询语言

查询语言	提出者	介 绍
Cypher	Neo4J 提出	采用类 SQL 语法，其开源版本为 OpenCypher
Gremlin	Apache TinkerPop 开源项目的一部分	采用类 Scala 语法
SPARQL	W3C 标准	SPARQL 是一种用于资源描述框架（RDF）的查询语言

根据 DB-Engines 数据，当前市面上存在的图数据库有 30 多种，截至 2021 年 6 月，排名前十的图数据库分别为：Neo4j、Microsoft Azure Cosmos DB、ArangoDB、OrientDB、Virtuoso、Janus-Graph、GraphDB、Amazon Neptune、TigerGraph 和 Stardog。Neo4j 是当下最流行的图数据库，由 Neo4j, Inc. 开发，它将结构化数据存储在网络上而不是表中。它是一个嵌入式的、基于磁盘的、具备完全 ACID 事务特性的 Java 持久化存储引擎。Neo4j 可在 GPL3 许可的开源"社区版"中使用，具有在闭源商业许可下获得许可的在线备份和高可用性扩展。Neo4j 可以通过事务性 HTTP 端点或通过二进制"bolt"协议使用 Neo4j 自己设计的查询语言 Cypher 从用其他语言编写的软件进行访问。Neo4j 因其嵌入式、高性能、轻量级等优势，越来越受到关注。

5.4 大数据知识挖掘

5.4.1 图计算

当所有数据通过图数据库存储下来之后，继而挖掘属性图中的信息的这一过程就是图计算。目前图技术的应用主要通过三个技术点的支撑来实现，分别是图查询、图计算和图表示学习。

图查询主要是对图关联数据的基础查询，旨在直接获取关联信息，包括多阶邻居查询、路径查询与子图查询等。此外图可视化也是辅助图查询结果的展示，是提高图关联分析效能的重要组件。图计算是指针对全图结构进行重组、抽象或者传播迭代得到点/边全局属性的过程，如图的聚类、分割、生成树、PageRank 的计算等等。国际学术界常用 Graph Processing System 表示图计算系统，中文翻译过来是图处理系统，但中文语境下图计算这个词更为形象，也使用的更为普遍。图学习主要是指图表示学习，将图中的顶点映射到低维向量空间，要求向量间的相对距离能够尽可能地反映原顶点在图结构关联强度上的相对大小，实现非欧图数据向欧式向量空间的转变(图数据无法满足欧式空间约束)。欧式的向量数据能够作为特征，更直接地支撑下游的业务需求。图的关联数据与用户属性数据有明显的不同，是业务瓶颈提升探索上的一个非常重要的新视角。

本节内容将对图查询、图计算、图表示的相关算法进行详细介绍。

1）图查询

图查询包括单点的多阶邻居查询、两点间的关联路径查询以及获取多点间关联的子图查询。

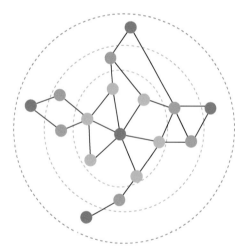

图 5-20　多阶邻居示意图

同某个顶点 V 有关联边的所有顶点均为 V 的邻居，如图 5-20 所示，以中心红色顶点 V 为源顶点，绿色顶点为 V 的邻居，也称为一阶邻居；绿色顶点的邻居集合里，去除 V 自身以及所有绿色顶点，剩下的顶点称为 V 的二阶邻居，如图中的蓝色顶点；以此类推得到 V 的三阶邻居，即图中的紫色顶点。

多阶邻居查询的应用点很多，这里介绍常见的四种应用点：多阶扩散、近邻分布、关联可视化展示、特定邻居搜索。

多阶扩散是较为常见的图查询操作。近邻往往同自身关系密切或属性相近，多阶扩散则是用来获取同自身属性一致或相近的人群。例如在特定标签的人群识别中，同类人群往往形成社区并且彼此间紧密关联，从已知的标签人群出发，通过相应标签场景的紧密的关联(如业界常见的共同设备)扩散出的人群往往能覆盖未知的标签人群。值得注意的是，扩散后的人群也往往也可能包括正常人群，因此扩散结果需要进一步的过滤处理。实践中，图的多阶查询效率比传统关系型系统的 join 操作在性能上高出 2~3 个数量级。

多阶邻居查询也用来获取近邻分布，进而更精准地刻画用户自身特定属性。例如，程序员在社交网络关联的邻居里，具有程序员标签的用户密度会明显偏高。对于一个未知标签的用户，可以通过其社交网络或资金网络多阶邻居中已知的用户分布来辅助确定用户是否具有相应的属性。

对于给定的一个顶点，多阶邻居的全貌展示能够有助于对顶点进行更深刻的理解，即通过多阶邻居的关联来对顶点进行画像。这类应用的落地主要通过图可视化工具对多阶邻居的展示来完成，如天眼查等通过关联可视化落地的应用。

多阶邻居的查询也能获取特定的邻居进行强化关联。以社交网络为例，每个人的一阶好友关系为其可见的人脉集合，而二阶好友往往是每个人的人脉盲区，通过特定的二阶好友的查询能够精确定位到符合需求的人脉。举现实例子来说，假设一名患者想在赴诊前对某医院某科室医生提前进行健康咨询，而该患者一阶人脉并无覆盖该科室的任何一名医生，如果该患者能够找到同某个目标医生的公共好友，则可以通过公共好友同目标医生建立直接的关联关系，实现提前的健康咨询。

多阶查询往往最大阶数为3，因为4阶及以上查询结果将非常庞大难以处理。此外，高阶的邻居同源点的关联强度也随着阶数的增长而不断下降。因此，从经验的角度看，多阶邻居查询一般最多到3阶。

接下来介绍两点间的关联路径查询。

路径的一般定义为：两点间能够连通起来的边的集合。路径聚焦两点间的间接关联关系。间接关联获取成本更大，更为隐蔽。在金融欺诈场景中，犯罪团伙往往将资金关联拉长以进行对抗，如将直接的资金往来通过多阶的转账来间接实现。传统的关系型数据平台因串联 join 的低效性导致路径查询成本高昂难以实现，而路径查询是图研究领域的经典问题，通过对路径的高效查询能够降低间接关联的发现成本，提高欺诈团伙的对抗门槛。

常用的关联路径查询算法包括广度优先搜索算法、深度优先搜索算法等。如果我们想要寻找一条最短的关联路径，可能需要使用到贪心算法、回溯算法或者动态规划算法。具体地讲，对于路径的搜索，常使用贪心最佳优先搜索（Greedy Best First Search）算法、Dijkstra 算法、Floyd 算法、A*启发式搜索算法等。

在亿级图上，路径查询的目标路径长度一般不会大于6(受限于计算能力)，而实际需求往往不会大于4(关联信息衰减)，查询过程往往是从两点分别向对方搜索，将两点各自的多阶邻居进行取交，实现路径的发现。每个顶点最多往外搜索的深度为3。正如前面多阶查询所说，搜索深度大于等于4时，搜索空间容易过于巨大。

接下来介绍子图查询的相关内容。

子图的概念是相对一个更大的图来定义的。如果一个图的点集和边集都是另一个图的子集，则该图为另外一个图的子图。以微信支付月度转账网络为例，该月腾讯公司员工之间的转账关系则是构成了一个转账网络的子图。

子图查询最直接的优点就是对数据需求的表达能力很强。假设我们有一个查询需求："在国务院工作并且家乡在安徽的博士有哪些?"已有的查询理解方式往往只是从查询中抽取关键字来进行，而子图的方式则更为精准。子图能够理解查询的目标是个顶点，顶点有三条关联的边，分别是对"国务院"的就职关系，对"安徽"的家乡定位关系以及对"博士学位"的学历关系。而通过子图同构的查询，则能够对查询需求进行更为精准地响应。

子图也可以用来构建通用的行为特征。例如针对顶点及其一阶或多阶的邻居构成的频繁子图(复杂网络领域定义为 Motif，Wikipedia 显示 Motif 的本质定义就是频繁子图)，将对应频繁子图的频次定义成特定维的特征，这样的特征是对频繁子图的数值化描述，因此具有较强的稳定性和一定程度的可解释性。

子图的第三个优点，也是非常重要的优点就是描述多点多阶关联。如导出子图：给定图 G 及其点集 V 的某个子集 V'，假设边集的子集 E' 对应 G 中顶点同时属于 V' 的所有的边，则子图 $(V'，E')$ 为 G 在 V' 上的导出子图。即导出子图是给定点集子集的情况下，边集最大的子图。从数据的角度来说，给定一个顶点集，其导出子图能描述顶点集在原图上的所有的关联关系。在微信支付反欺诈中，经常会遇到做法手法高度一致的一批用户账号，即欺诈团伙。挖掘并打击团伙的关键在于分析出团伙是组织的，而导出子图的查询则能够对批量账号查询其间所有的相互关联。如果我们构建支付欺诈场景下的多种关联形成大图，在遇到作案手法高度一致的批量账号时，直接在大图上进行导出子图查询，则能够高效且全面地获取账号团伙的蛛丝马迹并顺藤摸瓜打击所有欺诈账号。

子图查询，也称为子图同构问题，是一个经典的 NP-hard 问题。

子图同构：给定图 $Q = (V(Q)，E(Q)，L_v，F)$ 和 $G = (V(G)，E(G)，L'_v，F')$，称 Q 子图同构于 G 当且仅当存在一个映射 $g：V(Q) \to V(G)$ 使得：$\forall x \in V(Q)$，$F(v) = F'(g(v))$ 和 $\forall v_1，v_2 \in V(Q)$，$\overrightarrow{v_1 v_2} \in E(Q) \Rightarrow \overrightarrow{g(v_1) g(v_2)} \in E(G)$。例如，图 5-21 中图 Q 同构于图 G，因为存在两组满足条件的映射。

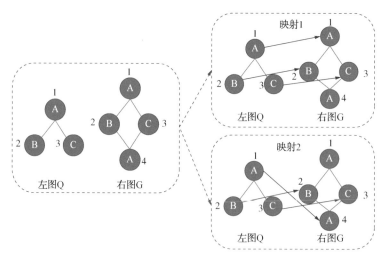

图 5-21 图同构示意图

目前常用于判断子图同构的算法有 Ullmann、VF2、QuickSI 算法等。

2）图计算

图计算实现的主要瓶颈在于承载图结构的数据库能否支持低延迟高吞吐并保证数据的完整性，并针对图结构做计算框架的优化。

为了更有效地解决大规模图上的计算问题，学术界与工业界提出了大量面向图优化的计算系统。Pregel 是来自谷歌的大规模图计算系统的开山之作，很多后续的图计算系统均借鉴了其中的核心思想，例如"以顶点为中心"（vertex-centric）的编程模型，让用户将计算过程抽象为基于顶点的计算和基于边的消息传递（message passing）；整体同步并行计算模型（BSP，Bulk Synchronous Parallel），顶点之间并行处理（计算和通信），通过超步（super-step）之间的栅栏（Barrier）来同步计算过程。Giraph 是 Pregel 的一个开源实现，Facebook 内部已进行了大规模的部署与应用。

GraphChi 和 PowerGraph 是来自卡内基梅隆大学（CMU）团队的工作。前者是基于单机外存的图计算系统，通过容量更大的外存来扩展能够处理的图的规模；后者则是面向分布式内存的解决方案，通过使用更多的机器来实现类似的目的。PowerGraph 的一个重要贡献是提出了基于"顶点切割"（vertexcut）的图划分思想，通过在不同机器上创建顶点的多个副本（replica），以主—从（master-mirror）副本间的同步来替代传统的沿着边传递消息的通信模式，有效地减少了通信量以及由度数较高顶点导致的负载不均衡。后续的很多分布式图计算系统如 GraphX、PowerLyra 等均沿用了 PowerGraph 的处理模型。

然而，目前的分布式图计算系统在获得了扩展性的同时却显得较为低效，使用了上百核集群资源的分布式程序甚至不如精心优化的单线程程序。另一方面，扩展性却又至关重要：在处理规模较大的数据时，我们不得不通过多台机器的内存来容纳需要处理的图。

目前常用的开源图计算框架有 Ligra、Gemini 和 Plato。

Ligra 是一个轻量级框架，用于处理共享内存中的图。它特别适用于实现并行图遍历算法，其中在迭代中只处理顶点的一个子集。该项目的动机是最大的公开可用的真实世界图都适合共享内存。当图适合共享内存时，与分布式内存图处理系统相比，使用 Ligra 处理它们可以使性能提高几个数量级。

Gemini 项目建立的目标是通过减小分布式开销和优化本地计算实现一个兼具扩展性和高性能的分布式图计算系统。它的贡献之一是将双模式计算引擎（推动模式和拉动模式）从单机的共享内存扩展到了分布式环境中。并且进一步将两种模式下的计算过程都细分成发送端和接收端两个部分，从而将分布式系统的通信从计算中剥离出来。同时 Gemini 将顶点集进行块式划分，将这些块分配给各个节点，然后让每个顶点的拥有者（即相应节点）维护相应的出边/入边，从而保留了图数据的局部性特点。Gemini 的劣势主要来源于一些不可避免的分布式实现所带来的开销，例如额外的用于消息收发的指令和访存，以及分布式内存环境下慢于共享内存的收敛速度。

Plato 继承于 Gemini，它认为原有的主流图计算开源框架如果要完成超大规模数据的图计算，需要花费超长的时间或者需要大量的计算资源。而许多真实业务场景要求超大规模图计算必须在有限时间和有限资源内完成。因此 Plato 致力于提供超大规模图数据的离线图计算和图表示学习。它的特点是计算能力强、内存消耗较小（只选取 Plato 与 Spark GraphX 在 PageRank 和 LPA 这两个 benchmark 算法的性能对比），并且为开发者同时提供了底层 API 和应用层的接口工具。

一般的图计算学习引擎都集成了图处理的相关算法，包括图聚类算法、稠密子图挖掘算法、中心性计算算法、基础的图算法、图匹配算法等。

图聚类源于图划分理论，是近年来较为流行的聚类算法。图聚类算法的核心是将聚类问题看成图分割问题，并将图分割这个 NP 难问题，通过连续松弛化求解。针对图聚类问题，现阶段也有许多研究成果。Tian 等根据聚类中节点和属性相一致的原则，提出了 k-SNAP 算法，该算法通过用户的下钻和上取，将属性一致的点聚集在一起，实现了多粒度的图聚类。但是此算法仅根据节点属性聚类，会造成聚类结果分散，聚类效果中节点数过多。针对 k-SNAP 算法存在的问题，Zhang 等改进了该算法，对数值属性分类，并对属性相近对按相似度基于恶化程度进行划分。Nevile 等将具有相同属性的属性个数定义为边的权重值，并以此为基础将属性图转化为带权图进行聚类。Steinhaeuser 等提出了相似的算法，并将属性扩展到具有连续值域的情况。此类算法由人工定义权重值，虽然算法效率高，但是聚类效果和可拓展性差。社群发现问题就是一个标准的图聚类问题。在此问题中，存在着很多的算法，如由 Newman 和 Gievan 提出的 GN 算法，标签传播算法（LPA，Label Propagation Algorithm），这些算法都能一定程度的解决社区划分的问题，但是性能则是各不相同。Fast-Unfolding 算法是一种经典的社区划分算法，此方法是一种迭代算法，使用模块度（网络中连接社区结构内部顶点的边所占的比例，减去在同样的社区结构下任意连接这两个节点的比例的期望值）作为度量社会划分优劣的重要标准（划分后的网络模块度值越大，说明社区划分的效果越好），其主要目的是不断划分社区使得划分后的整个网络的模块度不断增大。

　　Fast Unfolding 算法主要包括两个阶段，如图 5-22 所示。第一阶段称为 Modularity Optimization，主要是将每个节点划分到与其邻接的节点所在的社区中，以使得模块度的值不断变大；第二阶段称为 Community Aggregation，主要是将第一步划分出来的社区聚合成为一个点，即根据上一步生成的社区结构重新构造网络。重复以上的过程，直到网络中的结构不再改变为止。

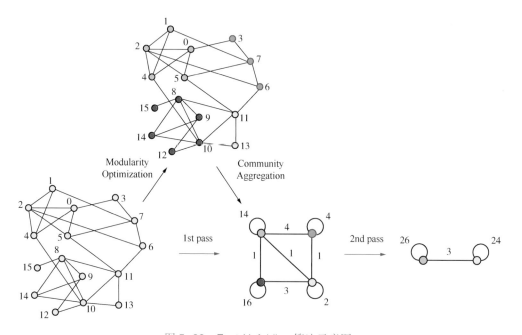

图 5-22　Fast Unfolding 算法示意图

在图论和网络分析中，中心性（Centrality）是判断网络中节点重要性/影响力的指标。在社会网络分析中，一项基本的任务就是鉴定一群人中哪些人比其他人更有影响力，从而帮助我们理解他们在网络中扮演的角色。那么，什么样的节点是重要的呢？对节点重要性的解释有很多，不同的解释下判定中心性的指标也有所不同。但当前最主要的中心性度量指标有点度中心性（Degree Centrality）、中介中心性（Between Centrality）、接近中心性（Clossness Centrality）、特征向量中心性（Eigenvector Centrality）、PageRank 等。其中，PageRank 算法是特征向量中心性的一个变种。这几种度量指标的区别如表 5-9 所示。

表 5-9　中心性度量指标对比表

指　标	如何工作	使用举例
点度中心性	测量每个节点上关系的数量	根据一个人接受的关系（入链）来判断他的受欢迎程度，根据他对外建立的关系（出链）评估合群性
接近中心性	计算哪个节点有到其他节点的距离最短	为一个新的公共服务找到一个最优化的位置，使得它有最大的便利性
中介中心性	测量经过一个节点的最短路径的数量	找到特定疾病的控制基因，以改进药品的靶点
PageRank	根据节点上链接的邻近节点和链接到这些邻近节点的节点，来估算一个节点的重要性	在机器学习中找到最有影响力的特征；在自然语言处理中根据实体相关性来将文本进行排序

图匹配（Graph Matching，GM）算法旨在利用图结构的相似度信息，寻找图结构之间节点与节点之间的匹配关系。求最大匹配是图匹配的一个经典问题。对于 E 的一个子集，若子集中的任意两条边都没有公共顶点，那么称子集为图 G 的一个匹配。如果不存在比某个匹配更大的匹配，则称该匹配为 G 的最大匹配。常用的求最大匹配的算法有：Berge 定理、最大流算法、Dinic、匈牙利算法等。

Berge 定理指出：图 G 的匹配 M 是最大匹配的充分必要条件是 G 中不存在 M 可扩展路。此定理为我们提供了一种寻找最大匹配的方法。Dinic 求最大匹配的思路是通过 BFS 得到图的分层，之后增广到无法继续增广。用 Dinic 求最大匹配的时间复杂度为 $O(m\sqrt{n})$，其中 n 是顶点数目，m 是边数目。匈牙利算法也是一个求最大匹配的算法，时间复杂度为 $O[m(n+m)]$，但是由于是二分图专用的，因此实际效果非常好。

在图计算引擎中，也集成了一些基本的图算法，比如计算树深、图的基本遍历算法、求最小生成树、二分图的判定算法、求解二分图最大团问题、求解二分图边染色问题、解决最小顶点覆盖、最小边覆盖问题等。

3）图表示学习

图表示学习并没有形式化的定义，但基本原理大都为将图中顶点映射到低维向量空间，并且向量间的相对距离能够尽可能地反映顶点间在图上的相对关联强度，完成从非欧图模型到欧式向量空间的转换，如图 5-23 所示。而点向量则是可以作为特征无缝地支持下游深度学习任务，因此图学习也是在工业界落地最多，使用最普遍的图技术。

图表示学习的核心本质在于表示学习，图只是作为数据源，因此图表示学习的技术部分主要在于表示学习，除了数据外，并没有图的语义，也没有图的算法，理解这点对如何使用、何时使用图表示学习至关重要。

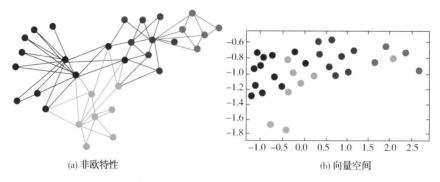

(a) 非欧特性　　　　　　　　(b) 向量空间

图 5-23　非欧空间和欧式向量空间

目前，大规模复杂信息网络表示学习的研究工作主要分为以下几类：包括基于概率的网络内容表示学习、经典的网络表示学习以及最近提出的大规模网络结构的表示学习、结构—内容融合的表示学习和异构网络的表示学习。目前大规模复杂信息网络表示学习模型众多，如表 5-10 所示。

表 5-10　图表示学习模型

模　型	核心算法和观点	对　象	类　型	测评数据集	测评应用	备　注
DeepWalk （2014）	※ 随机游走产生输入序列 ※ 基于 Skip-gram 模型	node	UD/ NW	社交网络	顶点的多标签分类	适合大规模网络
LINE （2015）	※ 重构目标函数 ※ 带权边采样算法	node	D/UD/ W/NW	文本/ 社交/ 引用网络	词类比、文档分类、可视化	适合大规模网络
GraRep （2015）	※ 学习网络的全局特征 ※ 优化部分使用 SVD	node	W/NW /UD	语言/ 社交/ 引用网络	顶点聚类、顶点分类、可视化	优化部分若使用随机梯度下降则适合大规模网络
DNPS （2016）	※ 基于阻尼衰减的采样算法 ※ 基于局部搜索增量式学习 ※ 优化部分使用随机梯度上升	node	D/UD	社交网络	链接预测、社区发现、用户推荐、标记分类	适合大规模网络
CNRL （2016）	※ 基于社区增强型 DeepWalk 模型 ※ 增强型顶点表示	node	W/NW/ UD	社交/引用/ Web 网络	链接预测、顶点分类、社区发现、可视化	统一建模局部邻域信息和全局社区结构
MMDW （2016）	※ 基于最大间隔 DeepWalk 模型 ※ 优化部分使用矩阵因式分解的平方损失	node	D/UD	引用/ 社交网络	顶点分类、可视化	半监督学习
Node2Vec （2016）	※ 引入 Searchbias 函数进行有偏差的随机游走 ※ 网络邻域	node	D/UD	社交/生物/ 词共现网络	链接预测、顶点的多标签分类	适合大规模网络/半监督学习

模　型	核心算法和观点	对　象	类　型	测评数据集	测评应用	备　注
SDNE (2016)	※ 半监督深度模型 ※ 使用随机梯度下降进行参数寻优	node	D/UD	社交/引用/语言网络	顶点的多标签分类、链接预测、可视化	适合大规模网络/半监督学习
Walklets (2016)	※ 多尺度表示学习 ※ 使用随机梯度下降进行参数寻优	node	D/UD/NW	社交/引用网络	顶点的多标签分类	适合大规模网络
LsNet2Vec (2016)	※ 随机游走产生输入序列 ※ 使用随机梯度上升对参数寻优	node	D/UD	公路/社交/引用/通讯/购买共现网络等	链接预测	适合大规模网络/无监督学习

注：D/UD：有向/无向图；W/NW：带权/非带权图。

大规模学习网络的特征表示具有重要的实际意义和应用价值。首先，学习网络中每个顶点的特征向量表达可以有效缓解网络数据稀疏性问题。其次，把网络中不同类型的异质信息融合为整体，可以更好地解决特定问题。第三，网络的分布式向量表示能够高效地实现语义相关性操作，从而显著提升在大规模，特别是超大规模的网络中进行相似性顶点匹配的计算效率。最后，学习网络的分布式表示使得在网络顶点分类、推荐系统等方面应用前景得到了更大的拓展。

5.4.2　大数据知识挖掘平台

目前业界有代表性的大数据分析平台有 Cloudera、星环 TDH、DataWorks、FusionInsight 等。

1）Cloudera

Cloudera（CDH）是 Apache Hadoop 和相关项目的最完整，经过测试的流行发行版。CDH提供了 Hadoop 的核心元素——可扩展的存储和分布式计算以及基于 Web 的用户界面和重要的企业功能。CDH 是 Apache 许可的开放源码，是唯一提供统一批处理，交互式 SQL 和交互式搜索以及基于角色的访问控制的 Hadoop 解决方案。

Cloudera 作为一个强大的商业版数据中心管理工具，提供了各种能够快速稳定运行的数据计算框架，如 Apache Spark；使用 Apache Impala 作为对 HDFS，HBase 的高性能 SQL 查询引擎；也带了 Hive 数据仓库工具帮助用户分析数据；用户也能用 Cloudera 管理安装 HBase分布式列式 NoSQL 数据库；Cloudera 还包含了原生的 Hadoop 搜索引擎以及 Cloudera Navigator Optimizer 去对 Hadoop 上的计算任务进行一个可视化的协调优化，提高运行效率；同时 Cloudera 中提供的各种组件能让用户在一个可视化的 UI 界面中方便地管理，配置和监控 Hadoop 以及其他所有相关组件，并有一定的容错容灾处理；Cloudera 作为一个广泛使用的商业版数据中心管理工具更是可以保证数据安全。

CDH 提供的组件如图 5-24 所示。

CDH 大数据平台具有许多优良的特性，它提供：

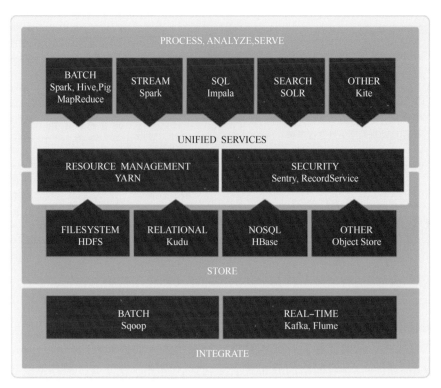

图 5-24　CDH 大数据平台架构

（1）灵活性——存储任何类型的数据，并使用各种不同的计算框架进行处理，包括批处理，交互式 SQL，自由文本搜索，机器学习和统计计算。

（2）集成——在一个可与广泛的硬件和软件解决方案配合使用的完整 Hadoop 平台上快速启动并运行。

（3）安全——过程和控制敏感数据。

（4）可扩展性——启用广泛的应用程序并进行扩展和扩展，以满足您的需求。

（5）高可用性——充满信心地执行关键业务任务。

（6）兼容性——利用您现有的 IT 基础设施和资源。

Cloudera 也提供了平台的管理工具 Cloudera Manager。Cloudera Manager 可以轻松管理任何生产规模的 Hadoop 部署。通过直观的用户界面快速部署，配置和监控群集并完成滚动升级，备份和灾难恢复以及可定制警报。Cloudera Manager 作为 Cloudera Enterprise 的集成和支持部分提供。

2）星环 TDH

Transwarp Data Hub(TDH)是星环信息科技(上海)有限公司研发的企业级大数据平台，已成为国际一流的大数据平台。从 2016 年起，TDH 正式成为 Gartner 认可的 Hadoop 国际主流发行版本。

TDH 主要提供 6 款核心产品：Transwarp Inceptor 是大数据分析数据库，Transwarp Slipstream 是实时计算引擎，Transwarp Discover 专注于利用机器学习从数据中提取价值内容，

Transwarp Hyperbase 用于处理非结构化数据，Transwarp Search 用于构建企业搜索引擎，Transwarp Sophon 则是支持图形化操作的深度学习平台。通过使用 TDH，企业能够更有效地利用数据构建核心商业系统，加速商业创新。

Transwarp Data Hub 由 Apache Hadoop、6 款核心产品、大数据开发工具集 Studio、安全管控平台 Guardian 和管理服务 Manager 构成，如图 5-25 所示。

图 5-25　TDH 体系架构

Inceptor 是一款用于批量处理及分析的数据库。它支持 SQL 2003 标准、Oracle PL/SQL 以及 DB2 SQL PL，对 Oracle、DB2 以及 Teradata 都有很好的方言支持，是 Hadoop 领域对 SQL 标准支持最完善的产品。Inceptor 的另一大优势是对 ACID 的支持，从而可以满足用户对数据处理中一致性和可靠性保障的需求。此外，Inceptor 拥有极为优异的大数据分析性能，比 Apache Hadoop 处理速度快 10 倍以上，比 MPP 处理速度快 5 倍以上，在 TPC-DS 和 TPC-H 基准测试中也胜于其他 Hadoop 和 MPP 产品。目前，Inceptor 被广泛地应用于数据仓库和数据集市的构建，在中国，已经有超过 500 家客户在 Inceptor 上创建了他们自己的商业应用。

Slipstream 是提供实时计算的产品，被广泛用于交通运输和物联网行业。和其他解决方案相比，Slipstream 有几个突出的技术优势：完整的 SQL 支持使得实时业务开发过程更加简便；基于事件驱动的计算引擎可将延迟时间缩减到 5ms，是 Spark Streaming 引擎的延时的 1/100；此外 Slipstream 支持复杂事件处理能力（CEP），因此用户可以基于 Slipstream 用 SQL 语言开发比较复杂的在线流计算业务，如在线反欺诈应用等。Slipstream 还提供完善的高可用性（HA）和 Exactly-Once 语义，而这些都是使实时应用稳定、可靠的保障。

Discover 是分布式机器学习平台，它包含了丰富的分布式算法库，还内置了多个行业应用模块，例如金融反欺诈、文本挖掘算法库等。Discover 提供了 R 语言、Python 和 SQL 接口，以帮助数据科学家开发自己的数据挖掘算法。通过内置 Notebook 工具 Zeppelin，

Discover 可以非常灵活的支持数据工程师和科学家之间的团队协作。

Hyperbase 是以 Apache HBase 为基础，融合了多项创新技术的 NoSQL 数据库：它采用了和 Inceptor 同样的 SQL 引擎，允许开发者们直接用 SQL 构建复杂应用；支持全局索引和次级索引，实现高速的非主键查询；提供原生的 JSON/BSON 格式支持以及对象存储（Object Store）技术，极大地简化了非结构化数据处理。

Search 用于在企业内部构建大数据搜索引擎。它能够在 PB 数据量级上实现秒级延迟的搜索功能；在开发接口方面，Search 提供了完整的 SQL 语法支持并提供了搜索语法 SQL 扩展，通过和 Inceptor 优化器有效结合，使开发者无须了解底层架构就可以开发出高效的搜索引擎。Search 创新地使用了堆外内存管理技术来提高系统的健壮性，避免了 GC 问题对系统的影响；此外，Search 还支持混合存储，通过将热数据存储在 SSD 上来提升查询速度。

Sophon 是整合了 Tensorflow 和 MxNet 的深度学习框架，并且与 Hadoop 实现很好的融合，帮助数据科学家方便的构建 DNN 或者 CNN，使用更大的数据做模型训练，提高算法的精准度。Sophon 提供可视化前端 Midas，用户可以直接使用拖拽的页面来生成机器学习的模型以及便捷的执行参数调优工作。Sophon 提供了一百多种机器学习的算子，可以满足大部分的机器学习开发需求。

Transwarp 基于 Apache Hadoop 2.7.2 开发，以 HDFS 为文件系统，以 YARN 为资源管理平台。Transwarp 对各组件性能进行了优化，提升安全性、稳定性，从而提供 7×24h 的不间断服务。

Transwarp Operating System（TOS）是为大数据应用量身定做的云操作系统。它基于 Docker 和 Kubernetes，支持对 TDH 一键式部署、扩容、缩容，同时也允许其他服务和大数据服务共享集群，从而提高资源的使用率。TOS 采用创新的抢占式资源调度模型，能在保障实时业务的同时，提高集群空闲时的资源占用，让批量作业和实时业务在互不干扰的情况下分时共享计算资源。

Transwarp Manager 是负责配置、管理和运维 TDH 集群的图形工具。用户只需通过几个手动步骤，就可以在 x86 服务器上或基于 Docker 的云端平台上部署一个 TDH 集群。Manager 的运维模块提供告警、健康检测、监控和度量这四项服务。用户可以轻松地浏览各服务的状态，并且在告警出现时采取恰当的措施以处埋应对。此外，Manager 还提供了一些便捷的运维功能，例如，磁盘管理、软件升级和服务迁移等。

Transwarp Guardian 为 TDH 提供集中的安全和资源管理服务。它支持 LDAP 和 Kerberos，保护 Hadoop 集群免受恶意攻击和安全威胁，而且还可以对资源做细粒度的 ACL 控制。其多租户资源管理模块可以按照租户的方式管理资源，并通过一个图形化工具为用户提供权限配置以及资源配置接口。

Transwarp Kafka 在 Apache Kafka 1.0 的基础上添加了大量安全特性：整合 Kerberos 以保护数据；允许 Producer 和 Consumer 使用不同的 KDC 来进行交叉认证；通过支持认证命令行以简化操作。

Transwarp Transporter 是一款用于设计和创建 ETL 任务的可视化工具。它支持从 RDBMS 到 TDH 的近实时数据同步功能，用户可以利用 Transporter 将数据从 RDBMS 迁移到 Hadoop，再进行数据分析和挖掘工作。Transporter 提供完整的数据整合功能，源系统支持多种格式的数据源，包括 CSV、JDBC、XML、JSON 以及关系数据库；支持多种常用的数据转换操作，例如，连接、聚合、清洗等。由于数据迁移过程中产生的数据处理任务都在 Inceptor 中完成，且受完整的 ACID 支持，因此用户不必为了 ETL 任务建立单独集群，也不用担心数据一致性问题。

Transwarp Workflow 是一个图形化的工作流设计、调试、调度和分析的服务平台，它支持 Shell、SQL、JDBC、HTTP 等任务类型，也可以写自定义 Java 任务。它还提供丰富的分析能力，如依赖关系、执行历史、甘特图等，可以帮助用户诊断工作流的执行状况。

Transwarp Rubik 是一款用于设计 OLAP Cube 的可视化工具，所建 Cube 可以实例化于 HDFS 或 Holodesk。Rubik 支持雪花模型和星形模型两种 Cube 设计模型，并支持多种格式的数据源(包括 HDFS 和远程 RDBMS)。实验显示，在数据立方体的加速下，分析查询的速度可提高 10 倍。Rubik 通过可视化方式提供服务，使数据分析师得到更友好的交互体验。

Transwarp Governor 是 TDH 中的元数据管理和数据治理工具。用户可以用它来管理元数据(包括表和存储过程)，监控所有数据和程序的更改历史，进行数据血缘分析和影响分析。开发者可以利用 Governor 调试数据问题，追踪问题来源，并帮助数据管理者预测计划进行的元数据更改会造成哪些影响，因此 Governor 能够帮助用户提高大数据的数据质量。

Transwarp Waterdrop 是 TDH 中一个 SQL IDE 工具。它包含的子模块有 SQL 编辑器、元数据管理器、SQL 执行器、以及数据导入/导出。Waterdrop 提供语法检测、SQL 格式化和开发助手等功能，可帮助开发者极大地提高开发效率。

Transwarp Pilot 是基于 Web 的报表展现工具，轻量、灵活，可以快速部署。它支持多维度的分析和自助分析，提供数十种报表样式，对时序数据也有很好的展现。此外，Pilot 还支持团队协作和共享，支持导入和导出报表。

总之，TDH 产品具备极致的性能与可扩展性，支持完整的 SQL 和 ACID 事务特性，低延迟的流处理特性以及提供了图形化的大数据开发工具套件和多样化的数据处理功能，使得其成为国际一流的大数据平台。

3）DataWorks

DataWorks(数据工场)是阿里云重要的 PaaS 产品，是基于 MaxCompute 计算引擎、从工作室、车间到工具集都齐备的一站式大数据智能研发与治理平台，它提供了数据集成、开发、治理、服务、质量、安全等全套数据研发治理工作。

DataWorks 不仅具备海量数据的离线加工分析、数据挖掘的能力，也集成了数据集成、数据开发、生产运维、实时分析、资产管理、数据质量、数据安全、数据共享等核心数据工艺，同时还提供了数据服务、机器学习(PAI)在线研发平台，承上启下，让数据从采集到展现、从分析到驱动应用得以一站式解决。

DataWorks + MaxCompute 在 2018 年获得著名分析评测机构 Forrester 的 Cloud DataWarehouse 云数据仓库世界排名第二的成绩，是唯一入选的中国产品。DataWorksV2.0 在 DataWorks V1.0 的基础上新增业务流程、组件的概念，力求通过支持双项目开发、隔离数据开发和生产环境、保证数据研发规范、减少错误代码来完善数据研发体系。DataWorks

大数据平台的功能架构如图 5-26 所示。

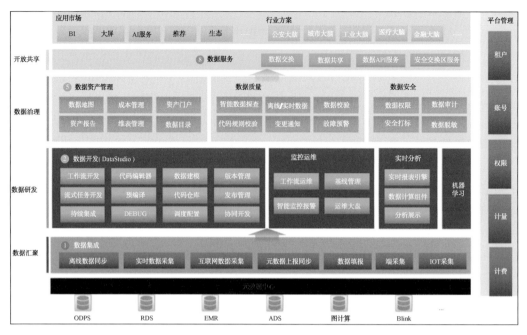

图 5-26　DataWorks 大数据平台功能架构图

DataWorks 提供以下八大服务模块：

（1）数据集成：异构数据集成，将海量的数据从各种源系统汇集到大数据平台。

（2）数据开发：数据仓库设计和 ETL 开发过程。

（3）监控运维：ETL 线上作业的运维监控。

（4）实时分析：实时探查和分析数据。

（5）数据资产管理：元数据管理、数据地图、数据血缘、数据资产大图等。

（6）数据质量：数据质量探查、监控、校验和评分体系。

（7）数据安全：数据权限管理，数据的分级打标、脱敏，以及数据审计。

（8）数据服务：数据共享和数据交换，数据 API 服务。

DataWorks 产品具有许多优势：超大规模的计算处理能力、一站式的数据工厂、具备海量异构数据源快速集成能力、具备 Web 化的软件服务、多租户权限模型、智能的监控报警、易用的智能 SQL 编辑器、完备的数据质量监控体系、便捷的数据服务开发接口和安全的数据共享机制等。

DataWorks 是阿里巴巴集团推出的大数据领域平台级产品，提供一站式大数据开发、管理、分析、挖掘、共享、交换等端到端的解决方案，利用 MaxCompute（原 ODPS）可处理海量数据，无须关心集群的搭建和运维。DataWorks 底层是基于 MaxCompute 的集成开发环境，包括数据开发、数据管理、数据分析、数据挖掘和管理控制台。

4）FusionInsight

FusionInsight 是华为面向众多行业客户推出的，基于 Apache 开源社区软件进行功能增强的企业级大数据存储、查询和分析的统一平台。它以海量数据处理引擎 FusionInsight Ha-doop 和实时数据处理引擎 FusionInsight Streaming 为核心，并针对金融、运营商等数据密集型行业的运行维护、应用开发等需求，打造了敏捷、智慧、可信的平台软件、建模中间件及 OM 系统，让企业可以更快、更准、更稳的从各类繁杂无序的海量数据中发现全新价值点和企业商机。

华为 FusionInsight 使用开源的 Hadoop 和 Spark 技术为批量和实时分析提供了一个全面的大数据软件平台。该系统利用 HDFS、HBase、MapReduce 和 YARN/Zookeeper 进行 Hadoop 集群，并利用 Apache Spark 进行更快的实时分析和交互式查询。FusionInsight 大数据平台架构如图 5-27 所示。

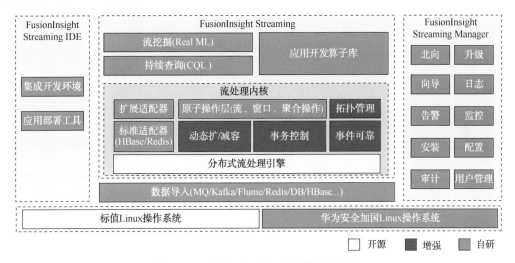

图 5-27   FusionInsight 大数据平台架构

FusionInsight Hadoop 是华为企业级大数据分析平台中用来处理大量非结构化和半结构化等数据类型的数据分析平台，让用户轻松构建企业级大数据分析平台、驾驭大数据、领先一步洞悉新商机。FusionInsight Streaming 提供高性能的流处理平台，通过事件驱动方式处理大吞吐量的数据，并实现毫秒级时延的高速数据流式分析，为用户提供真正的实时事件处理、实时决策能力。FusionInsight Streaming 提供图形可视化的开发监控平台，通过该平台图形化界面用户可进行流程式的拓扑设计，方便地实现业务设计与开发。其监控功能还提供详细的数据统计图表信息，对于已部署的业务用户可以直接监控业务部署情况、运行情况，整体降低其运维难度。另外该平台还提供类 SQL 开发能力（CQL，Continuous Query Lan-guage），无缝对接传统数据处理方式。同时，FusionInsight 具备可靠性和可扩展性。Fusion-Insight Streaming 可以保证数据无丢失，消息 100% 处理。同时充分考虑业务对系统运行级的可靠性要求，FusionInsight Streaming 通过 HA 功能，保证集群的整体业务运行的安全。Fu-sionInsight Streaming 具有良好的扩展能力，可以迅速便捷地满足日益增加的数据处理量需求。当一个现有集群的处理能力不够用的时候，只要通过追加新节点的方式，业务可无差错平滑迁移，满足用户新增的业务需求。

在选择使用大数据平台时，并不是盲目选择的，而是需要根据自身的业务需求，选择适合自己的平台。

5.4.3　大数据知识挖掘框架

在油藏数据海量增长的过程中，想要从中挖掘知识和完成大数据分析，还要采用必要的技术手段，利用计算机代替人工完成油藏知识挖掘操作，确保知识能够得到快速提取，继而使知识服务得到顺利供给。结合这一需求，需采用大数据分析方法实现油藏知识挖掘，并建立相应的体系架构提供知识检索服务，满足不同使用者的知识获取需求。

如图 5-28 所示，油藏大数据知识挖掘框架由基础数据资源库、数据资源挖掘平台、油藏知识库和油藏知识可视化平台组成，能够提供油藏主题查询和综合查询服务。

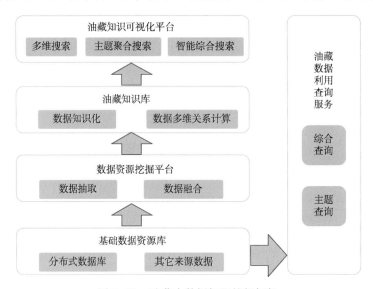

图 5-28　油藏大数据知识挖掘框架

在基础数据库中，需要利用分布式数据库完成不同来源的油藏数据存储，同时可以通过互联网等途径获取其他数据来源。数据资源挖掘平台能够从资源库中获取油藏数据信息，通过知识抽取完成数据知识化分析。根据各类实体语义、关联等信息，利用大数据技术能够实现数据融合，满足油藏知识库的知识获取需求。知识库通过对数据的多维关系展开计算，能够为主题聚合搜索、多维搜索、智能综合搜索等平台功能实现提供支撑，促使油藏知识得到可视化显示，继而使用户的知识获取需求得到满足。

在知识挖掘体系架构运行期间，资源库和知识库能够协同开展作业，共同作为知识挖掘数据资源平台，在提供油藏数据的同时，为油藏数据关联挖掘提供支持。实现油藏数据知识化，则是实现油藏知识提炼，能够根据知识概念和逻辑关系组建结构完整的知识链网，使油藏数据得到准确定位的同时，根据知识特点和结构实现油藏知识合理存储，继而为用户搜索知识提供便利。采用这种设计，能够加强油藏数据资源中各种实体及其属性的关联，为信息抽取和融合提供支持。在知识表达上，能够利用语义完成知识本体结构挖掘，构建知识模型，利用知识组织规则实现各类实体解析，继而使各类隐性因子得到挖掘。在知识关系得到可视化显示的同时，能够实现知识聚合，使油藏知识结构得到清楚展示。而采用计算机视觉技术将知识语义概念、模型等以图形、图像等形式展现出来，能够确保知识得到精确和高效传递，为人员通过手机、计算机等终端查看提供便利。

从大数据分析角度来看，油藏知识挖掘其实就是油藏数据清洗、集成、处理和分析的过程。尽管拥有广泛的数据来源，使得油藏数据类型较多，同时应用需求也存在差异，但是却拥有相同的数据处理流程。

首先，针对异构的原始数据，需要完成清洗、抽取和集成，促使数据按照统一标准存储，为后续数据处理与分析奠定基础。针对格式、性质存在差异的数据，需要从物理或逻辑上实现数据集成，对存在一定关联的实体进行提取，聚合得到统一数据标准。在数据清洗方面，还应加强质与量的权衡，避免粒度过细造成有价值信息被滤除，同时避免粒度过粗造成冗余信息过多。在油藏数据组织方面，可以采用 EAD 元数据实现数据聚合分析，完成知识合理组织。

其次，需要对数据属性特征进行提取，然后通过转换处理得到易于分析的形式，并在分布式处理模型和数据仓库中存储。在数据分析方面，可以通过数据训练完成分类器的构建，并通过实现多个分类器聚集取得较好数据分类效果。在数据训练中，保证每次选择相同概率权重，可以使误分类数据的选取概率权重得到增加。对训练数据进行重新抽取，并完成迭代分析，能够得到多个分类器。将分类器加权投票当成是输出结果，能够完成数据分类转换。在数据存储方面，需要采用分布式方式，建立开源计算平台，利用分布式文件系统完成非结构化数据存储。通过对油藏数据进行分割，能够得到多个数据块，再由数据节点构成的分布式集群中存储。

最后，需要通过数据挖掘完成有益知识提取，然后实现结果可视化，为用户提供需要的知识服务。数据挖掘实际就是数据深层分析过程，需要采用人工智能等技术完成语义处理。根据其中蕴含的语义信息和规则，能够实现油藏数据中各种语义关联的抽取，得到油藏主题分类表、词表等各种表格，为语义处理提供支持。而挖掘得到的知识关联较为复杂，为满足用户知识获取需求，还要完成数据交互式分析，采用趋势图等各种图形、图像实现分析结果的可视化展示，确保用户能够理解挖掘结果。根据用户需求对油藏知识单元进行提取后，通过在数据描述框架下完成信息背景封装，然后加强相关知识链接，能够构成由多个知识单元构成的网络，确保用户知识获取需求能够得到满足。

5.5 大数据知识治理

5.5.1 元数据管理

元数据是企业中用来描述数据的数据。它可理解为比一般意义的数据范畴更加广泛的数据，不再仅仅表示数据的类型、名称、值等信息，它可以进一步提供数据的上下文描述信息，比如数据的所属域、取值范围、数据间的关系、业务规则，甚至是数据的来源。在数据分析中，元数据可以帮助 DW 管理员和 DW 开发人员非常方便地找到他们所关心的数据。

一般而言，就数据仓库或者大数据平台中的元数据可以按不同的维度分为技术元数据、业务元数据、操作元数据、管理元数据等。技术元数据提供有关数据的技术信息，如数据源表格名称、数据源表格栏目名称及数据类型（如字符串、整数等）；业务元数据提供数据的业务背景，如业务术语名称、定义、责任人或管理员以及相关的参考数据；操作元数据提供关于数据使用方面的信息，如最近更新的数据、访问次数或最后访问的数据；管理元数据是描述数据系统中管理领域相关概念、关系和规则的数据，主要包括人员角色、岗位职责和管理流程等信息。

元数据的规范管理，对于企业的发展是极为重要的。元数据管理平台可以为用户提供高质量、准确、易于管理的数据，它贯穿数据中心构建、运行和维护的整个生命周期。同时，在数据中心构建的整个过程中，数据源分析、ETL 过程、数据库结构、数据模型、业务应用主题的组织和前端展示等环节，均需要通过相应的元数据进行支撑。元数据管理的生命周期包括元数据获取和建立、元数据的存储、元数据浏览、元数据分析、元数据维护等部分。通过元数据管理，可以形成整个系统信息数据资源的准确视图，通过元数据的统一视图，缩短数据清理周期、提高数据质量以便能系统性地管理数据中心项目中来自各业务系统的海量数据，梳理业务元数据之间的关系，建立信息数据标准完善对这些数据的解释、定义，形成企业范围内一致、统一的数据定义，并可以对这些数据来源、运作情况、变迁等进行跟踪分析。完善数据中心的基础设施，通过精确把握经营数据来精确把握瞬息万变的市场竞争形式，使企业在市场竞争中保持优势。

在元数据管理中，常用的软件平台有 Informatica Metadata Manager & Business Glossary，如图 5-29 所示。

图 5-29　Metadata Manager 提供的技术元数据视图

Informatica 可提供功能齐全而又稳健可靠的工具，具备交付可信、安全的数据和启动成功的元数据管理方案所需的全部精确功能。Metadata Manager & Business Glossary 可提供独一无二的多项优势，让 IT 经理能够尽量降低在实施变更时对关键业务数据造成损害的业务风险。此软件平台可提供为数据治理方案奠定基础所需的核心元数据管理工具。Metadata Manager & BusinessGlossary 是一项单个产品，配备一个共享的元数据信息库。它具备两个用户界面，供两类截然不同的用户使用：Metadata Manager 可让 IT 人员处理技术元数据；Business Glossary 可让业务和 IT 管理员协同管理业务元数据。除上述功能外，此软件还包含了以下功能：

（1）搜索和浏览。Informatica Metadata Manager & Business Glossary 具备包含高级过滤的强大搜索功能。此外，它还支持在文件夹/树形结构中浏览数据源的能力。利用该功能，员工可快速找到他们所查找的数据对象。

（2）个性化。大部分数据管理环境变得庞大而复杂。Informatica Metadata Manager & Business Glossary 可支持在搜索和视图中滤除无关数据的功能。例如：作为简化其环境的一种方法，Cognos 用户能够选择不查看有关业务对象或 Microstrategy 的信息。

（3）关联业务与技术元数据。Informatica 支持将业务术语与基层的技术元数据轻松关联。术语与技术元数据关联之后，IT 和业务人员就终于能够共享通用语言，在组织之间开展明确的交流与协作。

（4）协作。Informatica Metadata Manager & Business Glossary 包含了多种内置的注解和消息收发工具，用于优化业务与 IT 部门之间的协作。此外，Metadata Manager & Business Glossary 中的每个视图均提供可在这些通信中共享的专用 URL，为任何对话提供丰富的上下文信息。

这些功能可共同直接促进企业的灵活性，并为数据治理工作取得最终成功发挥主要作用。

5.5.2　数据质量治理

数据质量管理是一个集方法论、技术、业务和管理为一体的解决方案。数据质量管理是对数据从计划、获取、存储、共享、维护、应用、消亡生命周期的每个阶段里可能引发的数据质量问题，进行识别、度量、监控、预警等一系列管理活动，并通过改善和提高组织的管理水平使得数据质量获得进一步提高。数据质量管理的终极目标是通过可靠的数据提升数据在使用中的价值，并最终为企业赢得经济效益。

一般来说，数据质量问题包括数据真实性问题、数据可靠性问题、数据唯一性问题、数据完整性问题、数据一致性问题、数据关联性问题、数据及时性问题等，如图 5-30 所示。

数据真实性是指数据必须真实准确地反映客观的实体存在或真实的业务。真实可靠的原始统计数据是企业统计工作的灵魂，是一切管理工作的基础，是经营者进行正确经营决策必不可少的第一手资料。

数据准确性，也叫数据可靠性，是用于分析和识别哪些是不准确的或无效的数据，不可靠的数据可能会导致严重的问题，会造成有缺陷的方法和糟糕的决策。

数据唯一性是用于识别和度量重复数据、冗余数据的。重复数据是导致业务无法协同、流程

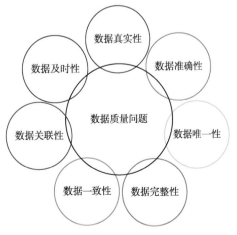

图 5-30　数据质量问题

无法追溯的重要因素，也是数据治理需要解决的最基本的数据问题。

数据完整性问题包括模型设计不完整、数据条目不完整和数据属性不完整。模型设计不完整包括唯一性约束不完整、参照不完整等；数据条目不完整包括数据记录丢失或不可用等；数据属性不完整，如数据属性空值。不完整的数据所能借鉴的价值就会大大降低，也是数据质量问题最为基础和常见的一类问题。

数据一致性问题包括多源数据的数据模型不一致，例如：命名不一致、数据结构不一致、约束规则不一致；数据实体不一致，例如：数据编码不一致、命名及含义不一致、分类层次不一致、生命周期不一致等。

数据关联性问题是指存在数据关联的数据关系缺失或错误，例如：函数关系、相关系数、主外键关系、索引关系等。存在数据关联性问题，会直接影响数据分析的结果，进而影响管理决策。

数据的及时性是指能否在需要的时候获取到数据，数据的及时性与企业的数据处理速度及效率有直接的关系，是影响业务处理和管理效率的关键指标。

数据价值的成功发掘必须依托于高质量的数据，唯有准确、完整、一致的数据才有使用价值。因此，需要从多维度来分析数据的质量，例如：偏移量、非空检查、值域检查、规范性检查、重复性检查、关联关系检查、离群值检查、波动检查等等。需要注意的是，优秀的数据质量模型的设计必须依赖于对业务的深刻理解，在技术上也推荐使用大数据相关技术来保障检测性能和降低对业务系统的性能影响，例如 Hadoop，MapReduce，HBase 等。

一般来说，影响数据质量的原因有多种，既有技术因素，又有管理因素，主要包括：

（1）缺乏总体规划，没有统一的数据标准。同一企业的不同部门，由于采用了不同的元数据、分类和编码标准，形成了大量的信息孤岛和不一致数据，严重影响数据质量的集成共享性、唯一性、一致性和完整性。

（2）数据质量意识不高，没有建立数据质量治理的机制。在企业信息系统中，采集了大量的数据，但普遍缺乏数据质量的管理，大部分机构还没有建立数据质量治理的组织、制度、标准和技术手段。即使有机构意识到数据质量的重要性，上马了数据质量项目，购买了数据质量管理软件，但往往被看成是 IT 项目，业务部门参与不够，还没有把数据治理提到与财务管理、人力资源管理同等重要的战略高度。

（3）突发事件的特点决定了应急数据质量不可能太高。突发事件具有突发性、不确认性、危险性、动态性、及时响应性等特点。大量的应急信息在短时间瞬时爆发，且不断变化，信息采集的任务紧、时间紧迫、条件恶劣，数据质量不可能太高。

（4）大数据环境给数据质量带来了严重挑战。随着数据的不断积累，数据规模越来越大。这些数据既有结构化的数据，又有大量的视频、音频、图片、地理位置信息、文本、网页、社交信息等非结构化的数据，具有多样性。数据价值密度的高低与数据总量的大小成反比，数据的大体量决定的相应的价值密度比较低，大数据的特征给数据质量带来严重的挑战。

因此，在大数据时代，进行数据质量的治理显得更加重要。数据质量治理是通过建立数据管理政策、流程和标准，以优化组织的数据资产为回报的决策和管理过程。数据质量治理与财务管理、人力资源管理一样是一项管理业务，而不是 IT 项目，需要从管理层面制定管理措施，并借助技术手段来进行数据质量治理，其总体流程如图 5-31 所示。

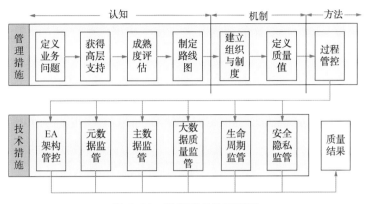

图 5-31　数据质量治理流程

数据质量治理的管理措施可分为认知、制度和方法论 3 个层面。在认知层面，数据质量的治理是始于现状和未来的认知，现状和未来状态的认知是科学制定一切数据治理措施和路线图的基础。这种认知通常需要进行成熟度评估。IBM 数据治理成熟度模型从业务成果、组织结构和认识、管理人员、数据风险管理、政策、数据质量管理、信息生命周期管理、信息安全与隐私、数据架构、分类和元数据、审计信息日志和报告 11 个指标进行评估，把数据治理的成熟度分为 5 个等级。根据数据治理成熟度的评估结果以及与未来目标的差距，列出弥补这些差距所需要的关键人员、流程和技术计划并根据计划的优先级制定路线图。随着大数据对组织越来越重要，信息治理计划需要将大数据纳入路线图之中。在制度层面，应该明晰大数据治理的目标和关键流程，识别大数据治理的利益相关者；酌情任命大数据主管；确定新增角色和现有角色的适当组合，确定各个角色应当承担的大数据责任。在方法论层面，应采用全生命周期的过程管控方法。把数据治理的管理规范和标准体系注入信息系统生命周期和数据生命周期中去，并通过交付物的评审去落实，通过工具的自动检查去固化。信息系统的建设更关注系统生命周期，而 BI、数据仓库和大数据平台更关注数据生命周期，重视数据标准的管控。

数据质量产生的重要原因就是缺乏总体规划和统一的数据标准，EA 作为一种先进的总体规划技术将在应急数据治理中发挥重要作用。EA 架构的实施是通过相应的标准和制度来保证的，是数据治理的前提。元数据管理是标准和制度落地的技术措施，是数据治理的基础；主数据管理是对组织内核心的、共享的数据进行管理，是数据治理的关键；数据质量监控对组织内的数据进行剖析，发现错误、分析错误和更正错误，是数据质量治理的重要工具。因此，在技术层面，可以采用基于 EA 架构的数据质量治理、基于元数据的数据质量治理、基于主数据管理的数据质量治理、实施大数据质量监管等提升大数据质量的技术手段。

5.5.3 血缘分析

数据血缘也是数据治理领域的一个重要概念。数据被业务场景使用时，发现数据错误，数据治理团队需要快速定位数据来源，修复数据错误。那么数据治理团队需要知道业务团队的数据来自哪个核心库，核心库的数据又来自哪个数据源头。建立数据使用场景与数据源头之间的血缘关系的过程就叫作血缘分析。

血缘分析的实现方式主要有以下四种：

（1）通过调度器反向推导血缘关系。因为调度器跟 DagConduit 有着很密切的关系。我们很容易从调度器的每个 DAG 里面提取出对应的 Datapipe 以及它们的关系。这种方案的可行性非常高，成本非常低廉。但缺点也是很显而易见的，这种方案不能支持字段级别的血缘，而字段关系对于元数据非常重要，甚至是后续扩展数据质量及数据安全的重要思路之一。

（2）通过计算引擎系统提供的血缘分析接口进行收集。由于数据治理的重要性逐渐为人所认识，血缘分析功能也成为了 ETL 工具箱的重要一环。所以 hive 就直接提供了血缘分析接口。这种方式的优点是显而易成的，即支持了字段级别血缘分析，成本也是非常低的，对于大部分公司其实是够用的。但是缺点也是非常明显的。因为计算引擎与血缘分析在一起，如果血缘分析的功能需要增加，计算引擎势必也要受到牵连。另外血缘分析在运行时执行，这样血缘分析已经与系统运行时有了直接的绑定关系，所以无法进行血缘分析驱动，将一个系统换成另一个系统。如果是 sql 解析出来的血缘分析，我们可以通过元数据触发器触发到各种各样的平台，是非常灵活的。

（3）通过计算引擎系统的解析过程源码进行提取。这个应该是最常用的做法了，成本虽然高一点，但是整体可控，毕竟基础代码完成了很大一部分功能了，还可以按需定制，非常适合个人成长及公司的定制化需求。

（4）通用的 sql 解析器工具。由于 sql 解析过程有非常大的工作量，需要对语法规则非常熟练，写起来繁杂的工作量及系统多样性很容易让人退缩。所以市面上一直找不到成熟的通用的 sql 解析器。目前可用的 sql 解析器有：hive 解析器、presto 解析器、vertica 解析器、teradata 解析器、pg 解析器、queryparser 解析器、SQLLineage 等。

在血缘分析过程完成后，得到的结果常用桑基图进行可视化展示。

参 考 文 献

［1］中国信息通信研究院 . 2020 大数据白皮书［R］. 2020.

［2］叶英平，陈海涛，陈皓 . 大数据时代知识管理过程、技术工具、模型与对策［J］. 图书情报工作，2019，63（05）：5-13.

［3］叶英平，卢艳秋，肖艳红 . 基于网络嵌入的知识创新模型构建［J］. 图书情报工作，2017，61（7）：102-110.

［4］中国信息通信研究院 . 2018 大数据白皮书［R］. 2018.

［5］杜振南，朱崇军 . 分布式文件系统综述［J］. 软件工程与应用，2017，6（2）：21-27.

［6］周子涵 . 基于 FastDFS 的目录文件系统的研究与实现［D］. 成都：电子科技大学，2015.

［7］白铖．一种分布式文件系统的设计与实现［D］．成都：电子科技大学，2015．

［8］周小玉．HDFS 分布式文件系统存储策略研究［D］．成都：电子科技大学，2015．

［9］胡军杰．云平台下分布式文件系统评测技术研究［D］．哈尔滨：哈尔滨工业大学，2014．

［10］王波．基于 FastDFS 的轻量级分布式文件系统的设计与实现［D］．沈阳：东北大学信息科学工程学院，2013．

［11］翟猛．基于 TFS 的分布式文件存储平台研究与实现［D］．天津：河北工业大学，2014．

［12］杜方，陈跃国，杜小勇．RDF 数据查询处理技术综述［J］．软件学报，2013，24(6)：1222-1242．

［13］Udrea O，Pugliese A，Subrahmanian V S. GRIN：A graph based RDF index［C］//AAAI. 2007，1：1465-1470．

［14］Tran T，Ladwig G. Structure index for RDF data［C］//Workshop on Semantic Data Management(SemData@ VLDB). 2010，2(010)．

［15］Zou L，Mo J，Chen L，et al. gStore：answering SPARQL queries via subgraph matching［J］. Proceedings of the VLDB Endowment，2011，4(8)：482-493．

［16］Chen Y. Signature files and signature trees［J］. Information Processing Letters，2002，82(4)：213-221．

［17］He H，Wang H，Yang J，et al. Blinks：ranked keyword searches on graphs［C］//Proceedings of the 2007 ACM SIGMOD international conference on Management of data. 2007：305-316．

［18］李慧颖，瞿裕忠．基于关键词的 RDF 数据查询方法［J］．东南大学学报(自然科学版)，2010，40(02)：270-274．

［19］Li G，Ooi B C，Feng J，et al. Ease：an effective 3-in-1 keyword search method for unstructured，semi-structured and structured data［C］//Proceedings of the 2008 ACM SIGMOD international conference on Management of data. 2008：903-914．

［20］Li H Y，Qu Y Z. KREAG：Keyword query approach over RDF data based on entity-triple association graph［J］. Jisuanji Xuebao(Chinese Journal of Computers)，2011，34(5)：825-835．

［21］Janik M，Kochut K. Brahms：A workbench rdf store and high performance memory system for semantic association discovery［C］//International Semantic Web Conference. Springer，Berlin，Heidelberg，2005：431-445．

［22］Reddy B R K，Kumar P S. Efficient approximate SPARQL querying of Web of Linked Data［J］. URSW，2010，654：37-48．

［23］Berge C. Graph and Hypergraph［M］. Amstezdam：North-Holland，1973．

［24］中国信息通信研究院云计算与大数据研究所．2019 图数据库白皮书［R］．2019．

［25］Malewicz G，Austern M H，Bik A J C，et al. Pregel：a system for large-scale graph processing［C］//Proceedings of the 2010 ACM SIGMOD International Conference on Management of data. 2010：135-146．

［26］Valiant L G. A bridging model for parallel computation［J］. Communications of the ACM，1990，33(8)：103-111．

［27］Ching A. Giraph：Production-grade graph processing infrastructure for trillion edge graphs［J］. ATPESC，ser. ATPESC，2014，14．

［28］Kyrola A，Blelloch G，Guestrin C. Graphchi：Large-scale graph computation on just a ｛PC｝［C］//10th ｛USENIX｝ Symposium on Operating Systems Design and Implementation(｛OSDI｝ 12). 2012：31-46．

［29］Gonzalez J E，Low Y，Gu H，et al. Powergraph：Distributed graph-parallel computation on natural graphs［C］//10th ｛USENIX｝ Symposium on Operating Systems Design and Implementation(｛OSDI｝ 12). 2012：17-30．

［30］ Gonzalez J E, Xin R S, Dave A, et al. Graphx: Graph processing in a distributed dataflow framework［C］//11th {USENIX} Symposium on Operating Systems Design and Implementation({OSDI} 14). 2014: 599-613.

［31］ Chen R, Shi J, Chen Y, et al. Powerlyra: Differentiated graph computation and partitioning on skewed graphs［J］. ACM Transactions on Parallel Computing(TOPC), 2019, 5(3): 1-39.

［32］ McSherry F, Isard M, Murray D G. Scalability! But at what {COST}? ［C］//15th Workshop on Hot Topics in Operating Systems(HotOS {XV}). 2015.

［33］ 朱晓伟, 陈文光. Gemini: 以计算为中心的分布式图计算系统［J］. 中国计算机学会通讯, 2017, 13 (08): 16-21.

［34］ Perozzi B, Al-Rfou R, Skiena S. Deepwalk: Online learning of social representations［C］//Proceedings of the 20th ACM SIGKDD international conference on Knowledge discovery and data mining. 2014: 701-710.

［35］ Tang J, Qu M, Wang M, et al. Line: Large-scale information network embedding［C］//Proceedings of the 24th international conference on world wide web. 2015: 1067-1077.

［36］ Cao S, Lu W, Xu Q. Grarep: Learning graph representations with global structural information［C］//Proceedings of the 24th ACM international on conference on information and knowledge management. 2015: 891-900.

［37］ 李志宇, 梁循, 徐志明. DNPS: 基于阻尼采样的大规模动态社会网络结构特征表示学习［J］. 计算机学报, 2016, 39(42): 1-19.

［38］ Tu C, Wang H, Zeng X, et al. Community-enhanced network representation learning for network analysis ［J］. arXiv preprint arXiv: 1611.06645, 2016.

［39］ Tu C, Zhang W, Liu Z, et al. Max-margin deepwalk: Discriminative learning of network representation ［C］//IJCAI. 2016, 2016: 3889-3895.

［40］ Grover A, Leskovec J. Scalable feature learning for networks［C］//Proceedings of the 22nd ACM SIGKDD international conference on Knowledge discovery and data mining. 2016: 855-864.

［41］ Wang D, Cui P, Zhu W. Structural deep network embedding［C］//Proceedings of the 22nd ACM SIGKDD international conference on Knowledge discovery and data mining. 2016: 1225-1234.

［42］ Perozzi B, Kulkarni V, Skiena S. Walklets: Multiscale graph embeddings for interpretable network classification［J］. arXiv preprint arXiv: 1605.02115, 2016: 043238-23.

［43］ 李志宇, 梁循, 周小平. 一种大规模网络中基于顶点结构特征映射的链接预测方法［J］. 计算机学报, 2016, 39(42): 1-18.

6 油藏开发知识数字孪生技术

提要 数字孪生体的概念在近几年炙手可热，已逐渐成为从工业到产业，从军事到民生各个领域的智慧新代表。当前数字孪生技术主要应用在数字孪生制造、数字孪生产业、数字孪生城市、数字孪生战场等方面，在知识管理方面的相关应用正在起步。本章内容将对数字孪生技术和其发展现状进行详细介绍，并对数字孪生技术在知识管理中的相关应用进行展望介绍。

6.1 数字孪生技术与知识管理

6.1.1 数字孪生技术综述

数字孪生体是现有或将有的物理实体对象的数字模型，通过实测、仿真和数据分析来实时感知、诊断、预测物理实体对象的状态，通过优化和指令来调控物体实体对象的行为，通过相关数字模型间的相互学习来净化自身，同时改进利益相关方在物理实体对象生命周期内的决策。

当前越来越多的学者和企业关注数字孪生并开展研究与实践，但从不同角度出发，对数字孪生的理解存在着不同的认识。如表 6-1 所示，本节将从不同的维度出发，对数字孪生的当前认识进行总结和分析，尝试对数字孪生的理想特征进行探讨。

表 6-1　数字孪生理想特征

序　号	部分认识	理想特征	维　度
1	①数字孪生是三维模型 ②数字孪生是物理实体的 Copy ③数字孪生是虚拟样机	多：多维（几何、物理、行为、规则）、多时空、多尺度 动：动态、演化、交互 真：高保真、高可靠、高精度	模型
2	①数字孪生是数据/大数据 ②数字孪生是 PLM ③数字孪生是 Digital Thread ④数字孪生是 Digital Shadow	全：全要素/全业务/全流程/全生命周期 融：虚实融、多源融、异构融 时：更新实时、交互实时、响应及时	数据

序　号	部分认识	理想特征	维　度
3	①数字孪生是物联平台 ②数字孪生是工业互联网平台	双：双向连接、双向交互、双向驱动 跨：跨协议、跨接口、跨平台	连接
4	①数字孪生是仿真 ②数字孪生是虚拟验证 ③数字孪生是可视化	双驱动：模型驱动+数据驱动 多功能：仿真验证、可视化、管控、预测、优化控制等	服务/功能
5	①数字孪生是纯数字化表达或虚体 ②数字孪生与实体无关	异：模型因对象而异、数据因特征而异、服务/功能因需求而异	物理

1）模型维度

一类观点认为数字孪生是三维模型，是物理实体的 copy，或是虚拟样机。这些认识从模型需求与功能的角度，重点关注了数字孪生的模型维度，如图 6-1 所示。

图 6-1　数字孪生示例

综合现有文献分析，理想的数字孪生模型涉及几何模型、物理模型、行为模型、规则模型等多维多时空多尺度模型，且期望数字孪生模型具有高保真、高可靠、高精度的特征，进而能真实刻画物理世界。此外，有别于传统模型，数字孪生模型还强调虚实之间的交互，能实时更新与动态演化，从而实现物理世界的动态真实映射。

2）数据维度

根据文献[5]，Grieves 教授曾在美国密歇根大学产品全生命周期管理（PLM）课程中提出了与数字孪生相关的概念，因而有一种观点认为数字孪生就是 PLM。与此类似，还有观点认为数字孪生是数据/大数据，是 Digtial Shadow，或是 Digtial Thread。这些认识侧重了数字孪生在产品全生命周期数据管理、数据分析与挖掘、数据集成与融合等方面的价值。数据是数字孪生的核心驱动力，数字孪生数据不仅包括贯穿产品全生命周期的全要素/全流程/全业务的相关数据，还强调数据的融合，如信息物理虚实融合、多源异构融合等。此外，数字孪生在数据维度还应具备实时动态更新、实时交互、及时响应等特征。

3）连接维度

一类观点认为数字孪生是物联网平台或工业互联网平台，这些观点侧重从物理世界到虚拟世界的感知接入、可靠传输、智能服务。从满足信息物理全面连接映射与实时交互的角度和需求出发，理想的数字孪生不仅要支持跨接口、跨协议、跨平台的互联互通，还强调数字孪生不同维度(物理实体、虚拟实体、孪生数据、服务/应用)间的双向连接、双向交互、双向驱动，且强调实时性，从而形成信息物理闭环系统。

4）服务/功能维度

一类观点认为数字孪生是仿真，是虚拟验证，或是可视化，这类认识主要是从功能需求的角度，对数字孪生可支持的功能部分/服务进行了解读。目前，数字孪生已在不同行业不同领域得到了应用，基于模型和数据双驱动，数字孪生不仅在仿真、虚拟验证和可视化等方面体现其应用价值，还可针对不同的对象和需求，在产品设计、运行监测、能耗优化、智能管控、故障预测与诊断、设备健康管理、循环与可利用等方面提供相应的功能与服务。由此可见，数字孪生的服务/功能呈现多元化。

5）物理维度

一类观点认为数字孪生仅是物理实体的数字化表达或虚体，其概念范畴不包括物理实体。实践与应用表明，物理实体对象是数字孪生的重要组成部分，数字孪生的模型、数据、功能/服务与物理实体对象是密不可分的。数字孪生模型因物理实体对象而异、数据因物理实体特征而异、功能/服务因物理实体需求而异。此外，信息物理交互是数字孪生区别于其他概念的重要特征之一，若数字孪生概念范畴不包括物理实体，则交互缺乏对象。

综上所述，当前对数字孪生存在多种不同认识和理解，目前尚未形成统一共识的定义，但物理实体、虚拟模型、数据、连接、服务是数字孪生的核心要素。不同阶段(如产品的不同阶段)的数字孪生呈现出不同的特点，对数字孪生的认识与实践离不开具体对象、具体应用与具体需求。从应用和解决实际需求的角度出发，实际应用过程中不一定要求所建立的"数字孪生"具备所有理想特征，能满足用户的具体需要即可。

文献分析表明，当前全球 50 多个国家、1000 多个研究机构、上千名专家学者开展了数字孪生的相关研究并有研究成果发表。包括：①德国、美国、中国、英国、瑞典、意大利、韩国、法国、俄罗斯等科技相对发达的国家；②德国亚琛工业大学、美国斯坦福大学、英国剑桥大学、瑞典皇家理工学院、清华大学等各国一流大学；③西门子、PTC、德国戴姆勒、ABB、GE、达索、空客等国际著名一流企业；④美国 NASA、美国空军研究实验室、法国国家科学研究中心、俄罗斯科学院等世界顶尖国家级研究机构；以及⑤具有智能制造、航空航天、医疗健康、城市管理等各研究背景的专家学者。

如图 6-2 所示，当前数字孪生已得到了十多个行业关注并开展了应用实践。除在制造领域被关注和应用外，近年来数字孪生还被应用于电力、医疗健康、城市管理、铁路运输、环境保护、汽车、船舶、建筑等领域，并展现出巨大的应用潜力。

综上所述，数字孪生已广泛被全球各行业、各背景、各层次的专家、学者和企业研究与应用，目前数字孪生在制造领域开展了较多的应用探索和落地实践，但在航空航天、电

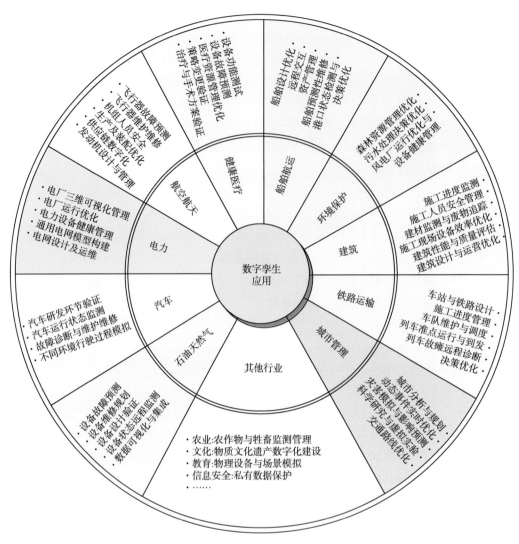

图 6-2　数字孪生应用领域

力、汽车、智慧城市、健康医疗等领域也具有广阔的应用价值和应用前景。

　　除此之外，New IT 对数字孪生的实现和落地应用起到重要的支撑作用，如图 6-3 所示。

　　(1) 数字孪生与物联网。对物理世界的全面感知是实现数字孪生的重要基础和前提，物联网通过射频识别、二维码、传感器等数据采集方式为物理世界的整体感知提供了技术支持。此外，物联网通过线或无线网络为孪生数据的实时、可靠、高效传输提供了帮助。

　　(2) 数字孪生与 3R(AR，VR，MR)。虚拟模型是数字孪生的核心部分，为物理实体提供多维度、多时空尺度的高保真数字化映射。实现可视化与虚实融合是使虚拟模型真实呈现物理实体以及增强物理实体功能的关键。VR/AR/MR 技术为此提供支持：VR 技术利用计算机图形学、细节渲染、动态环境建模等实现虚拟模型对物理实体属性、行为、规则等方面层次细节的可视化动态逼真显示；AR 与 MR 技术利用实时数据采集，场景捕捉，实时跟踪及注册等实现虚拟模型与物理实体在时空上的同步与融合，通过虚拟模型补充增强物理实体在检测、验证及引导等方面的功能。

（3）数字孪生与边缘计算。边缘计算技术可将部分从物理世界采集到的数据在边缘侧进行实时过滤、规约与处理，从而实现了用户本地的即时决策、快速响应与及时执行。结合云计算技术，复杂的孪生数据可被传送到云端进行进一步的处理，从而实现了针对不同需求的云—边数据协同处理，进而提高数据处理效率、减少云端数据负荷、降低数据传输时延，为数字孪生的实时性提供保障。

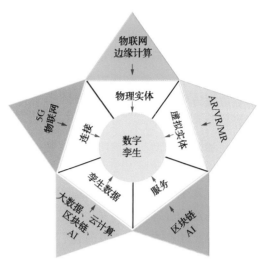

图 6-3　数字孪生五维模型与 New IT 的关系

（4）数字孪生与云计算。数字孪生的规模弹性很大，单元级数字孪生可能在本地服务器即可满足计算与运行需求，而系统级和复杂系统级数字孪生则需要更大的计算与存储能力。云计算按需使用与分布式共享的模式可使数字孪生使用庞大的云计算资源与数据中心，从而动态地满足数字孪生的不同计算、存储与运行需求。

（5）数字孪生与5G。虚拟模型的精准映射与物理实体的快速反馈控制是实现数字孪生的关键。虚拟模型的精准程度、物理实体的快速反馈控制能力、海量物理设备的互联对数字孪生的数据传输容量、传输速率、传输响应时间提出了更高的要求。5G通信技术具有高速率、大容量、低时延、高可靠的特点，能够契合数字孪生的数据传输要求，满足虚拟模型与物理实体的海量数据低延迟传输、大量设备的互通互联，从而更好地推进数字孪生的应用落地。

（6）数字孪生与大数据。数字孪生中的孪生数据集成了物理感知数据、模型生成数据、虚实融合数据等高速产生的多来源、多种类、多结构的全要素/全业务/全流程的海量数据。大数据能够从数字孪生高速产生的海量数据中提取更多有价值的信息，以解释和预测现实事件的结果和过程。

（7）数字孪生与区块链。区块链可对数字孪生的安全性提供可靠保证，可确保孪生数据不可篡改、全程留痕、可跟踪、可追溯等。独立性、不可变和安全性的区块链技术，可防止孪生数据被篡改而出现错误和偏差，以保持数字孪生的安全，从而鼓励更好的创新。此外，通过区块链建立起的信任机制可以确保服务交易的安全，从而让用户安心使用数字孪生提供的各种服务。

（8）数字孪生与人工智能。数字孪生凭借其准确、可靠、高保真的虚拟模型，多源、海量、可信的孪生数据，以及实时动态的虚实交互为用户提供了仿真模拟、诊断预测、可视监控、优化控制等应用服务。AI通过智能匹配最佳算法，可在无须数据专家的参与下，自动执行数据准备、分析、融合对孪生数据进行深度知识挖掘，从而生成各类型服务。数字孪生有了AI的加持，可大幅提升数据的价值以及各项服务的响应能力和服务准确性。

数字孪生的实现和落地应用离不开New IT的支持，只有与New IT的深度融合数字孪生才能实现物理实体的真实全面感知、多维多尺度模型的精准构建、全要素/全流程/全业务数据的深度融合、智能化/人性化/个性化服务的按需使用以及全面/动态/实时的交互。

数字孪生在制造和相关领域的实践应用过程中，存在着系列科学问题和难点。围绕数字孪生五维模型：①在物理实体维度，如何实现多源异构物理实体的智能感知与互联互通，实时获取物理实体对象多维度数据，从而深入认识和发掘相关规律和现象，实现物理实体的可靠控制与精准执行；②在虚拟模型维度，如何构建动态多维多时空尺度高保真模型，如何保证和验证模型与物理实体的一致性/真实性/有效性/可靠性，如何实现多源多学科多维模型的组装与集成等；③在孪生数据维度，如何实现海量大数据和异常小数据的变频采集，如何实现全要素/全业务/全流程多源异构数据的高效传输，如何实现信息物理数据的深度融合与综合处理，如何实现孪生数据与物理实体、虚拟模型、服务/应用的精准映射与实时交互等；④在连接与交互维度，如何实现跨协议/跨接口/跨平台的实时交互，如何实现数据—模型—应用的迭代交互与动态演化等；⑤在服务/应用维度，如何基于多维模型和孪生数据，提供满足不同领域、不同层次用户、不同业务应用需求的服务，并实现服务按需使用的增值增效等。上述科学问题是当前数字孪生研究与落地应用亟待解决的系列难题。此外，在数字孪生商业化过程中，如商业化平台和工具研发，商业模式推广应用等方面，也存在一些难题有待研究和解决。

数字孪生以数字化的形式在虚拟空间中构建了与物理世界一致的高保真模型，通过与物理世界间不间断的闭环信息交互反馈与数据融合，能够模拟对象在物理世界中的行为，监控物理世界的变化，反映物理世界的运行状况，评估物理世界的状态，诊断发生的问题，预测未来趋势，乃至优化和改变物理世界。数字孪生能够突破许多物理条件的限制，通过数据和模型双驱动的仿真、预测、监控、优化和控制，实现服务的持续创新、需求的即时响应和产业的升级优化。基于模型、数据和服务等各方面的优势，数字孪生正在成为提高质量、增加效率、降低成本、减少损失、保障安全、节能减排的关键技术，同时数字孪生应用场景正逐步延伸拓展到更多和更宽广的领域。数字孪生具体功能、应用场景及作用如表 6-2 所示。

表 6-2　数字孪生功能与作用

数字孪生功能	应用场景	作　用
模拟仿真	虚拟测试(如风洞试验) 虚拟验证(如结构验证) 过程规划(如工艺规划) 操作预演(如虚拟调试) 隐患排查(如飞机故障排查)	减少实物实验次数 缩短产品设计周期 提高可行性、成功率 降低试制与测试成本 减少危险和失误
监控	行为可视化(如虚拟现实展示) 运行监控(如装配监控) 故障诊断 状态监控(如空间站状态监测) 安防监控(如核电站监控)	识别缺陷 定位故障 信息可视化 保障生命安全

数字孪生功能	应用场景	作用
评估	状态评估(如汽轮机状态评估) 性能评估(如航空发动机性能评估)	提前预判 指导决策
预测	故障预测(如风机故障预测) 寿命预测(如航空器寿命预测) 质量预测(如产品质量控制) 行为预测(如机器人运动路径预测)	减少宕机时间 减缓风险 避免灾难性破坏 提高产品质量 验证产品适应性
优化	设计优化(如产品再设计) 配置优化(如制造资源优选) 性能优化(如设备参数调整) 能耗优化(如汽车流线性提升) 流程优化(如生产过程优化) 结构优化(如城市建设规划)	改进产品开发 提高系统效率 节约资源 降低能耗 提升用户体验 降低生产成本
控制	运行控制(如机械臂动作控制) 远程控制(如火电机组远程启停) 协同控制(如多机协同)	提高操作精度 适应环境变化 提高生产灵活性 实时响应扰动

企业在应用数字孪生前,面临的首要决策问题是本企业是否需要用数字孪生?是否适用数字孪生?是否值得使用数字孪生?事实上,数字孪生并非适用于所有对象和企业。为辅助企业根据自身情况做出正确决策,将从产品类型、复杂程度、运行环境、性能、经济与社会效益等不同维度总结数字孪生适用准则,如表6-3所示。

表6-3 数字孪生适用准则

序号	适用准则	数字孪生作用	举例	维度
1	适用资产密集型/产品单价值高的行业产品	基于真实刻画物理产品的多维多时空尺度模型和生命周期全业务/全要素/全流程孪生数据,开展产品设计优化、智能生产、可靠运维等	高端能源装备(如风力发电机、汽轮机、核电装置) 高端制造装备(如高档数控机床) 高端医疗装备 运输装备(如直升机、汽车、船舶)	产品
2	适用复杂产品/过程/需求	支持复杂产品/过程/需求在时间与空间维度的解耦与重构,对关键节点/环节进行仿真、分析、验证、性能预测等	复杂过程(如离散动态制造过程、复杂制造工艺过程) 复杂需求(如复杂生产线快速个性化设计需求) 复杂系统(如生态系统、卫生通信网络) 复杂产品(如3D打印机、航空发动机)	复杂程度
3	适用极端运行环境	支持运行环境自主感知,运行状态实时可视化、多粒度多尺度仿真以及虚实实时交互等	极高或极深环境(如高空飞行环境) 极热或极寒环境(如高温裂解炉环境) 极大或极小尺度(如超大型钢锭极端制造环境、微米/纳米级精密加工环境) 极危环境(如核辐射环境)	运行环境

序号	适用准则	数字孪生作用	举例	维度
4	适用高精度/高稳定性/高可靠性仪器仪表/装备/系统	支持行业内的信息共享与企业协同，从而实现行业资源的优化配置与精益管理，实现提质增效	制造行业(如汽车制造) 物流运输业(如仓库储存、物流系统) 冶金行业(如钢铁冶炼) 农牧业(如农作物健康状态监测)	经济效益
5	适用社会效益大的工程/场景需求	支持工程/场景的实时可视化、多维度/多粒度仿真、虚拟验证与实验及沉浸式人机交互，为保障安全提供辅助等	数字孪生城市(如城市规划、城市灾害模拟、智交通) 数字孪生医疗(如远程手术、患者护理、健康监测) 文物古迹修复(如巴黎圣母院修复) 数字孪生奥运(如场景模拟)	社会效益

随着数字孪生应用价值逐步显现，越来越多的企业期望利用数字孪生来提高企业效率和改进产品质量。而在实践数字孪生过程中，"使用什么工具/平台来构建和应用数字孪生"是企业所面临的问题。据报道，已有相关商业工具和平台可支持数字孪生构建和应用，如MATLAB 的 Simulink，ANSYS 的 Twin Builder，微软的 Azure，达索的 3DExperience 等。但从功能性的角度出发，这些工具和平台大多侧重某一或某些特定维度，当前还缺乏考虑数字孪生综合功能需求的商业化工具和平台。另一方面，从开放性和兼容性的角度出发，相关使能工具/平台主要针对自身产品形成封闭的软件生态，不同工具和平台间模型和数据交互与集成难、协作难、兼容性差，缺乏系统开放、兼容性强的数字孪生构建工具和平台。

此外，因掌握相关的具体数据、流程、工艺、原理等，产品研制者或提供者相对容易实现数字孪生的构建，而第三方(如系统集成商、产品终端用户、产品运营维护者等)在构建数字孪生中存在诸多困难，导致数字孪生的构建成为其应用推广的瓶颈之一。随着相关技术的发展与产品研发模式的演变，未来构建数字孪生可能不再是困扰用户的关键难题，如龙头企业为提高自身产品的质量与研发效率，未来会要求研制者或提供者在提供产品物理实体的同时，也必须提供相应的数字孪生模型。未来如何基于不同用户提供的数字孪生，针对复杂产品、复杂系统、复杂过程的数字孪生构建需求，实现不同数字孪生的组装与集成将成为一个新的难点，需要相关商业化的数字孪生集成工具与平台支撑。

6.1.2 数字孪生系统架构

数字孪生系统的通用参考架构如图 6-4 所示。

一个典型的数字孪生系统包括用户域、数字孪生体、测量与控制实体、现实物理域和跨域功能实体共五个层次。

第一层是使用数字孪生体的用户域，包括人、人机接口、应用软件，以及其他相关数字孪生体(共智数字孪生体，可简称共智孪生体)。

第二层是物体实体目标对象对应的数字孪生体。它是反映物理对象某一视角特征的数字模型，并提供建模管理、仿真服务和孪生共智三类功能。建模管理涉及物理对象的数字建模与展示、与物理对象模型同步和运行管理。仿真服务包括模型仿真、分析服务、报告生成和平台支持。孪生共智涉及共智孪生体等资源的接口、互操作、在线插拔和安全访问。建模管理、仿真服务和孪生共智之间传递实现物理对象的状态感知、诊断和预测所需的信息。

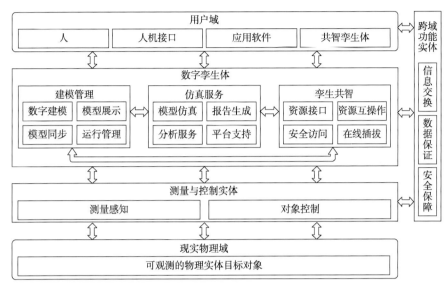

图 6-4　数字孪生系统的通用参考架构

第三层是处于测量控制域、联接数字孪生体和物理实体的测量与控制实体，实现物理对象的状态感知和控制功能。

第四层是与数字孪生体对应的物理实体目标对象所处的现实物理域。测量与控制实体与现实物理域之间有测量数据流和控制信息流的传递。

测量与控制实体、数字孪生体以及用户域之间的数据流和信息流动传递，需要信息交换、数据保证、安全保障等跨域功能实体的支持。信息交换通过适当的协议实现数字孪生体之间交换信息。数据保证负责数据传递的安全保障，负责数据和信息传递的认证、授权和保密。数据保证和安全保障一起提供数据的准确性和完整性。

6.1.3　数字孪生体成熟度模型

数字孪生体不仅仅是物理世界的镜像，也要接受物理世界实时信息，更要反过来实时驱动物理世界，而且进化为物理世界的先知、先觉甚至超体。这个演变过程称为成熟度进化，即一个数字孪生体的生长发育将经历数化、互动、先知、先觉和共智等几个过程，如图 6-5 所示。

1）数化

"数化"是对物理世界数字化的过程。这个过程需要将物理对象表达为计算机和网络所能识别的数字模型。建模技术是数字化的核心技术之一，例如测绘扫描、几何建模、网格建模、系统建模、流程建模、组织建模等技术。物联网是"数化"的另一项核心技术，将物理世界本身的状态变为可以被计算机和网络所能感知、识别和分析。

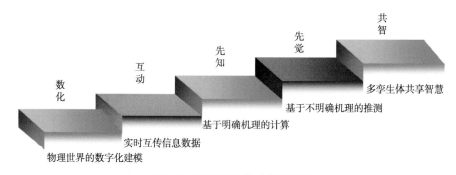

图 6-5　数字孪生体成熟度模型

2）互动

"互动"主要指数字对象间及其与物理对象之间的实时动态互动。物联网是实现虚实之间互动的核心技术。数字世界的责任之一是预测和优化，同时根据优化结果干预物理世界，所以需要将指令传递到物理世界。物理世界的新状态需要实时传导到数字世界，作为数字世界的新初始值和新边界条件。另外，这种互动包括数字对象之间的互动，依靠数字线程来实现。

3）先知

"先知"是指利用仿真技术对物理世界的动态预测。这需要数字对象不仅表达物理世界的几何形状，更需要在数字模型中融入物理规律和机理。仿真技术不仅建立物理对象的数字化模型，还要根据当前状态，通过物理学规律和机理来计算、分析和预测物理对象的未来状态。这种仿真不是对一个阶段或一种现象的仿真，应是全周期和全领域的动态仿真。

4）先觉

如果说"先知"是依据物理对象的确定规律和完整机理来预测数字孪生体的未来，那"先觉"就是依据不完整的信息和不明确的机理通过工业大数据和机器学习技术来预感未来。如果要求数字孪生体越来越智能和智慧，就不应局限于人类对物理世界的确定性知识。其实人类本身就不是完全依赖确定性知识而领悟世界的。

5）共智

"共智"是通过云计算计算实现不同数字孪生体之间的智慧交换和共享，其隐含的前提是单个数字孪生体内部各构件的智慧首先是共享的。所谓"单个"数字孪生体是人为定义的范围，多个数字孪生单体可以通过"共智"形成更大和更高层次的数字孪生体，这个数量和层次可以是无限的。众多数字孪生体在"共智"过程中必然存在大量的数字资产的交易，区块链则提供了最佳交易机制。

数字孪生体成熟度模型各个阶段的特征、关键技术如表 6-4 所示。

表 6-4　数字孪生体成熟度模型、关键特征和关键技术

级　别	名　称	关键特征	关键技术
1	数化	对物理世界进行数字化建模	建模/物联网
2	互动	数字间及其与物理之间实时互传信息与数据	物联网/数字线程

级 别	名 称	关键特征	关键技术
3	先知	基于完整信息和明确机理预测未来	仿真/科学计算
4	先觉	基于不完整信息和不明确机理推测未来	大数据/机器学习
5	共智	多个数字孪生体之间共享智慧，共同进化	云计算/区块链

6.1.4　基于数字孪生技术的知识管理过程

目前数字孪生技术的应用主要集中在电力、医疗健康、城市管理、铁路运输、环境保护、汽车、船舶、建筑等领域，在知识管理中的应用甚少。从知识管理过程来分析，融合数字孪生技术的知识管理过程如图6-6所示。

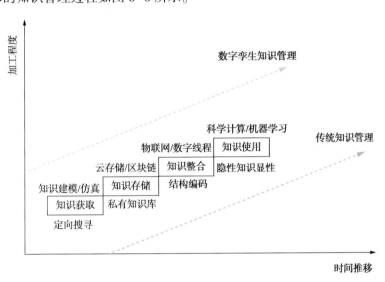

图 6-6　基于数字孪生技术的知识管理过程

与传统的知识管理过程相比，在知识获取方面，基于数字孪生技术的知识管理的数据来源更为丰富，建模数据、仿真数据等也包含其中，特别是区块链、VR、AR、MR等数据的加入使得数字孪生知识管理更为多元化；在知识存储方面，传统的私有知识库也逐渐地被分布式存储、云存储、区块链存储等存储模式所替代；在知识整合方面，数字对象之间、数字对象与其物理实体、不同的物理实体之间将通过物联网或者数字线程的方式进行数据的共享和知识的交互，从而实现不同数字对象之间的知识整合过程；在知识使用上，传统的知识管理侧重从显性知识中推导出隐性知识，而数字孪生知识管理将通过渲染计算、机器学习等方式实现数字对象与物理实体的交互，同时以多个孪生体之间知识共享的方式对知识通过物理实体进行展示。

拓展部分——数字孪生技术典型案例如下：

1）数字孪生城市

数字孪生城市是新一代信息技术在城市的综合集成应用，是实现数字化治理和发展数字经济的重要载体，是未来城市提升长期竞争力、实现精明增长、实现可持续发展的新型基础设施，也是一个吸引高端智力资源共同参与，持续迭代更新的城市级创新平台。

随着数字孪生城市热度不断提升，地理信息与测绘、BIM、建模仿真、集成商和运营商等四大阵营持续扩张。四维图新结合其在高精度地图及地理信息数据方面的优势，在交通运行、城市精细化治理等领域推出数字孪生应用案例。苍穹数码基于KQGIS系列平台搭建数字孪生城市能力平台，支撑城市规建管一体化、不动产登记等应用服务。中国电信发挥其物联网平台优势，利用三维模型、传感器、运行历史等数据，构建多个数字孪生园区。此外，更多行业企业入局构建数字孪生城市解决方案，成为新产业阵营。四方伟业、明略数据等大数据公司，深耕数据知识图谱，实现城市各类型数据可视化分析，支撑集成多种应用。孪数科技基于其自主可控的三维图形引擎及空间计算技术，为智慧城市、航空航天、海洋工厂、教育等行业提供优质的数字孪生服务。华东勘测院等城市规划设计院将城市全要素数字化技术应用于未来社区建设，为社区量身打造CIM平台。

多个智慧城市行业领先企业深刻理解数字孪生城市概念的先进性与前瞻性，重构优化其智慧城市解决方案。科大讯飞基于"城市超脑"建设经验，以数字孪生城市为目标，利用大数据、人工智能、视频感知等技术，将数字城市、智慧场景与超脑平台紧密结合，构建具有深度学习能力的数字孪生城市平台。腾讯云结合其在政务、教育、医疗等传统智慧城市方面建设经验，搭建CityBase平台，探索基于数字孪生的"腾讯方案"。京东数科打造智能城市操作系统，支撑跨领域、跨部门、跨区域的即时数据处理、数据融合，并在交通、环境、能耗等领域开展创新应用。

围绕数字孪生城市建设，跨行业协作生态共融已成共同选择。数字孪生城市的建设是一个涉及多环节、多领域、跨部门的复杂系统工程，随着数字化的发展，企业在竞争中发展处共生关系，生态共融正成为行业共识。各大ICT企业及互联网巨头主导生态建设，空间信息、BIM模型、模拟仿真、人工智能等各环节技术服务企业积极参与，同时，运营商、技术提供商、集成商、设备供应商等产业链上下游企业及其他行业伙伴全面激活，联合打造数字孪生城市场景应用，初步形成共建数字孪生城市底座与开放能力平台的生态化发展模式。

ICT行业巨头聚集产业链关键环节力量，打造数字孪生城市生态。腾讯云牵头与飞渡科技、奥格智能等空间信息厂商，共同建设基于CIM的产业互联网平台CityBase，并联合东华科技、地厚云图、大象云、有明云等行业领先企业，携手打造智慧工厂、智能建造、城市应急等十余个场景。京东数科依托"智能城市操作系统"，打造数字孪生城市的数据基础和技术底座，向云服务公司、智能硬件公司及行业解决方案公司开放能力。华为基于自身在物联感知、5G、人工智能方面的领先优势，打造城市数字平台，提升基础资源统筹能力，以惠普AI为引擎，深度赋能科研院校、应用开发商及解决方案集成商等数字孪生生态合作伙伴，构建百花齐放的应用场景。

关键环节企业以专长优势参与多个生态，深耕数字孪生城市市场。泰瑞数创与科大讯飞、中国电子、紫光云等行业头部企业达成战略合作，以SmartEarth数字孪生底座为核心，退出覆盖全产业链的平行世界数字孪生服务平台，打造更加全面精细的服务，加入多个数字孪生城市生态，与各行业伙伴共谋发展新机遇。51WORLD致力于打造数字孪生城市核心平台，联合三大运营商、招商蛇口、商汤科技等多个行业合伙伙伴，参与华为、阿里等多个大型企业数字孪生城市生态之中，并在多地形成落地标杆案例。

2）汽车行业数字孪生

传统汽车企业急需适应汽车电动化、联网化、智能化的发展需求，面临诸多挑战，例如研发新能源汽车、纯电动汽车、自动驾驶等车型；来自环保、能源等各项政策和法律法规的影响；消费者对于汽车产品的需求日益专业化、多样化、个性化、差异化；城市地铁、共享单车、共享汽车等公共交通方式不断完善，出行方式的多样化削弱了人们对于汽车产品的需求；与传统燃油车相比，当前新能源汽车的各项性能仍在完善中，安全性仍有待市场检验。

数字孪生在汽车行业存在重要的应用价值：

（1）加速车辆研发过程：通过创建精确的车辆数字孪生模型，全面呈现虚拟环境，可开展汽车设计及优化、汽车动力学、乘坐舒适性、耐久性、无人驾驶等车辆性能虚拟试验，加速新能源、无人驾驶、自动驾驶等汽车车型的研发过程。

（2）实现汽车能效评估：利用数字孪生，可针对新能源汽车，尤其是电动汽车的"三电"系统中的电池进行管理。对整个电池组进行热管理，在此过程中需要借助仿真实现散热系统的设计；需要建立电池的电化学模型、热模型等，对整体电池组进行能效的评估等。

（3）优化汽车制造流程：在汽车制造阶段，可以通过数字孪生技术构建虚拟生产线，将汽车本身的数字孪生模型和生产设备、生产过程等其他形态的数字孪生模型高度集成，以实现汽车生产过程仿真、数字化产线、关键指标监控和过程能力评估等。

（4）激发消费者购车欲望：在汽车销售阶段，基于数字孪生技术并结合VR/AR，可以提供沉浸式的驾车体验，用户不仅能在虚拟空间操控驾驭汽车，还能全方位感受在各种环境各种场景下的汽车性能，有利于汽车的销售成交。

（5）便于汽车运维服务：通过为每一辆汽车建立数字孪生模型，可以追踪汽车每天的行驶数据及日常状况，通过将这些数据输入数字孪生的相关模拟程序，可提前预测汽车的异常情况并提供纠正措施。

3）装备行业数字孪生

装备产品的研发过程中往往面临机、电、液、软等多学科协同设计、多学科仿真分析实验、设计制造协同等方面的挑战；随着全球数字化的发展浪潮，对装备产品的智能化要求也越来越高；更短的交货期、更高的质量、更强大的功能以及更具有吸引力的价格；后期设备发生故障维护成本高，甚至面临巨大的安全风险和衍生灾害；在当前新冠疫情与贸易形势的双重打击下，装备行业的发展面临不确定性风险增加。

数字孪生技术在装备行业的研发、生产制造、销售、运维、售后等各个阶段进行应用，产生数据价值：

（1）在研发过程中，可以构建装备的数字孪生模型，然后对其进行仿真测试和验证，有效提升装备的可靠性和可用性，同时降低研发风险。

（2）在生产制造时，可借助数字孪生模拟设备的运转以及参数调整带来的变化，降低装备制造风险。

（3）在销售阶段，装备制造商可以借助数字孪生打破业务线之间的竖井，实现数字化销售，获得新的改进能力。

（4）在运维阶段，通过将设备实际运行的数据与数字孪生模型进行比对，可开展优化和工况监测，同时，借助数字孪生，还可以为确定设备预测性维护的最佳时间点、设备故障点和故障概率提供参考。

（5）在售后阶段，数字孪生能以高价值服务的形式创造新的营收来源。制造商可以出售设备的运行时间，而不仅仅只是销售设备本身。

4）航空航天与国防行业的数字孪生

航空航天与国防具有较高的合规标准，复杂的生态系统和深层的技术要求，这些都给行业企业带来了巨大挑战。并且，当前航空航天与国防产品控制更多依赖电气化系统而非传统的机械系统，使得航空航天与国防产品变得更为复杂。此外，随着航空航天与国防市场已然发生变化，运营成本不断攀升，以及对项目审查日趋严格，航空航天与国防企业需要优化运维过程以降低成本，并创造更多的附加价值。

数字孪生在航空航天与国防行业有着重要的应用价值：①可以将数字孪生应用于航空航天与国防产品研发流程的各个阶段，包括需求分析、系统设计、代码生成、分系统测试和最终的系统集成测试，可有效提高产品开发效率，提高产品设计的质量。②借助数字孪生创建涵盖产品构思、设计、生产、运营等整个产品生命周期内支持数据传输的数字主线，可帮助航空航天与国防企业加速数字化转型并简化开发流程。通过数字孪生构建出服役中物理产品的数字孪生模型，可以直观展现产品的运行状态和寿命状况，有助于强化航空航天与国防产品的系统设计和预测性维护，以及优化资产管理。

6.2　数字孪生的关键技术

从数字孪生系统参考架构可见：建模、仿真和基于数据融合的数字线程是数字孪生体的三项核心技术；能够做到统领建模、仿真和数字线程的系统工程和 MBSE，则成为数字孪生体的顶层框架技术；物联网是数字孪生体的底层伴生技术；而 CAD 技术、虚拟仿真技术、VR/AR 等智能技术则是数字孪生体的外围使能技术。本节内容将对数字孪生的关键技术进行介绍。

6.2.1　知识建模

"数化"是对物理世界数字化的过程。这个过程需要将物理对象表达为计算机和网络所能识别的数字模型。建模的目的是将我们对物理世界或问题的理解进行简化和模型化。而数字孪生体的目的或本质是通过数字化和模型化，用信息换能量，以更少的能量消除各种物理实体、特别是复杂系统的不确定性。所以建立物理实体的数字化模型或信息建模技术是创建数字孪生体、实现数字孪生的源头和核心技术，也是"数化"阶段的核心。

知识建模是数字孪生体"数化"阶段的关键技术，建模技术包括测绘扫描、几何建模、网格建模、系统建模、流程建模等。

1）测绘扫描技术

测绘学研究测定和推算地面几何位置、地球形状及地球重力场，据此测量地球表面自然物体和人工设施的几何分布，编制各种比例尺地图的理论和技术的学科。测绘学的研究对象是地球的形态、位置、重力分布等地理空间信息，因而测绘学可认为是地球科学的一个分支学科。近年来，测绘学的研究对象还从地球表面扩大到了地外空间及地球内部构造等领域。测绘学所依仗的工具是测绘仪器，因此测绘学的发展离不开测绘工具的革新。早期的测绘使用的是简单的绳尺、矩尺等，17世纪望远镜发明，测绘工具开始变革。1617年，威理博•斯涅尔发明了"三角测量法"，开创了角度测量。1730年，西森研制出测角用经纬仪。地理大发现开始后，许多国家研究出了海上测定经纬度的仪器以定位船只。19世纪50年代，洛斯达首创摄影测量法。20世纪以后，随着飞机的发明，出现了航空摄影测绘地图的方法。人造卫星升空后，卫星定位技术(GPS)和遥感技术(RS)得以广泛应用，这与地理信息系统技术(GIS)合称"3S技术"。通过"3S"技术，可以将物体的几何分布以地图的形式进行数字化。

扫描也是一种将对象数字化的手段。常用的扫描设备有3D扫描仪、桌面扫描仪、激光扫描仪等，可以场景、对象以图片或者3D模型进行数字化存储。近几年，随着Lidar扫描仪价格下降，使用Lidar扫描数据已越来越流行。Lidar是一种光学遥感技术，它通过向目标照射一束光，通常是一束脉冲激光来测量目标的距离等参数。激光雷达在测绘学、考古学、地理学、地貌、地震、林业、遥感以及大气物理等领域都有应用，此外，这项技术还用于机载激光地图测绘、激光测高、激光雷达等高线绘制等等具体应用中。目前，国产的Lidar产品主要有大疆、数字绿土、北醒光子等，如表6-5所示。

表6-5　国内主要Lidar厂商汇总表

Lidar企业	总部所在地	核心产品	应用领域
思岚科技	上海	RPLIDAR A1/A2/A3/S1	机器人、自动导引车
北醒光子	北京	长距激光雷达：Horn-RT、Horn-X2 单点测距激光雷达：TF-Luna、TF02-Pro、TF03、TFmini-Plus 固态面阵激光雷达：CE30	智能交通、料位检测、无人机、工业机器人、安防、物联网、智慧物流
北科天绘	北京	导航激光雷达：R-Fans-16/32、C-Fans-32、C-Fans-128； 测绘激光雷达：微型无人机LiDAR系统(蜂鸟Genius)、轻型无人机LiDAR系统(云雀)、有人机载激光雷达(AP-3500、AP-1000等)、车载三维激光扫描仪(RA-V-0300、RA-V-0600、RA-V-1500)、地面三维激光扫描仪(UA-1000、UA-2000)	自动驾驶、高精度地图、工业安防；电力巡检、地形测绘、工程勘探、铁路巡检、三维建模
镭神智能	深圳	固态MEMS激光雷达：LS21G、LS21F、LS21E、LS21B、LS21A、LS20C 测绘激光雷达：MS01、MS02、MS03、MS-CH、MS-C	高精地图、智慧城市、城市三维建模、国土勘测、消防应急、电力巡检、轨道检测、矿山检测、隧道检测、森林检测

Lidar 企业	总部所在地	核心产品	应用领域
速腾聚创	深圳	RS-LiDAR-M1、RS-Ruby、RS-LiDAR-16、RS-LiDAR-32、RS-BPearl、Seeker	无人驾驶、机器人
禾赛科技	上海	Pandar 系列：Pandar64、Pandar128、Pandar40、Pandar40M、Pandar40P、PandarXT、PandarQT、PandarGT	自动驾驶、物流运输、高精地图、V2X、机器人、无人机、安防、工业应用
大疆	深圳	Livox Mid 系列/Horizon 系列/Tele 系列	无人驾驶、测绘、低速机器人
华为	深圳	96 线车规级高性能激光雷达	无人驾驶
大族激光	深圳	/	致力于做激光应用：激光切割、激光焊接等
中海达	广州	HS 系列：HS500i、HS650i、HS1000i Z+F 系列：Z+F 5010、Z+F 5010C、Z+F 5010X、Z+F 5016 HD TLS360 迷你三维激光	测量测绘、数据采集、高精地图、自动驾驶

2）几何建模技术

几何建模就是形体的描述和表达，是建立在几何拓扑和拓扑信息基础的建模，其主要处理零件的几何信息和拓扑信息。几何建模是 20 世纪 70 年代中期发展起来的，它是一种通过计算机表示，控制，分析和输出几何实体的技术，是 CAD/CAM 技术发展的一个新阶段。

几何信息即指在欧氏空间中的形状、位置和大小，最基本的几何元素是点、直线、面。拓扑信息是指拓扑元素(顶点、边棱线和表面)的数量及其相互间的连接关系。

几何建模可以进一步划分为层次建模法和属主建模法。

层次建模法是指利用树形结构来表示物体的各个组成部分。例如：手臂可以描述成有肩关节、大臂、肘关节、小臂、腕关节、手掌、手指等构成的层次结构，而各手指又可以进一步细分为大拇指、食指、中指、无名指和小拇指。在层次建模中，较高层次构件的运动势必改变较低层次构件的空间位置。

属主建模法让同一种对象拥有同一个属主，属主包含了该类对象的详细结构。当要建立某个属主的一个实例时，只要复制指向属主的指针即可。每一个对象实例是一个独立的节点，拥有自己独立的方位变换矩阵。以木椅建模为例，木椅的四条凳腿有相同的结构，我们可以建立一个凳腿属主，每次需要凳腿实例时，只要创建一个指向凳腿属主的指针即可。

几何建模过程主要包括几何建模、生成网格、定义材料、定义单元特性、定义载荷和边界条件、设定求解方法和求解参数及对计算结果进行处理和评价等七个步骤：

（1）几何建模。首先表示分析对象的空间几何位置关系。几何建模不是简单的几何画图，而是要考虑到几何模型是用来生成有限元网格的，因此要根据将生成的有限元网格的需要进行几何建模。如果开始只是一味地根据图纸完全照搬地进行几何作图，这样生成的几何模型很可能在进行网格划分时遇到问题，这时候就需要返回来修改几何模型，造成时间上的浪费。

（2）生成网格。有了几何模型，就可以用网格自动划分技术生成网格。有时候可以没有几何模型，直接生成有限元网格。有时候可以生成部分几何模型，在此基础上生成分析需要的全部网格。

（3）定义材料。工程结构都是由特定材料制成的，相同的材料在不同的载荷环境下也会表现出不同的力学性能，例如金属在载荷不大时产生的变形是可以恢复的，当载荷大到一定程度时就会产生不可恢复的永久变形。我们建模时定义材料模型及其参数，要和实际结构的材料力学行为相一致。

（4）定义单元特性。划分网格只是确定网格的几何拓扑关系，如一维、二维、三维单元，线性单元、高阶单元。定义单元特性，是要赋予单元以物理特性，使单元具有力学意义。单元特性包括单元的材料属性和几何属性。单元几何属性，例如梁单元的横截面形状，板单元的厚度。

（5）定义载荷和边界条件。结构都是在一定环境下工作的，要受到约束和载荷。正确处理载荷是非常重要的。加载的方式和单元的类型有一定关系，例如三维体单元的节点只有三个平动自由度，节点上只能加力不能加力矩，如果有力矩存在就需要转换成适当的力偶(实际上力矩是个概念，客观世界里存在力偶而没有力矩)。而板单元梁单元的节点既有平动自由度也有转动自由度，就可以直接加力和力矩。

（6）设定求解方法和求解参数，确定输出的计算结果。这时候建模基本完成，需要根据求解问题类型，从数值计算的角度选择恰当的计算方法，要兼顾到计算精度、计算速度和计算稳定性。

（7）对计算结果进行处理和评价。建模完成后，根据问题类型不同把数据提交给不同的求解器 MSC.Natran、MSC.Marc、MSC.Dytran 等进行计算，计算结果由 MSC.Patran 读入进行后处理。如果发现计算结果有问题，就需要查找原因，重新计算。

几何建模用于 CAD/CAM 系统中。在 CAD/CAM 整个过程中，要涉及产品几何形状的描述、结构分析、工艺设计、加工、仿真等方面的技术，其中几何形状的定义与描述是关键，它为结构分析、工艺规程生成、加工制造提供基本数据。

3）网格建模技术

网格有多种，三角形、四边形或者其他的多边形，如图 6-7 所示。但是目前使用最多的，也是本文着重介绍的是三角网格。三角网格是计算机中表示三维模型最重要的方法。

网格就是使用多边形来表示物体的表面。一个网格模型包含一系列的面片和顶点：

面片 $F = (f_1, f_2, \cdots, f_n)$，对于三角网格，每个面片都是三角形。

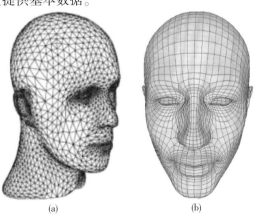

(a)　　　　(b)

图 6-7　三角网格(a)和四边形网格(b)

顶点 $V=(v_1, v_2, \cdots, v_m)$，其中，每个面片又是由 3 个顶点构成的三角形，因此：$f_i=(v_{i1}, v_{i2}, v_{i3})$；$v_{i1}, v_{i2}, v_{i3} \in V$。

计算机生成的三维模型和实际获取的数据表示模式是不同的。计算机生成的模型可能是平滑曲线曲面，而实际获取的数据，如激光扫描得到的，一般都是以点云的形式存在。图形学中需要一个统一的表示方式，同时要求视觉精度和处理速度都在可以接受的范围内。于是就选择了网格，用多边形来近似曲面，三角网格最为简单高效，再加上图形硬件的快速发展，三角网格和光栅化已经可以嵌入到硬件中去渲染。

网格化是指将模型(点云、多边形等)分割称为更容易处理的图元，如凸多边形，三角形或者四边形。如果分割成三角形，被称为三角化。点集的三角剖分(Triangulation)，对数值分析(比如有限元分析)以及图形学来说，都是极为重要的一项预处理技术。尤其是 Delaunay 三角剖分，由于其独特性，关于点集的很多种几何图都和 Delaunay 三角剖分相关，如 Voronoi 图，EMST 树，Gabriel 图等。Delaunay 三角剖分有最大化最小角，"最接近于规则化的"的三角网和唯一性(任意四点不能共圆)两个特点。

要满足 Delaunay 三角剖分的定义，必须符合两个重要的准则：

(1) 空圆特性：Delaunay 三角网是唯一的(任意四点不能共圆)，在 Delaunay 三角形网中任一三角形的外接圆范围内不会有其他点存在。

(2) 最大化最小角特性：在散点集可能形成的三角剖分中，Delaunay 三角剖分所形成的三角形的最小角最大。从这个意义上讲，Delaunay 三角网是"最接近于规则化的"的三角网。具体是指在两个相邻的三角形构成凸四边形的对角线，在相互交换后，六个内角的最小角不再增大。

Delaunay 三角剖分的计算方法有很多，如 Lawson 算法、Bowyer-Watson 算法、PowerCrust 算法等。逐点插入的 Lawson 算法是 Lawson 在 1977 年提出的，该算法思路简单，易于编程实现。基本原理为：首先建立一个大的三角形或多边形，把所有数据点包围起来，向其中插入一点，该点与包含它的三角形三个顶点相连，形成三个新的三角形，然后逐个对它们进行空外接圆检测，同时用 Lawson 设计的局部优化过程 LOP 进行优化，即通过交换对角线的方法来保证所形成的三角网为 Delaunay 三角网。上述基于散点的构网算法理论严密、唯 性好，网格满足空圆特性，较为理想。由其逐点插入的构网过程可知，遇到非Delaunay 边时，通过删除调整，可以构造形成新的 Delaunay 边。在完成构网后，增加新点时，无须对所有的点进行重新构网，只需对新点的影响三角形范围进行局部联网，且局部联网的方法简单易行。同样，点的删除、移动也可快速动态地进行。但在实际应用当中，这种构网算法当点集较大时构网速度也较慢，如果点集范围是非凸区域或者存在内环，则会产生非法三角形。

Watson 算法的基本步骤是：

(1) 构造一个超级三角形，包含所有散点，放入三角形链表。

(2) 将点集中的散点依次插入，在三角形链表中找出外接圆包含插入点的三角形(称为该点的影响三角形)，删除影响三角形的公共边，将插入点同影响三角形的全部顶点连接起来，完成一个点在 Delaunay 三角形链表中的插入。

（3）根据优化准则对局部新形成的三角形优化。将形成的三角形放入 Delaunay 三角形链表。

（4）循环执行上述第(2)步，直到所有散点插入完毕。

在实际应用过程中，由于 Waston 算法的局限性，我们常常使用 Bowyer-Watson、Power Crust 等算法来实现 Delaunay 三角剖分。

4）系统建模技术

系统模型是一个系统某一方面本质属性的描述，它以某种确定的形式（如文字、符号、图表、实物、数学公式等）提供关于该系统的知识。系统模型一般不是系统对象本身而是现实系统的描述、模仿和抽象。如地球仪是地球原型的本质和特征的一种近似或集中反映。系统模型是由反映系统本质或特征的主要因素构成的。系统模型集中体现了这些主要因素之间的关系。

常用的系统模型通常可分为物理模型、文字模型和数学模型三类。在所有模型中，通常普遍采用数学模型来分析系统工程问题，其原因在于：①它是定量分析的基础；②它是系统预测和决策的工具；③它可变性好，适应性强，分析问题速度快，省时省钱，且便于使用计算机。

根据系统对象的不同，则系统建模的方法可分为推理法、实验法、统计分析法、混合法和类似法。根据系统特性的不同描述，则系统建模的方法可以有状态空间法、结构模型解析法（ISM）以及最小二乘估计法（LKL）等。其中，最小二乘估计法（LKL）是一种基于工程系统的统计学特征和动态辨识，寻求在小样本数据下克服较大观测误差的参数估计方法，它属于动态建模范畴。

系统建模的遵循原则是：切题；模型结构清晰；精度要求适当；尽量使用标准模型。

5）流程建模技术

BPM 业务流程建模（BPM，Business Process Modeling）是业务流程管理的核心方法和工具。以市场主流的管理软件：用友、金蝶为例，业务流程建模包括了流程节点建模、流程内容建模、流程权限建模等三个方面的内容。

业务流程建模是对业务流程进行表述的方式，它是过程分析与重组的重要基础。这种表述方式大大优化了软件开发和运行效率，也导致用友、金蝶等传统 ERP 软件厂商纷纷采用 BPM 技术，使新型的 BPM 软件应用大放异彩。

在跨组织业务流程重组的前提下，流程建模的主要目的就是提供一个有效的跨组织流程模型并辅助相关人员进行跨流程的分析与优化。有大量的流程建模技术能够支持业务流程的重组，但同时这也给相关人员带来困惑：面对如此众多的技术，他们很难选择一种合适的技术或工具。同时，对流程建模技术的研究大多集中于建模技术的提出与应用，缺乏对现有技术的整理与分类以及技术之间的横向对比，这也就加深了建模技术选择的复杂性。

在 BPM 体系结构的核心部位是一个执行流程的运行时引擎，其流程的源码是由基于 XML 的 BPEL 语言写成，BPEL 是当今最著名、广泛应用的 BPM 标准，及最优秀的 BPM 执行语言。这些流程是由业务和技术分析家使用支持可视化流程图语言 BPMN——最好的 BMP 图形语言的图形编辑器设计出来的。此编辑器包括一个导出器，可以从 BPMN 图生成

BPEL代码(之后部署到引擎)。人这个参与者使用一个图形化工作列表应用程序浏览并执行未执行完毕的手工工作(在流程运行的引擎里)。依附于公司网络的但在引擎地址空间外的内部IT系统,如web服务、j2EE或COM的集成技术,通过XML作为选用的消息格式所访问;用编程语言如java、C#写出的内部交互可以是更轻便的内嵌代码片段。外部交互是典型的基于web服务的通信,由编排控制,例如那些用新兴的XML语言——WS-CDL这个领先的编排语言所创作出的外部交互。虽然编排描述了多个参与者流程交互(在business-to-business电子商务里很典型)的整体、引人注意的视图,但是编排工具包可以用来生成一个基本的BPMN模型,其可以捕捉某个特定参与者流程所要求的通信,同时这个工具还可以验证一个给定的流程是否满足编排的要求。

6.2.2 虚拟仿真

"先知"是指对物理世界的动态预测。这需要数字对象不仅表达物理世界的几何形状,更需要数字模型中融入物理规律和机理,这是仿真世界的特长。仿真技术不仅建立物理对象的数字化模型,还要根据当前状态,通过物理学规律和机理来计算、分析和预测物理对象的未来状态。物理对象的当前状态则通过物联网和数字线程获得。这种仿真不是对某一个阶段或一种现象的仿真,应是全周期和全领域的动态仿真,譬如产品仿真、虚拟试验、制造仿真、生产仿真、工厂仿真、物流仿真、运维仿真、组织仿真、流程仿真、城市仿真、交通仿真、人群仿真、战场仿真等。

虚拟仿真技术(CAE)是实现工业产品及制造过程模拟仿真与优化的核心技术,是支持工程师进行产品创新设计最重要的工具和手段,在保证产品质量的同时能大幅度缩短产品研发周期,节省产品研发成本。目前,全球制造业的发展也加快了企业对虚拟仿真技术的探索和依赖,越来越多的企业不断加大在仿真分析方面的投入,将虚拟仿真分析平台作为创新平台规划的重要部分。

随着模型建立、高效算法、特色功能等方面的不断进步,CAE技术得到了蓬勃发展。通过早期的理论探索,CAE技术最先在结构和流体分析方面取得了巨大成就,将力学模型扩展到了各类物理场,从线性拓展到非线性,并从单物理场发展到多个物理场的耦合分析,从产品性能验证发展到仿真驱动设计;随着高性能计算和云计算等技术的发展,仿真软件在功能和性能方面不断得到扩充;仿真技术迅速发展,出现了越来越多平台化的仿真软件产品和解决方案,如表6-6所示。

表6-6 虚拟仿真平台一览表

编 号	应用背景	仿真平台	平台网址
1	推荐系统仿真平台	RecoGym	https://github.com/criteo-research/reco-gym
		RecSim	https://github.com/google-research/recsim
		Lenskit	https://github.com/mhahsler/recommenderlab
		Recommenderlab	https://github.com/mhahsler/recommenderlab
		MyMediaLite	https://github.com/zenogantner/MyMediaLite

编 号	应用背景	仿真平台	平台网址
2	自动驾驶仿真平台	Udacity	https：//github. com/udacity
		Carla	https：//github. com/carla-simulator/carla
		AirSim	https：//github. com/microsoft/AirSim
		lgsvl	https：//github. com/lgsvl/simulator
		Apollo	https：//github. com/ApolloAuto/apollo
3	协同仿真平台	COSYM	https：//www. etas. com/zh/products/cosym-co-simulation-platform. php
		SDM	http：//www. peraglobal. com/content/details_62_3160. html
		TISC	http：//www. hirain. com/sts/142/1577
		SLM	http：//www. hirain. com/sts/238/134
4	5G仿真平台	Ansys	https：//www. ansys. com/zh-cn/technology-trends/5g
		Vienna-5G-LL	https：//www. nt. tuwien. ac. at/research/mobile－communications/vccs/vienna－5g-simulators/
		5G-air-simulator	https：//github. com/telematics-lab/5G-air-simulator
5	工业仿真平台	VRP-Indusim	https：//www. vrp3d. com/article/html/vrplatform_529. html
		VRP-PHYSICS	https：//www. vrp3d. com/article/html/vrplatform_17. html
		PlatSimu	http：//help. ceden. cn/？ product/125569. html
		Wis3D	https：//www. morewis. com/mwis3d. html
		华为CAE	https：//e. huawei. com/cn/solutions/industries/manufacturing/cae-cloud
		MakeReal3D	https：//www. makereal3d. net/
6	业务流程仿真软件	AnyLogic	https：//www. anylogic. cn/business-processes/
7	系统仿真平台	Simcenter Amesim	https：//www. plm. automation. siemens. com/global/zh/products/simulation－test/system-simulation-platform. html
		ESI-SimulationX	https：//cn. esi-group. com/software-solutions/system-modeling/simulationx
		Dymola	https：//www. 3ds. com/products-services/catia/products/dymola/

　　如今，CAE技术已经成为对人类社会发展进步具有重要影响的一门综合性技术学科，种类繁多，例如对流场、热场、电磁场等多个物理场的仿真，对振动、碰撞、噪声、爆炸等各种物理现象的仿真，对产品的运动仿真和材料力学、弹性力学和动力学仿真，对产品长期使用的疲劳仿真，对整个产品的系统仿真，以及针对注塑、铸造、焊接、折弯、冲压等各种加工工艺的仿真，装配仿真，帮助产品实现整体性能最优的多学科仿真与优化，还有针对数控加工和工艺机器人的离线编程与仿真（其中数控仿真又可以分为仅仿真刀具轨迹，和仿真整个工件、刀具和数控装备的运动），以及面向车间的设备布局、产线、物流和人因工程仿真等。

　　在数字化设计技术和虚拟仿真技术发展和集成应用的过程中，产生了Digital Mockup（DMU，数字样机）、Digital Prototyping（数字原型）、Virtual Prototype（虚拟样机）、

Functional Virtual Prototype（全功能虚拟样机）等技术，主要是用于实现复杂产品的运动仿真、装配仿真和性能仿真。

1）数字原型

数字原型是一个新产品的设计过程，它的原型是数字化的，而不是物理的。这个原型通常是在一个计算机程序中创建的，该程序能够使用真实世界的参数运行模拟来对产品进行压力测试，评估其物理机制。使用这种软件可以降低公司的初始成本，因为新的数字原型通常可以比物理原型更便宜且更容易地被制作或修改。随着技术的进步，数字原型的使用也得到了发展，在计算机技术中，许多公司都可以使用软件来创建数字原型，而不是物理原型。这些原型可以像物理原型一样详细，包括数百个部件，它们都是在虚拟环境中创建和组装的。数字原型通常是用软件来完成的，软件包括一个强大而全面的物理引擎，这使得原型可以测试压力耐久性、可用性等。这种原型的数字化特性可以使它们更容易更改或修改，这使得数字原型在进行诸如颜色或材料更改等更改时有更快的周转时间。数字原型的创建通常比物理原型更快，而且数字图像可以导出到一个文件中，这样在没有原型技术背景的情况下，其他员工更容易看到，这使得数字原型不仅对许多公司更有效，而且可以将创建的图像用于市场研究和开发。数字样机通常从开发的最初阶段开始，概念设计可以导入到数字原型软件中，并在整个开发过程中用作参考，一旦创建了数字原型，然后可以用于开发实际产品，甚至可以用来模拟制作产品所需的制造工艺。由数字原型制作的效果图可用于客户对产品的测试和营销。数字原型可以创建产品的照片级真实感效果图，用于为该产品制作广告，不需要拍照，甚至不需要实物产品。

2）数字样机

Digital MockUp 或 DMU 是一个概念，它允许对产品的整个生命周期进行描述，通常是 3D 形式。产品设计工程师、制造工程师和支持工程师共同创建和管理 DMU，即使用 3D 计算机图形技术用虚拟原型替换任何物理原型。它也经常被称为数字原型或虚拟原型。DMU 允许工程师设计和配置复杂的产品并验证他们的设计，而无须构建物理模型。数字样机技术是以 CAX/DFX 技术为基础，以机械系统运动学、动力学和控制理论为核心，融合虚拟现实、仿真技术、三维计算机图形技术，将分散的产品设计开发和分析过程集成在一起，使产品的设计者、制造者和使用者在产品的早期可以直观形象地对数字化的虚拟产品原型进行设计优化、性能测试、制造仿真和使用仿真，为产品的研发提供全新的数字化设计方法。

3）虚拟样机

虚拟样机技术是 20 世纪 80 年代逐渐兴起、基于计算机技术的一个新概念。虚拟样机是建立在计算机上的原型系统或子系统模型，它在一定程度上具有与物理样机相当的功能真实度。虚拟样机技术是将 CAD 建模技术、计算机支持的协同工作（CSCW）技术、用户界面设计、基于知识的推理技术、设计过程管理和文档化技术、虚拟现实技术集成起来，形成一个基于计算机、桌面化的分布式环境以支持产品设计过程中的并行工程方法；虚拟样机的概念与集成化产品和加工过程开发（PPD，Integrated Product and Process DevelopmentI）

是分不开的。IPPD 是一个管理过程，这个过程将产品概念开发到生产支持的所有活动集成在一起，对产品及其制造和支持过程进行优化，以满足性能和费用目标。IPPD 的核心是虚拟样机，而虚拟样机技术必须依赖 IPPD 才能实现。虚拟样机是一种计算机模型，它能够反映实际产品的特性，包括外观、空间关系以及运动学和动力学特性。借助于这项技术，设计师可以在计算机上建立机械系统模型，伴之以三维可视化处理，模拟在真实环境下系统的运动和动力特性并根据仿真结果精简和优化系统；虚拟样机技术利用虚拟环境在可视化方面的优势以及可交互式探索虚拟物体功能，对产品进行几何、功能、制造等许多方面交互的建模与分析。它在 CAD 模型的基础上，把虚拟技术与仿真方法相结合，为产品的研发提供了一个全新的设计方法。

从技术角度看，仿真技术是创建和运行数字孪生模型、保证数字孪生模型与对应物理实体实现有效闭环的核心技术之一。在基于数字化样机的基础上，企业可以建立虚拟样机进行系统集成和仿真验证，可以通过仿真减少实物试验，降低研发成本，缩短研发周期，提升产品质量与可靠性。

另外，数字时代的典型特征是通过无所不在的传感器网络构建的物联网广泛地搜集现实世界的海量数据，运用大数据分析技术进一步提升决策与控制能力。因此，基于数字孪生技术的建模与仿真不再是离线的、独立的、特定阶段存在的，而是可以与真实世界建立永久、实时、交互的链接。

为加速在不同行业推广和部署基于物理的数字孪生技术，Ansys 联合微软、戴尔、Lendlease 等共同加入数字孪生联盟指导委员会，成员单位在数字孪生技术领域都有着深入的研究成果。例如，微软专门针对数字孪生用例开发了 DTDL（数字孪生描述语言），该语言可以通过梳理来自多个数据源的信息，从而生成更详细、更真实的数字孪生系统模型。如果一件工业设备遇到技术问题，该事件可以同步到它的数字孪生模型上，给工程师一个更准确的操作画面。

虚拟仿真技术不再仅仅只是作为工程师设计更出色产品和降低物理测试成本的利器。通过对数字孪生模型进行仿真与优化仿真技术的应用开始扩展到各个运营领域，涵盖产品的健康管理、故障诊断和智能维护等领域。

6.2.3　数字线程

"互动"是数字孪生体的一个重要特征，主要是指物理对象和数字对象之间的动态互动，当然也隐含了物理对象之间的互动以及数字对象之间的互动。前两者通过物联网实现，而后者则是通过数字线程实现。能够实现多视图模型数据融合的机制或引擎是数字线程技术的核心。

数字线程在整个数字孪生技术体系架构所处的定位如图 6-8 所示。

数字线程技术是数字孪生技术体系中最为关键的核心技术，能够屏蔽不同类型数据和模型格式，支撑全类数据和模型快速流转和无缝集成，主要包括正向数字线程技术和逆向数字线程技术两大类型。

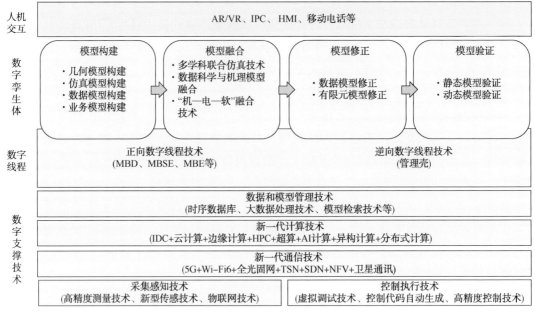

图 6-8　数字孪生技术体系架构图

正向数字线程技术以基于模型的系统工程(MBSE)为代表,在数据和模型构建初期就基于统一建模语言(UML)定义好各类数据和模型规范,为后期全类数据和模型在数字空间集成融合提供基础支撑。如空客利用模型系统工程(MBSE)设计和制造 A350 飞机,实现了比 A380 工程变更数量降低 10%的目标,极大地缩短了项目周期。

MBSE(基于模型的系统工程)是创建数字孪生体的框架,数字孪生体可以通过数字线程集成到 MBSE 工具套件中,进而成为 MBSE 框架下的核心元素。从系统生存周期的角度,MBSE 可以作为数字线程的起点,使用从物联网收集的数据,运行系统仿真来探索故障模式,从而随着时间的推移逐步改进系统设计。

逆向数字线程技术以管理壳技术为代表,面向数字孪生打造了数据/信息/模型的互联/互通/互操作的标准体系,对已经构建完成或定义好规范的数据和模型进行"逆向集成",进而打造虚实映射的解决方案。如在数据互联和信息互通方面,德国在 OPC-UA 网络协议中内嵌信息模型,实现了通讯数据格式的一致性;在模型互操作方面,德国依托戴姆勒 Modolica 标准开展多学科联合仿真,目前该标准已经成为仿真模型互操作全球最主流的标准。

管理壳是工业 4.0 中的重要概念,管理壳中可集成设备 ID 和信息模型,提供与工业设备一一对应的标识、数据信息与功能模型统一管理工具。以图 6-9 工业数字孪生技术平台为例,可以很清楚地看到管理壳在整个数字孪生架构体系中所处的位置。图中,工业互联网平台是开展数字孪生的关键载体,集成信息模型、管理壳、仿真软件等工具,沉淀复用各类模型。由此图也可以看到,在工业数字孪生中,数字孪生的本质是对建模仿真的拓展和深化,实时采集数据和仿真分析,在信息模型、管理壳支撑下实现数据、模型深度融合。

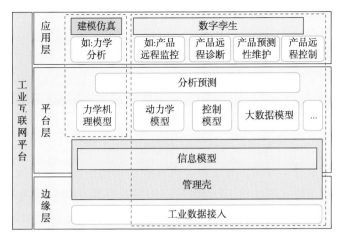

图 6-9　工业数字孪生技术平台架构

6.2.4　数字孪生体技术

数字孪生体是数字孪生物理对象在虚拟空间的映射表现，重点围绕模型构建技术、模型融合技术、模型修正技术、模型验证技术开展一系列创新应用。

1）模型构建技术

模型构建技术是数字孪生体技术体系的基础，几何、仿真、数据、业务等多类建模技术的创新，提升在数字空间刻画物理对象的形状、行为和机理的效率。

在几何建模方面，基于 AI 的创成式设计工具提升产品几何设计效率。如上海及瑞利用创成式设计帮助北汽福田设计前防护、转向支架等零部件，利用 AI 算法优化产生了超过上百种设计选项，综合比对用户需求，从而使零件数量从 4 个减少到 1 个，重量减轻 70%，最大应力减少 18.8%。

在仿真建模方面，仿真工具通过融入无网格划分技术降低仿真建模时间。Altair 基于无网格计算优化求解速度，消除了传统仿真中几何结构简化和网格划分耗时长的问题，能够在几分钟内分析全功能 CAD 程序集而无须网格划分。

在数据建模方面，传统统计分析叠加人工智能技术，强化数字孪生预测建模能力。如 GE 通过迁移学习提升新资产设计效率，有效提升航空发动机模型开发速度和模型再开发精确度，以保证虚实精准映射。

在业务建模方面，BPM、RPA 等技术加快推动业务模型敏捷构建。如 SAP 发布业务技术平台，在原有 Leonardo 平台的基础上创新加入 RPA 技术，形成"人员业务流程创新—业务流程规则沉淀—RPA 自动化执行—持续迭代修正"的业务建模解决方案。

2）模型融合技术

在多类模型构建完成后，需要通过多类模型"拼接"构建更加完整、精准的数字孪生体，而模型融合技术在这过程中发挥了重要作用，重点涵盖了跨学科模型融合技术、跨领域模型融合技术、跨尺度模型融合技术。

在跨学科模型融合技术方面，多物理场、多学科联合仿真加快构建更完整的数字孪生体。如苏州同元软控通过多学科联合仿真技术为嫦娥五号能源供配电系统量身定制了"数字伴飞"模型，精确度高达90%~95%，为嫦娥五号飞行程序优化、能量平衡分析、在轨状态预示与故障分析提供了坚实的技术支撑。

在跨类型模型融合技术方面，实时仿真技术推动构建数字孪生体由"静态描述"向"动态分析"演进。如ANSYS与PTC合作构建实时仿真分析的"泵"孪生体，利用深度学习算法进行CFD训练，获得流场分布降阶模型，极大缩短了仿真模拟时间。

在跨尺度模型融合技术方面，通过融合微观和宏观的多方面机理模型打造复杂系统级数字孪生体。如西门子持续优化汽车行业Pave360解决方案，构建系统级汽车数字孪生体，整合传感器电子、车辆动力学和交通流流量管理不同尺度模型，构建从汽车生产、自动驾驶到交通管控的综合解决方案。

3）模型修正技术

模型修正技术基于实际运行数据持续修正模型参数，是保证数字孪生不断迭代精度的重要技术，涵盖了数据模型实时修正、机理模型实时修正两种技术。

从IT视角看，在线机器学习基于实时数据持续完善统计分析、机器学习等数据模型精度。如流行的Tensorflow、Scikit-learn等AI工具中都嵌入了在线机器学习模块，基于实时数据动态更新模型。

从OT视角看，有限元仿真模型修正技术能够基于试验或者实测数据对原始有限元模型进行修正。如在达索、ANSYS、MathWorks等领先厂商的有限元仿真工具中，均具备了有限元模型修正的接口或者模块，支持用户基于试验数据对模型进行修正。

4）模型验证技术

模型验证技术是数字孪生模型由构建、融合到修正后的最终步骤，唯有通过验证的模型才能够安全地下发到生产现场进行应用。当前模型验证技术主要包括静态模型验证技术和动态模型验证技术两大类，通过评估已有模型的准确性，提升数字孪生应用的可靠性。

6.3　知识加工与应用

6.3.1　知识创造

知识创造是指企业具有的创造新知识、在组织中扩散新知识并将这些新知识融入产品、服务和系统中去的能力。

从企业层次上来看，知识管理和知识创造理论的指导性和操作性并不强，导致了有些企业无法系统地进行知识管理和知识创造。实际上，笔者认为，知识管理主要是对企业如何创造、获取、储存、转移和共享知识的管理，其主要目的是通过不断创造新知识来提高技术创新能力和产品的附加值。因此，知识管理的根本应该是正确有效地指导企业或组织如何进行知识的创造活动。

知识创造有组合和交换两种途径。

约瑟夫·熊彼特认为，经济发展的基础是创新，即将获取的原料、资源等生产要素进行重新组合以产生新的生产方式。科学家和工程师通过对不同学科的知识、理论和技术的组合来创造新知识。事实上，对已有知识的重新组合也是新知识产生的途径之一，而根据其组合方式的不同，我们可以将这种途径分为渐进型和突破型两种类型。

通常，新知识不仅可以通过不同主体所拥有知识和经验的组合而产生，当有限的资源被不同的行为主体拥有的时候，资源的相互交换就成了资源组合的先决条件，管理人员可以充分利用科研人员、理论学家和思想家所掌握的互补性知识来加快知识创造活动。因此，可以通过这些行为主体相互交换其所拥有的资源而获得新知识。有时，这种交换就像科学共同体内或通过因特网进行的信息交换一样，其中包含个人或集体所拥有的显性知识和隐性知识的转移。通常，新知识的创造是通过社会互动和共同合作而发生的。Penrose 等的研究证实了团队(即学习型组织)在新知识产生过程中的重要性。她在有关企业增长的理论中指出，可将企业视为"拥有工作经验的个人的集合体，因为只有通过这种方式，团队才可能发展起来"。

只有那些持续创造新知识，将新知识传遍整个组织．并迅速开发出新技术和新产品的企业才具有较强的技术创新能力。而知识主要是指人们采取行动有效解决问题的能力，其中包括通过长期的实践而逐渐积累起来的各种事实和经验。在一个组织内部，知识创造不仅不会自发产生，而且在知识的创造过程中还会遇到各种障碍，其中主要包括个人、组织和文化等方面的障碍。

（1）个人方面的障碍。知识是指经过检验的确实可靠的信念。通常，人们习惯于用他们各自过去的经验来评判各种信念。而人们的信念是通过长期的学习而积累起来的，也存在一种路径依赖，即与个人的家庭背景、所受的教育以及兴趣、偏好等等有关。因此，即使接收到的是同一信息，不同的人获得的知识也不尽相同。另外，当一种新知识产生的时候，而个人又不能即时做相应的调整来适应这种新变化时，这种新知识就会对个人的形象和既得利益构成威胁。因此，不具有挑战性的人往往对新知识或新事物采取抵触行动，从而使得新知识的产生、转移和共享面临各种人为的障碍。

（2）组织方面的障碍。由于存在着不同程度的组织刚性，当企业创造出新知识并应用到实际的生产中时，原有的组织往往不能适应新知识的要求，因而对新知识会采取抵触的方式来阻碍新知识的转移和使用。因此，在进入新的技术领域时，为克服这种组织刚性所带来的负面影响，企业通常将新技术部门建立在原有的组织之外。另外，企业常常由于不同职能部门之间缺乏及时的信息交流、沟通而阻碍了新知识的组合交换，从而延缓了新知识的产生和转移。例如，在一个企业内部，新知识的来源既可能来自企业外部，也可能来自企业内部，这就要求企业不仅要与企业外部的大学和科研机构间保持频繁的信息交流，来跟踪科学技术发展的前沿，而且要重视企业内部各部门之间的信息沟通（即重视部门之间的界面管理），在研究与发展部门、生产制造部门和营销部门之间形成信息和知识有效转移，加快技术和信息的流动，缩短创新周期，提高企业的技术创新能力。

（3）社会文化方面的障碍。人与人之间的交往和沟通、知识的交流和转移以相互信任为基础。正如 Putnam 所指出的那样："一个普遍交往的社会要比相互间缺乏信任的社会更有效率，信任是社会生活的润滑剂。"一方面，从知识的转移来看，尤其是隐性知识，它很难通过正式的网络进行有效的转移，而只有通过紧密的、值得信赖和持续的直接交流等非正式网络才能实现知识的传递，而知识有效转移的前提条件就是知识转移的双方必须相互信任；另一方面，人与人之间的相互信任能有效地降低任何一方采取机会主义的可能性，从而提高人们合作的效率。但是，由于我国受传统文化的影响，除血亲关系之外，人与人之间的信任度比较低，从而阻止了知识的交流和创造。

有效的知识管理已经成为企业获取竞争优势的关键。因此，企业要提高技术创新能力，就必须重视新知识的创造和转移，就必须努力克服各种障碍来加快新知识的创造，这种创造过程是一个动态的过程，其中包括：树立长远的知识愿景、加强成员间的知识交流、提高员工之间的相互信任和知识共享。

知识创造要遵循以下三条原则：①积累原则。知识积累是实施知识的创造基础。②共享原则。知识共享，是指一个组织内部的信息和知识要尽可能公开，使每一个员工都能接触和使用公司的知识和信息。③交流原则。知识管理的核心就是要在公司内部建立一个有利于交流的组织结构和文化气氛，使员工之间的交流毫无障碍。

知识积累是实施知识的创造基础；知识共享是使组织的每个成员都能接触和使用公司的知识和信息；知识交流则是使知识体现其价值的关键环节，它在知识创造的三个原则中处于最高层次。

按照上述原则进行知识创造，首先就要明确知识创造涉及组织的所有层面和所有部门，据伯特咨询 2001 年所做的一些调查显示，一个组织要进行有效的知识创造，关键在于建立起系统的知识创造管理体系。这一体系所实现的功能主要包括以下几个方面：组织能够清楚地了解它已有什么样的知识和需要什么样的知识；组织知识一定要能够及时传递给那些日常工作中只适合需要它们的人；组织知识一定要使那些需要他们的人能够获取；不断生产新知识，并要使整个组织的人能够获取它们；对可靠的、有生命力的知识的引入进行控制；对组织知识进行定期的检测和合法化；通过企业文化的建立和激励措施使知识管理更容易进行。

6.3.2 内容优化

在知识的加工过程中，对内容的优化是一项重要的课题。

在 SEO 领域，所谓的优化算法实际上是指利用海量的数据分析与监测，不断探寻搜索引擎定义特征模型的相关规则的边界，使得目标页面，更加符合搜索引擎的排名机制。常用的搜索引擎算法有 PageRank 算法、TF-IDF 算法、HITS 算法等。更近一步，为了提升用户的搜索体验，往往也需要使用许多内容优化算法，以百度搜索引擎算法为例，如表 6-7 所示。

表 6-7　百度搜索引擎的内容优化算法

序　号	算法名称	算法功能
1	惊雷算法	专注于打击利用刷 IP 点击来操作排名的行为
2	清风算法	专注于页面标题作弊行为的打击，比如：关键词堆积的情况
3	烽火算法	强调要定期审查站点是否被劫持
4	绿萝算法	用于打击外链交易的情况，特别是购买黑链的行为
5	石榴算法	用于低质量网站的识别，特别是恶意组合文章，采集内容，罗列关键词的页面
6	冰桶算法	针对页面用户体验进行严格的审查，特别是广告弹窗
7	白杨算法	更多地强化针对移动端优质网址的扶持
8	天网算法	针对恶意嵌入的代码进行深入分析与打击
9	蓝天算法	主要针对新闻源售卖相关目录与软文的情况进行整顿
10	闪电算法	更多地强调页面加载速度对于网站搜索排序的影响，特别是移动端落地页
11	极光算法	针对时间因子的算法进行调整和识别，强化页面优先级的排序
12	飓风算法	专项打击恶意采集网站内容的行为，扶持原创内容，给予一定的权重支持

网站内容的优化，往往需要从网站的可靠性、权威性、唯一性和内容完整性等角度进行考虑：

1）网站内容可靠性

可靠性理当是一个网站内容的第一原则。试想，假定一个网站的内容是虚假的，没有半点可靠性，那么这个网站肯定不会受到搜索引擎的重视，更别说用户了。很多人感觉搜索引擎无法鉴别网站内容的粗略性，但是很多东西都是相辅相成的，并且从搜索引擎的算法智能化程度来看，我们无法下结论以为搜索引擎读不懂这些的内容。在你无法做原创的时候，你要尽可能地为你的网站挑选可信度高的内容来丰硕网站。

2）网站内容权威性

权威性的内容，可靠的程度会更高。最好的例子便是中国政府网站，从内容优化的角度来看，搜索引擎不会质疑内容的权威性。由于这是代表中国政府的官方网站，毫无疑问它的内容的权威性是最高的。在内容权威性上，edu 和 gov 这类域名，又霸占了一定的地位。但是内容权威性是需要培养的，除非你网站的名声非常高，这样会缩短你网站权威性的培养时间。普通网站要想在搜索引擎中具有地位，除了丰富的网站内容以外，还必须寄托时间的储蓄积累。

3）网站内容唯一性

内容唯一性是指原创性的内容，搜索引擎有严格的内容过滤器，旨在减少反复内容的收录。一个网站的内容唯一性过低，会给网站的发展造成一定的阻碍。

4）网站内容完整性

完整性也是网站内容优化的重点。国内的 SEO 行业，出现一些网站内容的伪原创的论点。何谓伪原创，就是把本文章的布局打乱或从其他的文章复制几段，东拼西凑成一篇文章。网站内容的不完整性，对网站培养的是极大的损害。而且，用伪原创的方式来计划网站内容的原创性不一定行，因为有些搜索引擎存储文章是按段来的，并不是按照篇来存储。

所以，即使是打乱文章的结构顺序、从其他文章复制几段内容的方式来看，仍旧不能躲过搜索引擎。基于网站内容的优化，是 SEO 的核心。非原创的内容，通过时间积累，只要你的内容充裕好、丰富和关联，也许会获得搜索引擎的重视。

不同的业务背景下，内容的不同，优化的方法也不尽相同。例如，在数值分析领域，模拟退火算法、蚁群算法、遗传算法等都是经典的优化方法，在此将不再一一赘述。

6.3.3　知识可视化

由于知识的表达往往需要借助知识图谱，因此，本节介绍知识图谱可视化的相关方法。在过去几十年间，国内外研究者在知识图谱可视化方面做了大量的研究工作，涉及多种可视化与可视分析方法。按照其发展阶段和针对的主要挑战的不同，相关研究工作大体可以分为以 3 个方面：

（1）知识图谱的可视表达。这类方法大多数在早期已经提出，主要关注知识图谱中不同类型信息的可视表达设计。

（2）大规模知识图谱的可视化方法。随着知识获取能力的进步，知识图谱的规模成为可视化方法的主要挑战。针对这一问题，研究者提出了分页图可视化等方法。

（3）异质网络的可视分析方法。人们对知识图谱研究的深入催生了更加深入的可视分析需求。孤立、静态的可视化图表在新的分析需求面前表现出了弱点。针对不同的分析任务，研究者提出了多种基于查询、过滤、多视图联动等交互环境下的可视分析方法。

1）知识图谱的可视表达

按照可视化布局与视觉编码方式可以将知识图谱可视化表达归类为 5 类，它们分别是空间填充、节点链接图、热图、邻接矩阵和其他。

空间填充技术通过细分屏幕空间，以节点划分来使用整个屏幕空间。每个细分空间的大小对应于分配给它的节点的属性，如节点的数量。利用矩形表示节点或类，层次结构较低的节点嵌套紧密分布在其父节点内，嵌套节点大小小于其父级节点。空间填充布局力求高信息密度，能在很大程度上有效地利用空间，在有限的空间上展示更多的信息，但是此布局没有空间留给树的内部节点。空间填充表达适合规模较小，数据连接具有树状结构且层次深度较少的知识图谱的可视化表达；如 Baehrecke 等将空间填充可视化表达用于基因数据本体可视化。

节点链接图将本体表示为互连节点，用点或圆等形状表示节点，节点间的边用连线表示。力导向（force-directed）布局是节点链接可视表达最常见布局之一。节点链接图能提供网络结构的良好概览，但显示空间利用率较低，在有限空间内展示节点数少。节点链接图适合具有稀疏图/网络/树结构的知识图谱可视表达，基于节点链接图表达密集的节点和边会造成较重的视觉负担，稠密的知识图谱不宜用节点链接图进行可视表达。在本体可视化中，焦点+上下文/扭曲技术是一种节点链接图表达方法。焦点上的节点通常是中心节点，其余节点出现在它周围，关联节点显示大小随继承关系的递进依次减小，直到不可见。用户使用此技术进行知识图谱可视化的过程中须关注特定节点以便进行放大。此方法通过扭曲图形几何形状和压缩上下文区域，为焦点腾出空间，使得用户感兴趣的节点可以容易地移向显示中心作为焦点，以便在保持焦点相关节点上下文显示的同时显示更多细节。焦点+上下文技术在提供全局概述和显示多个节点间的关系方面非常有效，然而它不能提供非常明显的层次结构表示，用户必须通过链接标签区分父节点和子节点。

热图提供了定量值属性的紧凑摘要，矩阵分块由 2 个关键属性对齐，用发散色着色标记区域。热图可以表达 $N×N$（N 为矩阵行或列切分的单元格数量）种关系，适用于稠密图。热图在进行聚类分析方面表现优异，但是不能清晰地表达出实体之间的层次结构与多重继承关系。

邻接矩阵与热图相似，使用矩阵行和列代表实体或类，行和列交叉的位置代表边。邻接矩阵不仅能表达无向图，同时也能表达有向图，矩阵中着色块支持拆分填充有向关系的颜色；它适用于表达具有稠密图/网络特点的知识图谱。对于全局稀疏局部稠密的知识图谱（如社交网络），利用节点链接适用于表达稀疏图/网络的特点进行全局可视表达，结合邻接矩阵适用于表达稠密图/网络的特点进行局部表达，即节点链接+邻接矩阵对此类知识图谱进行表达是一种更为可行的方法。

知识图谱的其他一些非主要的可视化表达方法有缩进列表和欧拉图表。

缩进列表提供类似文件资源管理器的树视图。缩进列表实现与表示简单，它提供了类名及其层次结构的清晰视图，无标签重叠，但不能直观地表达本体间关系，同时也不能通过可视化表达本体间联系的紧密程度，对于同一层次的节点浏览和可视不友好。在表达多层继承关系上，缩进列表处理方法是将子节点多次复制到继承的父节点，不能形成一个直观的多继承关系。

欧拉图基于层次描绘表达实体和关系，层次结构较低的节点嵌套在其父级节点内，嵌套节点大小小于其父级节点。欧拉图用圆代表实体，圆的相对位置可以表示实体间关系，如相邻关系，如图 6-10 所示。欧拉图表达能够提供良好的层次关系表达，提供了层次结构的综合视图。但与缩进列表相似，它不能在多层继承关系上提供良好表达；同时在许多情况下，存在标签重叠问题。此类表达方式适合规模较小、数据连接具有树状结构且层次深度较少的知识图谱的可视化表达。

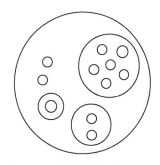

图 6-10　欧拉图的可视化表达

2）大规模知识图谱可视方法

随着知识图谱规模的迅速增长，在有限空间显示器上可视化整个知识图谱或大量信息变得不可取。这至少有以下原因：①大规模知识图谱的呈现，会带来严重的视觉混乱；②面对大量视觉信息，用户难以聚焦到感兴趣的区域；③大规模图的绘制效率较低，影响人机交互流畅性。

2018 年，Gómez-Romero 等针对大规模知识图谱的可视化及可视分析问题，将过程分为了 5 个阶段：数据检索、图构建、度量计算、布局和渲染。数据检索属于可视分析范畴，渲染更多属于图形学范畴，将不做过多阐述。本节将重点围绕知识图谱可视化构图、度量与布局，针对大规模知识图谱在有限空间的计算机显示器上可视化所存在的上述 3 个问题，介绍近年来研究者所提出的新思路与方法。

知识图谱图构建根据知识图谱查询得到的数据构建图表，该图表可以在内存中存储，也可以作为纯文本(顶点和边对)，以及三元组的形式存储在文件中。图形构建阶段没有规定从原始数据或三元组构建图的特定过程，Gómez-Romerod 等使用 GraphDL 构建图形，它允许通过表示顶点，边和它们的属性来描述图形。

度量知识图谱当中某些实体或类型之间的异同关系、相似程度是大规模知识图谱可视化过程中重要的一个环节，度量尺度为大规模知识图谱实体间的过滤、采样、聚合提供了有效的判断依据。依据特定度量如语义抽象、中心性度量和过滤等，从整体图中简化图形可视化，是大规模知识图谱更实用且更具成本效益的可视化方法。

为了降低大规模知识图谱的视觉混乱，提高用户聚焦关注度，Shen 等于社交网络(社交网络包含不同类型的实体和关系)进行可视分析，建立了一个原型系统——OntoVis，并提出两抽象+重要性过滤概念。两抽象指语义抽象和结构抽象。语义抽象用于隐藏节点，不仅可以提供了一个简单的兴趣视图，以帮助分析社交网络中的关键角色，而且还允许用户在本地扩展抽象以查看细节。即用户可以浏览抽象中的节点的属性列表，同时也可将感兴趣的特定属性转换回节点，进而分析抽象节点与属性之间的关系。结构抽象是指利用其结构信息(例如，连接性和节点度)来压缩网络，如基于力导向布局，根据输入阈值，彼此接近的节点合并为超级节点。重要性过滤指计算统计度量来评估节点类型之间的连通性和相关性，进而在节点类型和关系的选择上提供更好的建议。Correa 等提出以中心性和灵敏性为度量尺度，一方面更容易在知识图谱中找到易被可视表达所忽视的隐藏关系，另一方面在保留网络关键结构属性的同时，确保了布局可视化可读性。中心性代表异质网络如社交网络节点的重要性，灵敏度代表了该节点与网络中所有其他节点之间关系的重要性。

Chawuthai 等提出了一种图稀疏方法，其包含 3 部分内容：图简化、三元组排序和属性选择。图简化将一些 same-as 的节点合并为一个节点并仅保留唯一链接，删除由关系传递产生的隐式链接，以及由层次分类引起的推断链接，从而简化图形；同时其提出了三元组排序的算法，不仅可以根据查询表达式寻找相关数据，而且还可以根据图的可读性对它们进行排序。算法给查询得到的三元组进行打分，关键概念得分高于一般概念，因此可以帮助用户寻找关注点。图简化和三元组排序可生成更为简洁的图，图中仍存在用户不感兴趣的数据，因此可通过用户选择他们感兴趣的属性再次简化图表。

在大规模图采样方法中，目前主要分为 3 类：随机节点选择采样、随机链路选择采样和探测采样。但是它们很少关注图中的节点类型，不适合作为异质网络的采样算法。Chen 等提出一种基于特征向量中心性的知识图谱采样算法，使用知识图谱的特征向量中心性作为抽样方法的基础，考虑了节点和关系的类型，因此更适用于知识图谱采样。可视化表达上使用力导向布局来显示采样网络，不同颜色代表不同类型的节点，节点大小对应于每个节点的特征向量中心性的值，同时也表示此节点在网络中的重要性，从而使用户能够轻易辨别某个节点的重要性。

由于知识图谱规模日益扩大，一体化可视布局整个图谱变得不可取；同时，知识图谱存在多层次结构和连接关系复杂的特征，如何利用可视化表达知识图谱中的语义关系、网络结构，以良好的布局帮助用户快速探索和分析知识图谱中的数据成为大规模知识图谱可视化的挑战。以绘制小布局，逐步探索可视化为出发点，Deligiannidis 等提出分页图可视化（PGV，Paged Graph Visualization）。分页图可视化能够增量创建布局，把每一次检索得到的结果结合之前生成的布局，增量绘制。在 PGV 中，用户可以在每个探索步骤中动态地改变标准，以发现 RDF 中的不同路径。PGV 拥有半自治性的特点，用户可以操作子图或者节点位置，从而手动修改布局。

　　3）异质网络的可视分析方法

　　异质网络是与同质网络相对的概念，由节点和边构成，且节点和边具有多种类型。相比同质网络，异质网络包含更丰富的结构信息和语义信息，这也就决定了异质网络可视分析更关注于分析过程中对节点和链路上语义信息的理解，更希望通过检索，多视图联动等交互手段，更准确、形象地展示用户所需的知识。知识图谱本质上是异质网络的一种，其概念是由长期研究自然语言处理和语义网的相关学者提出并演化而来；而异质网络则主要是由传统研究数据挖掘的学者从同质网络分析概念逐步扩展而来，殊途同归，异质网络可视分析手段同样适用于知识图谱可视分析。

　　知识图谱/异质网络可视分析，即在知识图谱/异质网络可视化的基础之上进行分析，目标是使用户能够推断出新的关系，发现潜在的模式或问题，了解图谱结构，理解并纠正或修改链接方式，补全知识等。本节按近年来学者的研究，将知识图谱可视分析任务总结为：①知识推理可视分析；②知识补全/去噪可视分析；③异常检测可视分析。

　　知识推理可视分析指通过可视分析使用户识别重要节点和链路、推断新的关系，或推断出新的潜在的信息，如科学研究前沿趋势、恐怖事件预测或潜在的大型流行性疾病传播等。Xu 等提出了 LogCanvas 知识推理可视分析系统。LogCanvas 专注于帮助用户在搜索活动中重新构建语义关系，将用户的搜索历史记录划分到不同的会话中，并生成关系图来表示每个会话中的信息探索过程。关系图由搜索查询中发现的最重要的概念或实体及其关系组成。LogCanvas 首先将查询日志根据时间间隔聚集到会话中，其次对于每个会话的查询使用 yahoo fast entity linker，从搜索结果片段中提取相关概念和实体，最后使用基于维基百科中的实体共现频率的方法来计算概念之间的相关性。因此，它捕获了查询之间的语义关系。LogCanvas 提供了会话时间线查看器和片段查看器，及搜索历史的详细概述和重新查找信息的有效可视分析方法。

　　知识图谱/异质网络中的数据，随着时间的推移会出现过时的数据实例、关系，缺失新的概念、关系、实例等；通过知识图谱可视分析进行知识补全、去噪成为可视分析的一大任务。知识补全/去噪可视分析系统有一个共性：提供编辑视图接口。Ge 等系统提供了浏览和编辑事件信息的接口，通过可视分析用户可以输入或更新活动信息，添加或编辑事件的信息、图像或视频。这使得用户不仅可以编辑或删除嘈杂的事实，还可以进行一种调试过程来纠正或消除噪声模式，为未来的提取轮次中更正或删除模式和事实提供了宝贵的反馈。Shi 等提出的 OnionGraph 同样也提供了此类接口，允许用户进行可视分析时编辑，以及知识补全和去噪。

　　知识图谱异常检测可视分析是指利用知识图谱可视化手段，分析发现不符合预期的模式或异常状态。随着网络技术不断发展和应用范围扩大，网络已成为社会进步的重要推力。然而，网络环境日益恶化，安全问题日益严重。虽然传统单一来源检测系统（如 IDS，防火墙，NetFlow 等）在一定程度上提高了网络安全性，但由于缺乏相互配合，这些系统无法监控网络整体安全状况。如何全面分析各设备的安全状态和事件，以及如何快速掌握网络安全状况是现代管理者面临的重要挑战。Zhang 等提出多异构网络安全数据可视化系统及融合分析系统，根据不同数据源特征为不同数据源选择合适的可视化技术，将数据状况表达到一个设计良好的图表中，以全面分析数据并掌握安全状况。模型使用热图对主机的健康状态形成概览，热图中不同颜色代表主机对应的健康状态，可使分析员易于发现状态异常的主机。利用矩形树图对网络数据包进行可视分析，根据生成的视图判断网络的安全状态，对数据层面和特征层面进行数据分析并进行视图融合。

参 考 文 献

［1］安世亚太科技股份有限公司数字孪生体实验室. 数字孪生技术白皮书（2019 简版）［R］. 2019.

［2］陶飞、张贺、戚庆林、等. 数字孪生十问：分析与思考［J］. 计算机集成制造系统，2020，26(01)：1-17.

［3］Alam K M，El Saddik A. C2PS：A digital twin architecture reference model for the cloud-based cyber-physical systems［J］. IEEE access，2017，5：2050-2062.

［4］Vassiliev A，Samarin V，Raskin D，et al. Designing the built-in microcontroller control systems of executive robotic devices using the digital twins technology［C］//2019 International Conference on Information Management and Technology(ICIMTech). IEEE，2019，1：256-260.

［5］Grieves M，Vickers J. Digital twin：Mitigating unpredictable，undesirable emergent behavior in complex systems［M］//Transdisciplinary perspectives on complex systems. Springer，Cham，2017：85-113.

［6］Tao F，Liu W，Zhang M，et al. Five-dimension digital twin model and its ten applications［J］. Computer integrated manufacturing systems，2019，25(1)：1-18.

［7］Rosen R，Von Wichert G，Lo G，et al. About the importance of autonomy and digital twins for the future of manufacturing［J］. IFAC-PapersOnLine，2015，48(3)：567-572.

［8］Schleich B，Anwer N，Mathieu L，et al. Shaping the digital twin for design and production engineering［J］. CIRP Annals，2017，66(1)：141-144.

［9］Zhuang C，Liu J，Xiong H，et al. Connotation，architecture and trends of product digital twin［J］. Computer Integrated Manufacturing Systems，2017，23(4)：753-768.

［10］Venkatesan S，Manickavasagam K，Tengenkai N，et al. Health monitoring and prognosis of electric vehicle motor using intelligent - digital twin［J］. IET Electric Power Applications，2019，13(9)：1328-1335.

［11］Zakrajsek A J，Mall S. The development and use of a digital twin model for tire touchdown health monitoring［C］//58th AIAA/ASCE/AHS/ASC Structures，Structural Dynamics，and Materials Conference. 2017：863.

［12］Karanjkar N，Joglekar A，Mohanty S，et al. Digital twin for energy optimization in an SMT-PCB assembly line［C］//2018 IEEE International Conference on Internet of Things and Intelligence System (IOTAIS). IEEE，2018：85-89.

［13］Cunbo Z，Liu J，Xiong H. Digital twin-based smart production management and control framework for the complex product assembly shop-floor[J]. The international journal of advanced manufacturing technology, 2018, 96(1-4): 1149-1163.

[14] Tuegel E J, Ingraffea A R, Eason T G, et al. Reengineering aircraft structural life prediction using a digital twin[J]. International Journal of Aerospace Engineering, 2011, 2011.

[15] Wang J, Ye L, Gao R X, et al. Digital Twin for rotating machinery fault diagnosis in smart manufacturing [J]. International Journal of Production Research, 2019, 57(12): 3920-3934.

[16] Tao F, Zhang M, Liu Y, et al. Digital twin driven prognostics and health management for complex equipment[J]. Cirp Annals, 2018, 67(1): 169-172.

[17] Seshadri B R, Krishnamurthy T. Structural health management of damaged aircraft structures using digital twin concept[C]//25th aiaa/ahs adaptive structures conference. 2017: 1675.

[18] Wang X V, Wang L. Digital twin-based WEEE recycling, recovery and remanufacturing in the background of Industry 4. 0[J]. International Journal of Production Research, 2019, 57(12): 3892-3902.

[19] 中国信息通信研究院. 2020 数字孪生城市白皮书[R]. 2020.

[20] Ansys. 仿真技术支撑产品数字孪生应用白皮书[R]. 2019.

[21] Rohde D, Bonner S, Dunlop T, et al. Recogym: A reinforcement learning environment for the problem of product recommendation in online advertising[J]. arXiv preprint arXiv: 1808. 00720, 2018.

[22] Ie E, Hsu C, Mladenov M, et al. Recsim: A configurable simulation platform for recommender systems[J]. arXiv preprint arXiv: 1909. 04847, 2019.

[23] Ekstrand M D, Ludwig M, Kolb J, et al. LensKit: a modular recommender framework[C]//Proceedings of the fifth ACM conference on Recommender systems. 2011: 349-350.

[24] Hahsler M. recommenderlab: A framework for developing and testing recommendation algorithms[R]. 2015.

[25] Gantner Z, Rendle S, Freudenthaler C, et al. MyMediaLite: A free recommender system library[C]//Proceedings of the fifth ACM conference on Recommender systems. 2011: 305-308.

[26] Dosovitskiy A, Ros G, Codevilla F, et al. CARLA: An open urban driving simulator[C]//Conference on robot learning. PMLR, 2017: 1-16.

[27] Shah S, Dey D, Lovett C, et al. Airsim: High-fidelity visual and physical simulation for autonomous vehicles[C]//Field and service robotics. Springer, Cham, 2018: 621-635.

[28] Rong G, Shin B H, Tabatabaee H, et al. Lgsvl simulator: A high fidelity simulator for autonomous driving [C]//2020 IEEE 23rd International Conference on Intelligent Transportation Systems(ITSC). IEEE, 2020: 1-6.

[29] Müller M K, Ademaj F, Dittrich T, et al. Flexible multi-node simulation of cellular mobile communications: the Vienna 5G System Level Simulator[J]. EURASIP Journal on Wireless Communications and Networking, 2018, 2018(1): 1-17.

[30] Martiradonna S, Grassi A, Piro G, et al. 5G-air-simulator: An open-source tool modeling the 5G air interface[J]. Computer Networks, 2020, 173: 107-151.

[31] 刘阳, 赵旭. 工业数字孪生技术体系及关键技术研究[J]. 信息通信技术与政策, 2021, 47(01): 8-13.

[32] Katifori A, Halatsis C, Lepouras G, et al. Ontology visualization methods—a survey[J]. ACM Computing Surveys(CSUR), 2007, 39(4): 10.

[33] Dudáš M, Lohmann S, Svátek V, et al. Ontology visualization methods and tools: A survey of the state of the art[J]. The Knowledge Engineering Review, 2018, 33.

[34] Baehrecke E H, Dang N, Babaria K, et al. Visualization and analysis of microarray and gene ontology data with treemaps[J]. BMC bioinformatics, 2004, 5(1): 1-12.

[35] Holten D, Van Wijk J J. A user study on visualizing directed edges in graphs[C]//Proceedings of the SIG-CHI conference on human factors in computing systems. 2009: 2299-2308.

[36] Henry N, Fekete J D, McGuffin M J. Nodetrix: a hybrid visualization of social networks[J]. IEEE transactions on visualization and computer graphics, 2007, 13(6): 1302-1309.

[37] Wong P C, Haglin D, Gillen D, et al. A visual analytics paradigm enabling trillion-edge graph exploration [C]//2015 IEEE 5th Symposium on Large Data Analysis and Visualization(LDAV). IEEE, 2015: 57-64.

[38] Gómez-Romero J, Molina-Solana M, Oehmichen A, et al. Visualizing large knowledge graphs: A performance analysis[J]. Future Generation Computer Systems, 2018, 89: 224-238.

[39] Gómez-Romero J, Molina-Solana M. GraphDL: An Ontology for Linked Data Visualization[C]//Conference of the Spanish Association for Artificial Intelligence. Springer, Cham, 2018: 351-360.

[40] Shen Z, Ma K L, Eliassi-Rad T. Visual analysis of large heterogeneous social networks by semantic and structural abstraction[J]. IEEE transactions on visualization and computer graphics, 2006, 12(6): 1427-1439.

[41] Correa C, Crnovrsanin T, Ma K L. Visual reasoning about social networks using centrality sensitivity[J]. IEEE Transactions on Visualization and Computer Graphics, 2010, 18(1): 106-120.

[42] Chawuthai R, Takeda H. Rdf graph visualization by interpreting linked data as knowledge[C]//Joint International Semantic Technology Conference. Springer, Cham, 2015: 23-39.

[43] Chen H, Zhao J, Chen X, et al. Visual analysis of large heterogeneous network through interactive centrality based sampling[C]//2017 IEEE 14th International Conference on Networking, Sensing and Control(ICNSC). IEEE, 2017: 378-383.

[44] Deligiannidis L, Kochut K J, Sheth A P. RDF data exploration and visualization[C]//Proceedings of the ACM first workshop on CyberInfrastructure: information management in eScience. 2007: 39-46.

[45] Xu L, Fernando Z T, Zhou X, et al. LogCanvas: visualizing search history using knowledge graphs[C]// The 41st International ACM SIGIR Conference on Research & Development in Information Retrieval. 2018: 1289-1292.

[46] Ge T, Wang Y, De Melo G, et al. Visualizing and curating knowledge graphs over time and space[C]// Proceedings of ACL-2016 System Demonstrations. 2016: 25-30.

[47] Shi L, Liao Q, Tong H, et al. Hierarchical focus+ context heterogeneous network visualization[C]//2014 IEEE Pacific Visualization Symposium. IEEE, 2014: 89-96.

[48] Zhang S, Shi R, Zhao J. A visualization system for multiple heterogeneous network security data and fusion analysis[J]. KSII Transactions on Internet and Information Systems(TIIS), 2016, 10(6): 2801-2816.